面向短文本的主题模型技术

吴 迪 著

北 京
冶 金 工 业 出 版 社
2023

内 容 提 要

本书系统地介绍了主题模型紧密相关的基本理论、实用技术及其在微博、弹幕等社交媒体短文本中的应用。全书首先从主题模型产生的背景、定义、分类和应用入手，概述了主题模型相关技术理论和未来发展趋势，然后分别对面向微博评论的LDA主题模型、面向微博热点话题分析与演化的BTM主题模型、面向弹幕短文本分析与演化的oBTM主题模型进行深入的剖析和验证。

本书学术思想新颖、内容系统、理论性和实用性强，可供从事人工智能、计算机科学技术、软件工程及相关专业的科研人员和高等院校相关专业的师生学习和参考。

图书在版编目(CIP)数据

面向短文本的主题模型技术／吴迪著.—北京：冶金工业出版社，2022.2（2023.4重印）

ISBN 978-7-5024-9025-6

Ⅰ.①面…　Ⅱ.①吴…　Ⅲ.①文本编辑—研究　Ⅳ.①TP311.11

中国版本图书馆CIP数据核字(2022)第015569号

面向短文本的主题模型技术

出版发行　冶金工业出版社　　**电　　话**　(010)64027926

地　　址　北京市东城区嵩祝院北巷39号　　**邮　　编**　100009

网　　址　www.mip1953.com　　**电子信箱**　service@mip1953.com

责任编辑　于昕蕾　美术编辑　彭子赫　版式设计　郑小利

责任校对　石　静　责任印制　窦　唯

北京虎彩文化传播有限公司印刷

2022年2月第1版，2023年4月第3次印刷

710mm×1000mm　1/16；11.5印张；224千字；174页

定价68.00元

投稿电话　**(010)64027932**　**投稿信箱**　**tougao@cnmip.com.cn**

营销中心电话　**(010)64044283**

冶金工业出版社天猫旗舰店　**yjgycbs.tmall.com**

（本书如有印装质量问题，本社营销中心负责退换）

前　言

微博等社交媒体因其具有话题内容广、传播速度快、实时性好、用户数量庞大的特点，已经成为传播市场经济、时事政治等资讯的重要平台，发挥着舆情发酵中心、事件记录中心、力量集聚中心和谣言粉碎中心的作用。因此，对微博等社交媒体文本进行主题分析，发现其演化趋势，契合新闻舆论监控国家需求，落实习近平总书记在党的十九大报告中提出的新闻舆论工作着力点，“坚持正确舆论导向，高度重视传播手段建设和创新，提高新闻舆论传播力、引导力、影响力、公信力”。

近年来，传统长文本分析方法及其性能取得不断突破的同时也在日趋饱和，其发展正逐渐面临来自对篇幅较短且缺乏上下文信息文本的挑战。短文本的特殊性主要表现在如下三个方面：(1) 文体较短。短文本大多在140字以内，而传统主题模型（如PLSA、LDA等）仅适用于长文本，若利用传统的主题模型对短文本建模，会造成严重的数据稀疏问题，使得挖掘到的特征词之间关联性较差，从而影响主题划分效果。(2) 语言表述不规范。社交媒体面向大众群体，用词和语法格式没有统一标准，用户更趋向于使用网络热词、表情、符号等来表达自己的想法，这就导致短文本中充斥着大量的噪声数据，给主题划分造成了一定的困难。(3) 文本形式的特殊性。在形式上，以微博短文本为例，大多含有话题标签，话题标签中的词能起到概括该微博内容的作用，这些特殊形式的文本将影响主题划分效果。因此，如何快速准确地从短文本中挖掘和发现潜在有用的主题特征词，获得短文本主题随时间变化的演化规律，已经成为短文本分析与演化的关键问题。

作者多年来一直从事数据挖掘、自然语言处理、网络舆情分析等领域的研究工作。近5年来，作者及科研团队针对现有传统面向社交媒体短文本的主题模型聚类方法语义分析能力、主题划分效果不佳、热点话题演化准确率不高等重点和难点问题，融合聚类等数据挖掘技术，开展短文本主题情感分析和特征提取方法、面向评论短文本分析与演化和面向热点话题发现与演化的主题模型研究，有望突破传统主题模型 LDA、BTM 和 oBTM 的局限，形成新的利用主题模型和聚类技术分析社交媒体短文本的方案。上述研究成果对于融合主题模型的聚类方法在多元化新媒体短文本的应用推广具有理论支撑和实践价值；同时，也为网络舆情监控以及应急响应策略制定提供决策和支持，对维护社会稳定、节约社会管理资源，具有重要的应用价值。

当前，面向短文本的主题模型技术仍处于发展阶段，国内尚缺少较为全面和系统地介绍主题模型技术的书籍。本书是在上述科学研究和技术开发工作基础上撰写而成，是笔者及科研团队在面向微博、弹幕等社交媒体分析及演化的主题模型研究成果的系统总结。因此，希望本书的出版能够为主题模型技术在社交媒体短文本及其他领域的应用提供借鉴与帮助。

本书由吴迪撰写。本书分为6章：第1章，主题模型概述；第2章，面向微博评论短文本的 LDA 主题模型；第3章，面向微博热点话题发现的 BTM 主题模型；第4章，面向微博热点话题演化的 oBTM 主题模型；第5章，面向弹幕短文本流分析的 oBTM 主题模型；第6章，面向弹幕短文本流演化的 oBTM 主题模型。感谢硕士生杨瑞欣、黄竹韵、张梦甜、赵伟超等对研究工作所做的贡献，感谢硕士生郑玉莹、程鹏、彭菲、杜鑫宝、左帅在内容整理、绘图等工作所做的贡献。

衷心感谢武汉大学计算机学院彭敏教授为本书编写提出的宝贵意见。感谢国家重点研发计划“科技冬奥”重点专项子课题(2018YFF0301004-02)、国家自然科学基金项目（62101174)、河北省自然科学基金项目（F2020402003、F2021402005、F2019402428)、河北省高等学校科学技术研究重点项目（ZD2018087）对本书涉及的研究工作的资助，同时感谢本书引用文献的各位作者。

由于作者水平有限、经验不足，书中难免存在不妥之处，恳请读者朋友批评指正，以使本书日臻完善。

吴　迪

2021 年 10 月于河北工程大学

目　　录

1 主题模型概述

1.1 主题模型产生背景

智能社会与互联网技术的快速发展，使得信息得到了快速传播和交流，这在语音、图片、文本和视频等常见的信息组织形式向更快捷的形态转变中得以表现。文本作为其中的重要数据形式，也实现了由长到短的转变。基于此，如何高效地从大量高维度、低质量、无标注的非结构化数据中寻找有价值的信息，已经成为短文本数据分析的重要目标[1]。

主题模型作为一种非常重要的方法，目前已经渗透到社交媒体、文本聚类、文本分类、网络舆情以及社区发现等多个领域[2]。目前，比较成熟的主题模型包括概率潜语义模型（Probalistic Latent Semantic Analysis，PLSA）[3]、潜在狄利克雷分布模型（Latent Dirichlet Allocation，LDA）[4]、非负矩阵分解模型（Non-negative Matrix Factorization，NMF）以及其他衍生模型。

PLSI（Probabilistic Latent Semantic Index）表示概率隐含语义标引模型，又称为 PLSA。PLSA 和 LDA 都是对隐含语义标引模型（Latent Semantic Indexing，LSI）的改进。LSI 模型的基本思想是将高维的向量空间模型表示的文档通过奇异值分解映射到低维的潜在语义空间，但其本身不能提供明确的语义解释。PLSA 是在 LSI 的基础上引入概率并增强了潜在主题与词汇文档之间的匹配关系。而 LDA 是在 PLSA 的基础上，引入多项式的共轭先验分布 Dirichlet 来丰富分布的参数，准确实现对文档分词、文档和词-主题内部的相似性判定。

上述主题模型的建立主要依赖于长文本中的词共现关系，当文本长度发生改变时，应用性能都会出现不同程度的削减。NMF 可以很好地处理短文本数据集，尤其是处理不平衡数据集，但也存在一定的问题，如拟合结果不一致，且稳定性不如 LDA[5]。

Yin 等[6] 提出了狄利克雷多项混合模型（Dirichlet Multinomial Mixture，DMM）。DMM 与 LDA 的区别在于假设每一篇短文本至多有一个主题，而不是多个主题，同时，文档内部的所有单词之间主题共享，有效缓解了文本特征稀疏对建模的影响。DMM 可以看作是 LDA 的一元混合模型，两者都是基于词-词共同出现的模式进行建模。因此，如何发掘同现关系将成为主题模型研究的关键。

1.2 主题模型定义

主题模型（Topic Model）是以非监督学习的方式对文集的隐含语义结构进行聚类的统计模型。

主题模型主要被用于自然语言处理（Natural Language Processing，NLP）中的语义分析和文本挖掘问题，例如，按主题对文本进行收集、分类和降维，也被用于生物信息学研究[7]。主题模型分类图如图 1-1 所示。

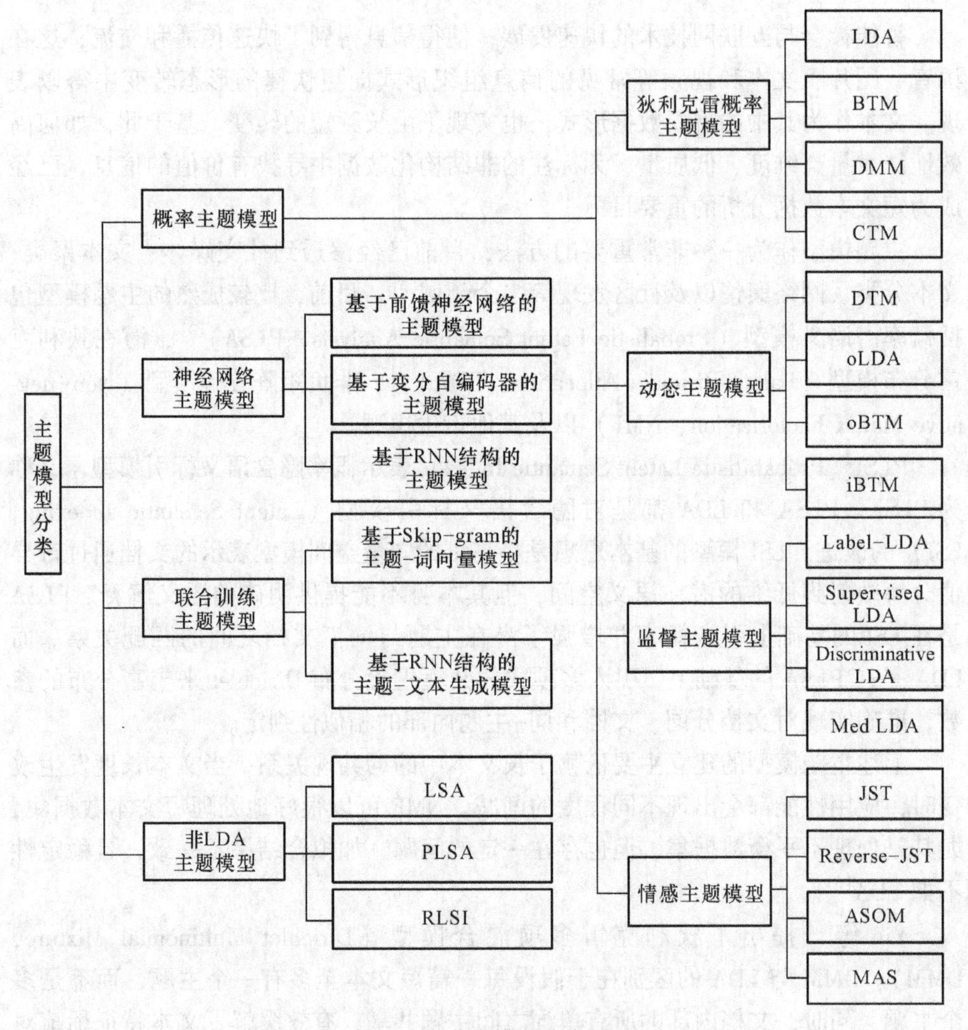

图 1-1　主题模型分类图

潜在狄利克雷分布模型 LDA 是常见的主题模型。以 LDA 为代表的概率主题模型一般为生成模型，即每篇文档的每个词都是通过“以一定概率选择某个主题，并从这个主题中以一定概率选择某个词汇”这一过程得到。LDA 模型基本结构包含两个分布，即文档为关于主题的多项式分布、主题为关于词汇的多项式分布。

为将主题模型的生成过程形式化描述出来，相关符号及解释见表 1-1。

表 1-1 主题模型中的符号及解释

符 号	解 释
D	文档集合
K	潜在主题个数
V	词汇表中单词集合
B	文档集中双词（biterm）集合
N	文档集中文档数量
M	词汇集合中词汇数量
N_d^w	词汇 w 在文档 d 中出现的次数
z	潜在主题
n_k^w	词汇 w 分配给主题 k 的次数
n_k	文档（或 biterm）分配给主题 k 的次数
θ	主题分布向量（或矩阵）
φ	主题-词汇分布矩阵
$z_{d,w}$	第 d 个文档中第 w 个词汇的主题分配序列
α	文档-主题分布的 Dirichlet 先验参数
β	文档-词汇分布的 Dirichet 先验参数

假设 $D=\{d_1, d_2, \cdots, d_N\}$ 为包含 N 个文档的语料集合，$V=\{w_1, w_2, \cdots, w_M\}$ 为 D 中所有词汇集合。指定主题个数 K 后，主题建模的目标是：

(1) 生成 K 个主题 $z_k(k=1, 2, \cdots, K)$ 及每个主题的生成概率 θ_k。

(2) 每个主题以词汇的概率分布形式表示 $\varphi_k \in \mathbf{R}^M$。

(3) 生成文档关于主题的条件概率 $p(z|d)$，以便对文档进行分类或聚类。

主题模型主要采用变分贝叶斯推断[5]和吉布斯采样[8]两种参数推断方法。其中，变分贝叶斯推断是一种近似算法，该方法使用一个简单的变分分布来近似模型参数的后验概率表达式，并采用 EM 算法迭代最大化变分下界来估计参数；而吉布斯采样是一种从马尔科夫链中抽取样本的随机算法。LDA 和 DMM 等概率主题模型常采用坍缩吉布斯采样[9]（Collapsed Gibbs Sampling，CGS）进行估计参数。

1.3 概率主题模型

1.3.1 狄利克雷概率主题模型

1.3.1.1 LDA 主题模型

LDA 是一种经典的主题模型，具有模块化和可扩展等特性，便于被修改和嵌入到其他更复杂的模型中。基于主题模型的文本情感分析技术，通过挖掘文本所蕴含的主题及其关联的情感特征，提高情感分析的性能。诸多研究学者在 LDA 模型的基础上，提出了各种形式的扩展模型[10]，以便更好地应用到文本领域中。

随着大数据时代的到来，海量的带有浓厚的主观色彩的数据信息给短文本聚类增加了更大的困难，因此，对短文本进行情感分析变得尤为必要。其中，基于 LDA 主题模型的短文本聚类算法是较为高效的[11]。

LDA 是 Blei 等[4]在 2003 年提出的，是在 PLSI 的基础上扩展得到的三层贝叶斯概率模型（见图 1-2)，是文档生成概率模型。

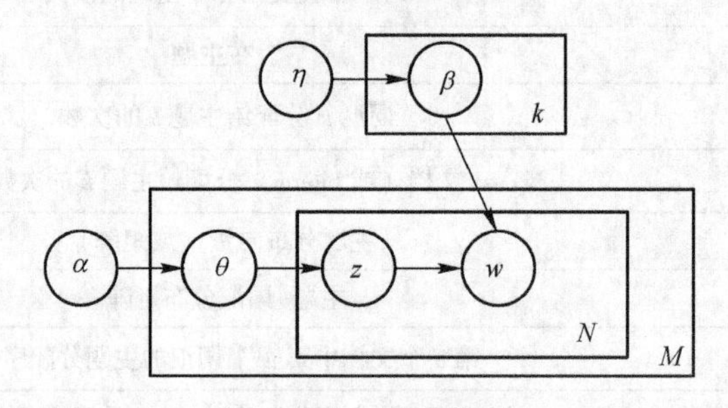

图 1-2 LDA 图模型

图 1-2 中，α 和 β 为先验参数，θ 为从先验参数 α 中提取的主题分布，z 为从 θ 主题分布中提取的主题，η 为从先验参数 β 中提取的主题 z 对应的词语分布，w 为最后生成的词，M 为文档数，N 为词数，k 为主题个数。

LDA 模型中，样本固定，参数未知且不固定，是个随机变量，服从一定的分布。词 w 采样是根据主题 z 和模型的先验参数 β，主题 z 是从先验参数 α 中提取，对于任意一篇文档 d，其中 $P(w_i|d_i)$ 是已知的。根据文档-词项 $P(w_i|d_i)$，训练出文档-主题 $P(z_k|d_i)$ 和主题-词项 $P(w_j|z_k)$，联合概率分布公式如下：

$$P(w_i|d_i) = \sum_{k=1}^{k} P(w_j|z_k)P(z_k|d_i) \tag{1-1}$$

文档中每个词的生成概率为：

$$\begin{aligned} P(d_i, w_i) &= P(d_i)P(w_i|d_i) \\ &= P(d_i)\sum_{k=1}^{k} P(w_j|z_k)P(z_k|d_i) \end{aligned} \tag{1-2}$$

由于 $P(d_i)$ 已知，而 $P(z_k|d_i)$ 和 $P(w_j|z_k)$ 未知，要估计的为参数 θ：

$$\theta = (P(w_j|z_k), P(z_k|d_i)) \tag{1-3}$$

具体的 LDA 生成模型模拟图如图 1-3 所示。

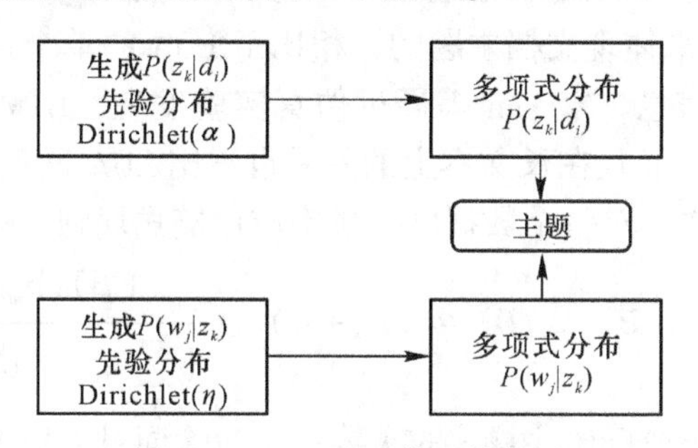

图 1-3 LDA 生成模型模拟图

LDA 把模型的参数也看作随机变量，从而可以引入控制参数的参数，实现彻底的“概率化”。该模型包括词项、主题和文档三层结构，训练出文档-主题 $P(z_k|d_i)$ 和主题-词项 $P(w_j|z_k)$，可以识别大规模文档集或语料库中潜在的主题信息。

1.3.1.2 BTM 主题模型

虽然 LDA 在长文本上的建模效果较好，但并不适用于短文本建模。2013 年，X. Yan 等在 LDA 的基础上结合一元混合模型[11]的思想，提出了适用于短文本的 BTM 主题模型。BTM 图模型如图 1-4 所示。

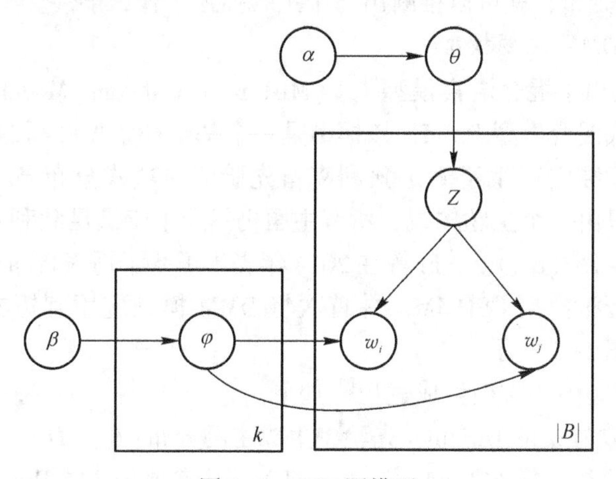

图 1-4 BTM 图模型

图 1-4 中，$|B|$为整个语料库所包含的词对数，k 为主题个数，α 和 β 为 Dirichlet 分布的超参数，θ 为整个语料库的主题概率分布，φ 为主题-词对分布，Z 为词对的主题标号，w_i、w_j 为构成某一词对中的两个不同的词。

BTM 使用整个语料库的主题分布来描述单个文档的主题，丰富了文档的语义信息，缓解了短文本特征稀疏的问题；BTM 对整个语料库的词共现模式（即词对）进行建模，这种建模方式避免了每篇文档只能有一个主题的缺点；同时，由于 BTM 是以词对来体现文档主题的，相比于 LDA 的单个词或者短语能够更好地揭示文档的语义信息。X. Yan 等通过仿真实验发现，BTM 不仅在短文本上的建模效果优于 LDA，而且在长文本上的效果也不比 LDA 逊色。

通过吉布斯抽样，对整个数据联合概率应用链式规则，得到条件概率如下：

$$P(z|z_{-b}, B, \alpha, \beta) \propto (n_z + \alpha)\frac{(n_{w_i|z} + \beta)(n_{w_j|z} + \beta)}{\left(\sum_w n_{w|z} + G\beta\right)^2} \tag{1-4}$$

式中，n_z 为词对 b 被分配给主题 z 的次数；z_{-b}为除词对 b 以外所有其他词对的主题分布；$n_{w|z}$为特征词 w 被分配给主题 z 的次数；G 为词汇表大小。

确定主题数目 K 后，根据经验取 $\alpha = 50/K$，$\beta = 0.01$。最终能够估计出主题分布 θ_z 和主题-词分布 $\phi_{w|z}$：

$$\theta_z = \frac{n_z + \alpha}{|B| + K\alpha} \tag{1-5}$$

$$\phi_{w|z} = \frac{n_{w|z} + \beta}{\sum_w n_{w|z} + G\beta} \tag{1-6}$$

根据 BTM 建模得到的主题分布，能够看出某一数据集大致包含了几个主题；再根据主题-词分布，就可以推断出每个主题描述了什么事件。

1.3.1.3 DMM 主题模型

Nigam 等提出了混合语言模型[13]（Mixture of Unigrams Model），由此产生了狄利克雷多项式混合模型 DMM。该模型是一个基于朴素贝叶斯假设的生成模型：文档中每个词汇独立产生于满足狄利克雷先验的多项式分布 $\phi_k \sim Dir(\beta)$，同时，每个文档只由一个主题构成，所有主题仍然产生于满足狄利克雷先验的多项式分布（即 $\theta \sim Dir(\alpha)$）。Yin 等在 2014 年提出了基于坍缩吉布斯采样的狄利克雷多项式混合分布模型 GSDMM，并首次将 DMM 模型应用到短文本聚类中。该模型示意图如图 1-5 所示。

在 DMM 模型中，文档生成过程[7]如下：

（1）从参数为 α 的 Dirichlet 先验中生成主题分布：$\theta \sim Dir(\alpha)$。

（2）对于每个主题 $k(k=1, 2, \cdots, K)$：从参数为 β 的 Dirichlet 先验中生成主题-词汇分布：$\phi_k \sim Dir(\beta)$。

（3）对于每个文档 d：从 θ 中生成一个主题分配：$z_d \sim Multi(\theta)$。

对于文档 d 第 $i(i = 1, 2, \cdots, d_n)$ 个位置，根据主题分配 z_d 生成一个词 $w_{d,i} \sim Multi(\phi_{z_d})$。

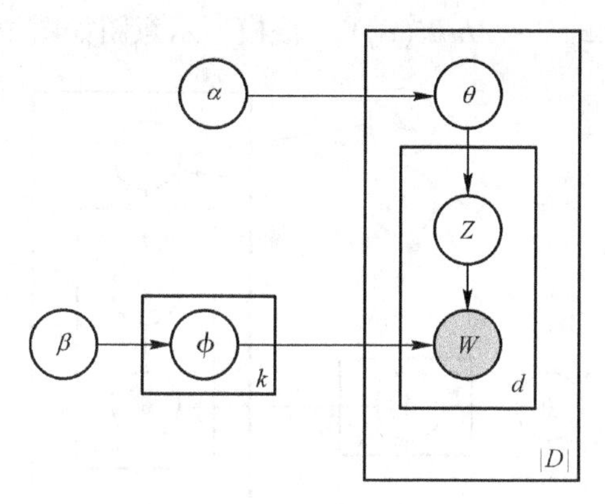

图 1-5 DMM 模型示意图

GSDMM 采用坍缩吉布斯采样实现模型参数推断，即通过最大化如下联合概率来求解模型参数：

$$L(D) = \prod_{d \in D} \sum_{z} P(d, z, \theta, \phi | \alpha, \beta) = \prod_{d \in D} \sum_{z} P(\theta, \phi, z | d, \alpha, \beta) \quad (1\text{-}7)$$

类似于 LDA，在坍缩吉布斯采样过程中，条件概率 $P(\theta, \phi, z | d, \alpha, \beta)$ 可转化为求解一个主题分配 z_d 在剩余主题下的条件概率：

$$P(z | z_{\neg d}, d, \alpha, \beta) \propto \frac{n_{k,\neg d} + \alpha}{|D| - 1 + K\alpha} \times \frac{\prod_{w \in d} \prod_{j=1}^{N_d^w} (n_{k,\neg d}^{w} + \beta + j - 1)}{\prod_{j=1}^{N_d^w} (n_{k,\neg d}^{w} + V\beta + j - 1)} \quad (1\text{-}8)$$

式中，$n_{k,\neg d}$为排除当前文档 d 后剩余文档分配给主题 k 的计数；$n_{k,\neg d}^{w}$为排除文档 d 中的词汇 w，剩余词汇 w 分配给主题 k 的计数。

相比于 LDA，GSDMM 能更好地缓解短文本的高维稀疏问题。相比于 DMM，GSDMM 采用电影分组过程（Movie Group Process，MGP）可自动推断出主题数量。

1.3.1.4 CTM 主题模型

在主题建模任务中，学者们在关注模型的主题词抽取能力和文本分类准确性的同时也希望模型能够将主题之间的相关性刻画出来，也就是学者们认为潜在主题之间并非相互独立的。在此情况下，LDA 模型中的狄利克雷先验假设并不能很好体现建模主题之间的相关性。为此，Blei 在 2006 年提出了 CTM（Correlated Topic Model）模型[14]。该模型假设文档-主题满足超参数为 $\{\boldsymbol{\mu}, \boldsymbol{\Sigma}\}$ 的逻辑斯谛-正态分布，即先从正态分布中采样 $\eta_d \sim N(\boldsymbol{\mu}, \boldsymbol{\Sigma})$，并使用 softmax 函数将其归一化 $\theta_d = softmax(\eta_d)$。与 LDA 相似，每个文档中的词汇依旧根据多项式分布采样主题分配序列，即 $z_{d,i} \sim Multi(\theta_d)$。该模型示意图如图 1-6 所示。

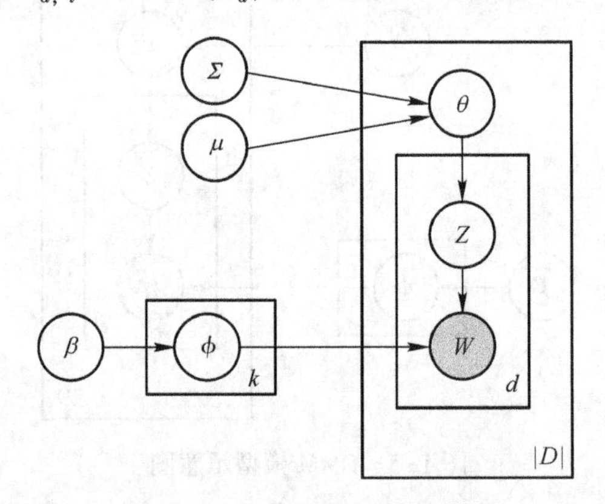

图 1-6 CTM 模型示意图

在 CTM 模型中，文档生成过程[7]如下：

(1) 对于每个主题 k（$k=1, 2, \cdots, K$）：从参数为 β 的 Dirichlet 先验中生成主题-词汇分布：$\phi_k \sim Dir(\beta)$。

(2) 对于每个文档 d：从参数为 $\{\boldsymbol{\mu}, \boldsymbol{\Sigma}\}$ 的高斯先验中生成文档-主题分布：$\eta_d \sim N(\boldsymbol{\mu}, \boldsymbol{\Sigma})$。

(3) 对于文档 d 中第 i（$i=1, 2, \cdots, d_n$）个位置：从归一化的 η_d（即 θ_d）中生成一个主题分配：$z_{d,i} \sim Multi(\theta_d)$；根据主题分配 $z_{d,i}$ 生成一个词汇：$w_{d,i} \sim Multi(\phi_{z_{d,i}})$。

从上述过程中可以看出，CTM 与 LDA 模型的文本生成过程类似；不同点在于，在 CTM 中，主题不是在狄利克雷先验中产生，而是从高斯先验中产生。这样，协方差矩阵 $\boldsymbol{\Sigma}$ 就可以表达主题之间的相关性。

由于高斯先验与多项式分布不是共轭分布，因此，模型的求解有一定难度。Blei 等使用变分推断方法求解参数，但这并不能保证模型的稳定性。之后，Chen 等[15]采用吉布斯采样求解 CTM 模型参数，这降低了参数推理难度。由于分布的非共轭性，无法根据 θ_d^k 进行采样。为此，在文献［15］中，模型假设超参数 $\{\boldsymbol{\mu}, \boldsymbol{\Sigma}\}$ 是满足共轭正态逆维沙特（Normal-Inverse-Wishart，NIW）先验的随机变量，即 $\boldsymbol{\Sigma} \sim IW^{-1}(k, W^{-1})$，$\boldsymbol{\mu} \sim N(\mu_0, \Sigma/\rho)$。这样，利用吉布斯采样，文档 d 中词汇 w 的主题分配条件概率为：

$$P(z, w|\alpha, \beta) \propto P(z_{d,w}|z_{-(d,w)}, w, \alpha, \beta) \propto \frac{e^{\eta_d^k}}{\sum_{j=1}^{k} e^{\eta_d^j}} \frac{n_{k,w}^{-(d,w)} + \beta_w}{\sum_{v=1}^{V}(n_{k,v}^{-(d,v)} + \beta_v)} \tag{1-9}$$

1.3.2 动态主题模型

1.3.2.1 DTM 主题模型

Blei 等在 2006 年提出动态主题模型（Dynamic Topic Model，DTM）[16]，通过建立一组概率时间序列模型来分析文档集合中主题的时间演化规律是 DTM 模型的核心，DTM 图模型如图 1-7 所示。

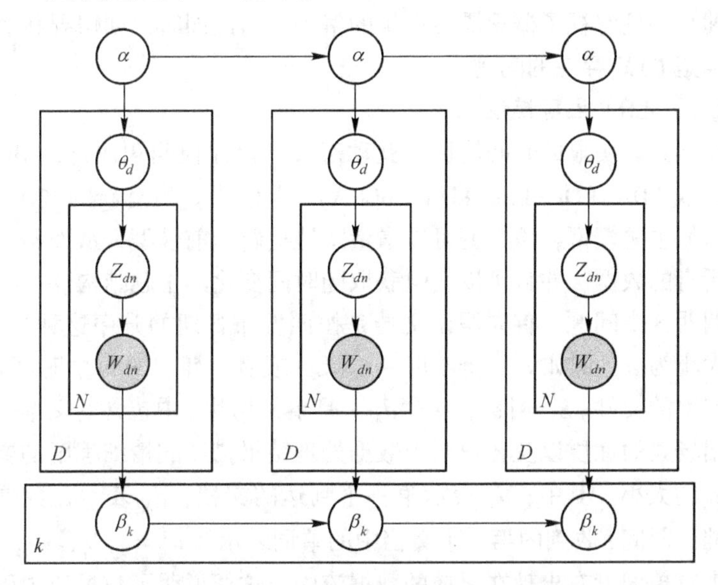

图 1-7 DTM 主题模型

就传统的 LDA 主题分布而言，特定文档的主题概率分布 θ 均来自于狄利克雷概率分布；在动态主题模型中，使用均值为 α 的逻辑斯蒂-正态分布来表达不确定性程度[17]。通过一个简单的动态模型来获得这些模型相互间的顺序结构：

$$\alpha_t \mid \alpha_{t-1} \sim И(\alpha_{t-1},\ \delta^2 I) \tag{1-10}$$

通过将主题和主题比例分布链接在一起将一组主题模型顺序地绑定在一起，其序列语料库中 t 切片的生成过程[17]如下：

（1）获取文档的主题 $\boldsymbol{\beta}_t \mid \boldsymbol{\beta}_{t-1} \sim И(\boldsymbol{\beta}_{t-1},\ \delta^2 I)$。

（2）获取 $\alpha_t \mid \alpha_{t-1} \sim И(\alpha_{t-1},\ \delta^2 I)$。

（3）对于每一篇文档：获取 $\boldsymbol{\eta} \sim И(\alpha_t,\ \alpha^2 I)$。

（4）对于每个单词，首先获取主题 $Z \sim Multi(\pi(\eta))$，进而获取单词 $W_{tdn} \sim Mult(\pi(\boldsymbol{\beta}_{t\pi}))$。

在这里，需注意 π 映射多项分布参数为均值参数，即 $\pi(\boldsymbol{\beta}_{k,t})_w = \dfrac{\exp(\boldsymbol{\beta}_{k,t,w})}{\sum_w \exp(\boldsymbol{\beta}_{k,t,w})}$。

当水平箭头被移除掉时，时间动态依赖关系也随之被去除了，于是动态时间模型就成为了一组独立的主题模型。伴随着时间动态演化的发展，第 t-1 层的第 k 个主题平稳演化成了第 t 层的第 k 个主题。

结合文本的时间属性进行建模以及极大可能地获取文本时间演化的规律是 DTM 的优势所在。然而，虽然在对含有时序信息的在线文本建模方面 DTM 是成功的，但是在实际应用中仍然面临着许多的挑战，例如，DTM 中直接对时间进行离散处理，并且忽视了概念漂移产生的偏差；与此同时，如何寻找和最优时间切片方式也是 DTM 存在的问题。

1.3.2.2 oLDA 主题模型

在线文本具备明显的时间属性，就动态文本流建模问题而言，Alsumait 等提出了一种在线 LDA（On-Line LDA，oLDA）模型[18]。当有新的文本流更新时，利用已得出的主题模型，该模型可以增量式地更新当前模型，从而不再需要重新访问之前所有的数据，并且可以实时获取随时间变化的主题结构。

为了阐明这个问题，首先假设文档是按照发布日期的升序这种方式到达的，预定时段大小为 ε，例如，一个小时，一天，或者一年，对每个时间切片 t，于是生成一连串的文件。$S^l=\{d_1, \cdots, d_{M^l}\}$ 是事件切片 t 中包含的文本个数。模型的预测应用场景的性质以及客户对于数据处理结果描述的精细程度的要求决定了时间切片 ε 的大小。其中，d_1 表示第一个到达的文档，d_{M^l} 表示在数据流中最后到达的文档。时间 t 收到的第 n 个文档中的单词表示为 $w_d^l=\{w_{d_1}^l, \cdots, w_{d_{n^x}}^l\}$，假设数据流中有单词没有出现在之前的数据流中，这便说明了数据流中引入了单词字典中新的单词，这一假设对于简化矩阵 $\boldsymbol{B}$ 的定义以及有关计算有着重要的意义。oLDA 变量符号标注见表 1-2。

表 1-2 oLDA 变量符号标注

符 号	解 释
δ	表示滑动窗的尺寸
N_d	表示文档中标记词的数量
S^l	表示在时间 l 到达的文档
M^l	在 S^l 中的文档数
$\omega_{d_i}^l$	在 l 时刻，与文档 d 中第 i 个标记关联的单词
z_i^l	与 $\omega_{d_i}^l$ 相关的主题
θ_d^l	在 l 时刻，在文档 d 中的特定主题的多项分布
ϕ_k^l	在 l 时刻，在主题 k 中的单词的多项分布
$\boldsymbol{\alpha}_d^l$	在 l 时刻，在文档 d 中的先验的 k 维向量

续表 1-2

符 号	解 释
$\boldsymbol{\beta}_k^l$	在 l 时刻，主题 k 的 V^l 维的先验向量
$\boldsymbol{B}_k^l$	主题 k 的 $V^l\cdot\delta$ 演化矩阵，列为 ϕ_k^i（$i\in l-\delta$，…，l）
$\boldsymbol{\omega}^\delta$	ϕ^l 的权重的 δ 向量（$i\in l-\delta$，…，l）

令 $\boldsymbol{B}_k^l$ 表示主题 k 的演化矩阵，其中每列 ϕ_k^j 表示在时间 t 特定主题下的单词的概率分布，该矩阵可以认为是在特定时间内文本数据流通过滑动窗口所产生的，例如由 $j\in\{(t-\delta-1),\cdots,(t-1)\}$ 形式。w^δ 是向量权重，这与时间切片的数据流是有关的，其中假设在 ω^{t-1} 时权重加和为 1。所以，主题过去分布的加权组合决定了主题 k 在 t 时刻的参数：

$$\boldsymbol{\beta}_k^l=\boldsymbol{\beta}_k^{l-1}w^\delta \tag{1-11}$$

用这种方式来计算在连续的模型中 β 的相关的主题分布，进而主题的演化过程将在连续的语料中被取得。因此，oLDA 模型的生成过程[17]如下：

(1) 对于任意一个主题 $k=1,2,\cdots,K$。

(2) 计算 $\boldsymbol{\beta}_k^l=\boldsymbol{\beta}_k^{l-1}w^\delta$。

(3) 获取 $\phi_k^l=Dir(\cdot\,|\beta_k^l)$。

(4) 对于任意一个文件 d。

(5) 获取 $\theta_d^t\sim Dir(\cdot\,|\alpha^t)$。

(6) 对于文档 d 中的每一个单词标记 ω_i；从多项分布 θ_d^l 中获取 $z_i(P(z_i|\alpha^l))$，从多项分布 ϕ_{z_i} 中获取 $w_i(P(w_i|z_i,\beta_{z_i}^l))$。

oLDA 模型使用离散的时间方式，因此灵活性有待提高。

1.3.2.3 oBTM 主题模型

在线词对主题模型 oBTM 是 BTM 的在线形式，是一种基于离散时间的在线主题模型。BTM 是一种双词共现主题模型，双词共现方法可以增加短文本特征，例如，“开创 5G 时代!”经过分词后得到集合{开创，5G，时代}，其双词共现集合则为{(开创，5G)，(5G，时代)，(开创，时代)}。

oBTM 建模时，首先，将短文本流分配到 t 个时间片中；然后，在时间片中依次进行 BTM 建模。其中，第一个时间片的超参数是初始化值，建模过程中，超参数会不断更新，t-1 时间片建模得到的超参数，即为 t 时间片内超参数的初始值。oBTM 主题模型如图 1-8 所示。

图 1-8 中，Z 为主题，N 为词对总数，M 为文档数，(w_i,w_j) 代表词对，θ^t 和 ϕ^t 表示 t 时间片的文档-主题分布和主题-词对分布，α^t 和 β^t 表示 t 时间片内 θ^t 和 ϕ^t 的超参数。设 $k(k\in K)$ 为某一主题，$m(m\in M)$ 为某一文档，$n(n\in N)$ 为某一词对，则 $n_k^{(t)}$ 为主题 k 的词对数，$n_{w|k}^{(t)}$ 为词语 w 分配给主题 k 的次数。若主

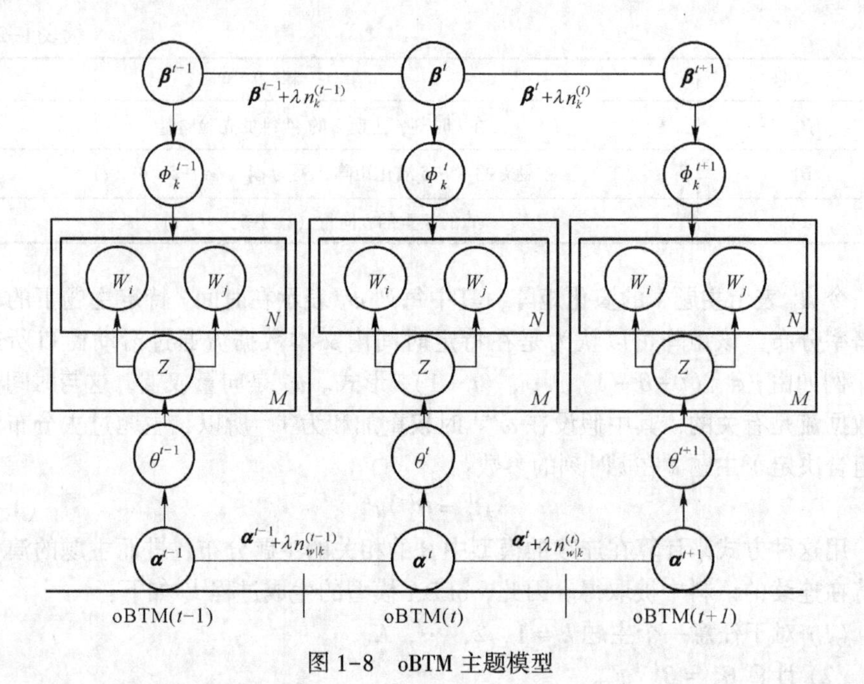

图 1-8　oBTM 主题模型

题数是K，则$\boldsymbol{\alpha}^t$是K维矩阵，$\boldsymbol{\beta}^t$是N维矩阵。假设有T个时间片，则 oBTM 算法流程描述见算法 1-1。

算法 1-1　oBTM 算法流程

输入：K，α^t，β^t，衰减因子λ，词对集合$B_n^{(t)}=(w_i，w_j)$

输出：θ^t，ϕ^t

步骤 1：初始化α^t，β^t

步骤 2：for t=1 to T do

步骤 3：随机为$B(t)$中的词对分配主题，得到ϕ^t

步骤 4：随即为每个文档分配主题，得到θ^t

步骤 5：for n=1 to N do

步骤 6：根据词对（w_i，w_j）的吉布斯采样更新θ^t和ϕ^t，同时得到$n_k^{(t)}$和$n_{w|k}^{(t)}$

步骤 7：end for

步骤 8：通过$n_k^{(t)}$和$n_{w|k}^{(t)}$获得$\alpha^{(t+1)}$和$\beta^{(t+1)}$

步骤 9：end for

算法 1-1 中，oBTM 的建模过程是θ^t、ϕ^t分布在α^t、β^t的参数估计的结果下进行迭代优化，直到参数估计的结果收敛，其中，吉布斯采样方法[19]（Gibbs sampling）和变分推断方法[20]（Variational Inference）是常见的参数估计方法。

除了 oBTM，还有直接基于 BTM 改进的主题演化模型，且均为比较新颖的算法。RIBS-TM 模型[21]利用 RNN 训练词对，得到了关联性更强的词对进行建模，同时利用 TF-IDF 削弱高频词对模型统计结果的影响，提升了主题提取的效果；在此基础上进行每个离散时间内的建模，并对相邻时间窗口的主题进行关联分析，实现主题演化。BToT 模型[21]融合了 BTM 和 ToT，在连续时间上对 BTM 进行建模，同时得到“主题-词对”“文档-主题”和“主题-时间”三个分布，同时得到主题强度演化结果。相比较 oBTM，RIBS-TM 和 BToT 基于时间的建模方式更加复杂。

1.3.2.4 iBTM 主题模型

通过一种称为增量吉布斯采样器的技术 iBTM 可以不断地更新模型，参数 ϕ 和 θ 在每当 biterm 到达时便被立即更新。具体来说就是当 biterm b_i 到达时，iBTM 可以分两步更新模型：第一步，从 $P(z_i|z_{i-1}, B_i)$ 中我们可以得出 b_i 的主题分配，其中 $z_{i-1}=\{z_j\}_{j=1}^{i-1}$ 表示之前所有的主题分配，并且 $B_i=\{b_j\}_{j=1}^{i}$；第二步，随机选择一些之前的 biterm 来构建一个 biterm 序列，称为 rejuvenation 序列 $R(i)$。对它们的主题分配重新采样，对于每个 biterm $b_j \in R(i)$，从 $P(z_j|z_{-j}, i, B_i)$ 中我们可以重新采样其主题分配 z_j。

如何生成 rejuvenation 序列 $R(i)$ 是 iBTM 的一个关键问题。首先，需要在有效性和效率之间对 $R(i)$ 的长度进行权衡。恢复的 biterm 越多，后验分布 $P(z_i|B_i)$ 的近似值就越好。特殊地，如果 $R(i)$ 设置为 B_i，则随着 biterm 的数量增加到无穷大，iBTM 接近批量 BTM 算法，这是因为每一个主题分配都将被无限次重采样。其次，模型更新中不同时间收到的 biterm 的贡献会受到 $R(i)$ 的选择的影响。例如，可以从之前 biterm 的衰减分布中选择 $R(i)$ 中的条目，用来支持最近的历史数据。在这项工作中，$R(i)$ 是从覆盖最近 biterm 的固定大小滑动窗口上的均匀分布生成的。这种方法不仅通过存储小部分历史数据节约了内存和时间成本，而且使得模型对数据中主题的动态变化比 oBTM 更加敏感，这是因为 iBTM 在不断地更新模型。

1.3.3 监督主题模型

在本质上，LDA 是一种无监督的机器学习模型，一些与文本相关的类别信息被该模型忽略。因此，为了使机器学习中有监督学习分类的问题得以解决，以监督学习为基础的主题模型开始流行起来，主要包括 Label-LDA、监督主题模型、DMR 和 MedLDA，本节主要对 Label-LDA 进行详细介绍。

针对文档只与单一的标签相关联的问题，Ramage 等提出了一种标签主题模型 Label-LDA[23]。该模型将文本表示成为标签的多项概率分布，文本的多标签判定问题得到了有效的解决。Label-LDA 图模型如图 1-9 所示。

作为一个概率图模型，LDA 是带有标签的，生成带标签的文档集合的过程则

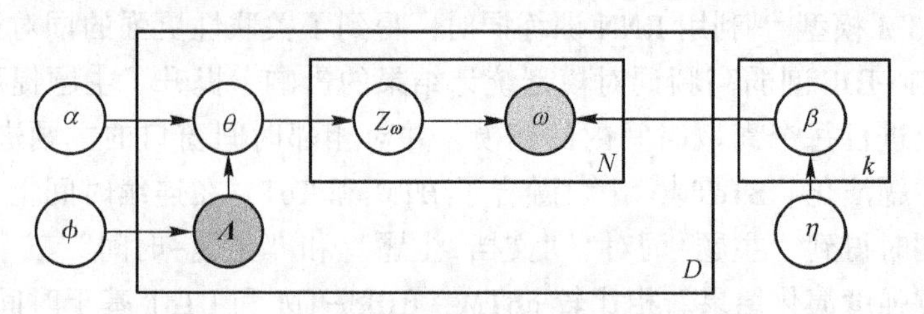

图 1-9 Label-LDA 图模型

通过它描述出来。和隐狄利克雷分配类似，基础主题的混合则是通过标签 LDA 将每个文档建模来得到，并使每个单词从一个主题生成。不同于 LDA 的地方在于，Label-LDA 是通过简单的方式对主题模型进行约束，使其只使用那些和文档标签集相对应的主题来进行合并监督学习。

假设由一系列单词 ω 和二值主题指示向量 $\boldsymbol{\Lambda}$ 组成每一篇文档，具体而言，第 d 篇文档的主题指示向量表示为 $\boldsymbol{\Lambda}^{(d)}=(l_1, l_2, \cdots, l_k)$，它是一个二值主题指示向量，其中，$l_k \in \{0, 1\}$，每个分量代表了主题的存在和不存在两种形式；第 d 篇文档的单词表示为 $\boldsymbol{\omega}^{(d)}=\{w_1, \cdots, w_{N_d}\}$，$w_i=\{1, \cdots, V\}$，其中 N_d 表示文档的长度，V 是单词的个数，k 表示语料库中不同的标签总数变量的指代关系(见表 1-3)，模型的生成过程[17] 如下：

(1) 对于每一个主题 $k \in \{1, \cdots, K\}$：生成 $\boldsymbol{\beta}_k=(\boldsymbol{\beta}_{k,1}, \cdots, \boldsymbol{\beta}_{k,V})^T \sim Dir(\cdot|\boldsymbol{\eta})$。

(2) 对于每一篇文档 d：每个主题 k 生成 $\boldsymbol{\Lambda}_k^{(d)} \in \{0, 1\} \sim Bernoulli(\cdot|\boldsymbol{\phi}_k)$。

(3) 生成 $\boldsymbol{\alpha}^{(d)}=\boldsymbol{L}^{(d)} \times \boldsymbol{\alpha}$。

(4) 生成 $\boldsymbol{\theta}^{(d)}=(\boldsymbol{\theta}_{l_1}, \cdots, \boldsymbol{\theta}_{l_{Md}})^T \sim Dir(\cdot|\boldsymbol{\alpha}^{(d)})$。

表 1-3 Label-LDA 变量符号标注

符号	解释
β_k	表示第 k 个主题的多项分布参数向量
α	表示 Dirichlet 主题先验概率分布参数
η	表示单词的先验概率分布参数
ϕ_k	表示第 k 个主题的标签的先验分布参数
$\boldsymbol{\Lambda}$	二值（存在/不存在）主题指示向量
$\boldsymbol{L}^{(d)}$	表示投影矩阵

对于每一个 i 在 $\{1, \cdots, N_d\}$：生成 $z_i \in \{\boldsymbol{\lambda}_1^{(d)}, \cdots, \boldsymbol{\lambda}_{M_d}^{(d)}\} \sim Multi(\cdot|\boldsymbol{\theta}^{(d)})$，生成 $w_i \in \{1, \cdots, V\} \sim Multi(\cdot|\boldsymbol{\beta}_{z_i})$。

模型生成过程中，从主题的多项概率分布中生成词的过程与传统的 LDA 是相同的，不同之处是需要生成文档的标签，首先需要生成文档的标签 $\boldsymbol{\Lambda}^{(d)}$，下一

步便是定义文档的标签向量 $\boldsymbol{\lambda}^{(d)}=\{k \mid \boldsymbol{\Lambda}_k^{(d)}=1\}$；在此需要定义一个特定的文档标签投影矩阵 $\boldsymbol{L}^{(d)}$，大小为 $M_d \times K$，其中 $M_d=|\lambda^{(d)}|$，见式（1-12）。对于每一行 $i \in \{1, \cdots, M_d\}$，每列 $j \in \{1, \cdots, K\}$。

$$\boldsymbol{L}_{ij}^{(d)}=\begin{cases}1, & \lambda_i^{(d)}=1 \\ 0, & \text{其他}\end{cases} \tag{1-12}$$

只有当第 i 个文档的标签 $\boldsymbol{\lambda}_i^{(d)}$ 等价于主题 j，那么 $\boldsymbol{L}^{(d)}$ 的第 i 行，第 j 列为 1，否则为 0。在此使用 $\boldsymbol{L}^{(d)}$ 矩阵将 Dirichlet 主题先验概率分布参数投影到更低维空间 $\boldsymbol{\alpha}^{(d)}$：

$$\boldsymbol{\alpha}^{(d)}=\boldsymbol{L}^{(d)} \times \alpha=(\alpha_{\lambda_1^{(d)}}, \cdots, \alpha_{M_d^{(d)}})^{\mathrm{T}} \tag{1-13}$$

1.3.4 情感主题模型

情感分析主要用于识别和提取给定的文本语义，有效的情感信息需要从大量的文本信息中挖掘出来，这项工作对于信息的提取来说，无疑具有非常重要的意义。但是在情感分析上，传统的监督模型仍然存有不足之处，例如，就评论的信息的感情色彩分析等方面来看，存在一定的缺陷。因此，提出基于情感分析 LDA 扩展模型具有非常重要的现实意义。情感主题模型主要有 JST、Reverse-JST、ASOM、MAS 等，本节主要对 JST 进行介绍。

Williamson 等[24]提出了主题情感混合模型（Topic Sentiment Mixture，TSM）。TSM 模型将单词分成了两大类，与主题不相关的功能词汇是第一类，与主题相关的词汇则是第二类。同时在此基础之上，和主题相关的词汇又被分成了负面、中性、正面这三类，通过概率在这四大类中选择类来形成单词的生成过程，进一步可以在类中对单词进行选择。TSM 模型可以同时获取文档中多个主题以及情感类型。但是，该模型并不是直接对情感词汇进行建模，而是采用一系列后处理算法来判断情感类型。

TSM 模型是基于 PLSA 模型的扩展模型，为了进一步降低算法复杂度，Lin 等[25]提出了情感-主题联合的模型（Jiont Sentiment Topic model，JST）。于是基于 LDA 模型的扩展得到了 JST 模型，在文档和主题层之间，该模型通过构建额外的情绪层来完成主题和主题的相关情感信息的联合发现。因此，JST 被称为四层贝叶斯网络模型，JST 图模型如图 1-10 所示。

JST 模型的构造过程[17]如下：

假设有 D 个文档在语料库中，记为 $C=\{d_1, d_2, \cdots, d_D\}$。用 N_d 个词的序列来表示每个文档，文档有 T 个主题个数，有 S 个情感个数。将语料库中重复的词去掉，再在词典中放入剩余的词，V 代表了词典的大小，则文档中每个词与 V 中的一个索引项存在对应关系。

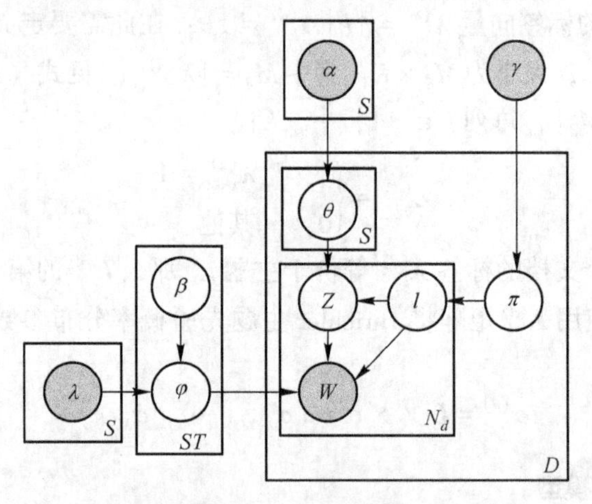

图 1-10 JST 图模型

在文档中，生成词语的过程如下：

(1) 从带有情感的文档概率分布 π_d 中选择一个情感标签 l。

(2) 在情感标签为 l 的主题概率分布 θ_d^l 中随机选择一个主题。

(3) 从带有主题和情感标签对的词语概率分布 φ 中生成文档中的词语。

1.4 其他主题模型

1.4.1 神经网络主题模型

神经网络主题模型的目的在于利用神经网络刻画包含潜在主题信息的文本生成过程。在这类模型中，一般以文档词袋子作为输入，并通过增添对应的词向量层和其他网络层来产生文档。一般使用后向传播算法来为模型逐层更新参数。直接利用前馈神经网络构建主题模型，并且以其中的权重矩阵表示文档-主题分布和主题-词汇分布，是早期的神经网络主题模型的主要方式。随后，包含潜在结构层的变分自编码器[26]（Variational Auto-Encoder，VAE）被用于构建主题模型上。但是，由于分布的稀疏性问题，上述神经主题模型并没有考虑到。基于这个原因，神经主题模型中开始逐步引入稀疏约束。本节重点介绍基于前馈神经网络的主题模型。

早期神经网络主题模型主要采用受限玻尔兹曼机[27]或深度信念网络[28]构建模型的输入特征表示。Wan 等[29]提出了一种深度信念网络与层次主题模型相结合的混合模型，在该模型中，神经网络用于特征抽取与非线性变换，为主题模型提供文本的低维向量表示。但是，玻尔兹曼机模型复杂度较高，且训练难度较大，不能适应文本序列建模。Cao 等[30]提出了基于前馈神经网络的主题模型

(Neural Topic Model，NTM)，尝试从神经网络视角去构建主题模型。

在 DMM 等经典三层贝叶斯主题模型中，主题的多项式分布 θ 由文档表示，词汇的多项式分布由主题表示，文档 d 关于词汇 w 的分布概率即表示为 $p(w|d) = \varphi_{\cdot,w} \times \theta_d^T$。NTM 从前馈神经网络角度解释上述两个分布，其中，$\varphi_{\cdot,w}$ 表示带有 sigmoid 激活函数的单词查找层 lt，θ_d 表示带有 softmax 激活函数的文档查找层 ld，神经网络的输出层，即文档-单词的概率分布是 $\varphi_{\cdot,w}$ 和 θ_d 做点积。NTM 图模型如图 1-11 所示。

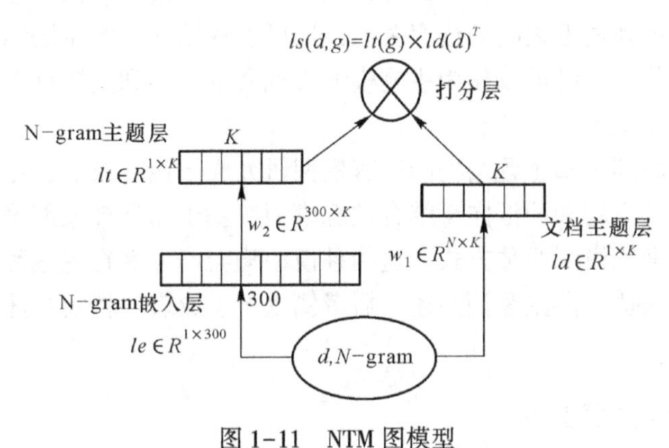

图 1-11 NTM 图模型

NTM 模型通过使用 sigmoid 以及 softmax 激活函数生成网络的隐藏层，如下式：

$$lt(g) = sigmoid(le(g) \cdot \boldsymbol{W}_2) \tag{1-14}$$

$$ld(d) = softmax(\boldsymbol{W}_1(d)) \tag{1-15}$$

NTM 模型利用神经网络中常用的后向传播算法来对模型参数进行更新，进而学习出模型的两个分布以及相应的权重矩阵 $\boldsymbol{W}_1$、$\boldsymbol{W}_2$。相较于 LDA 等概率主题模型，神经主题模型不需要事先对先验分布进行假设且结构简单，但依旧可以获得较好的主题表示。

1.4.2 联合训练主题模型

传统概率主题模型和基于神经网络结构的主题模型均为文档生成模型。文档生成模型的主要思想是在数据中训练文本生成过程中所需的参数，并生成潜在主题的词汇表达。因此，主题模型能够用来完成主题词提取、文本分类和聚类、感情分类、商品评论分析等任务。然而，传统主题模型输入以文档的单词封装形式存在，形成主题-词汇分布。循环神经网络在序列数据处理中逐渐显示出优势，开始逐渐考虑输入的单词序列，使用循环神经网络转换成隐藏的层向量，并根据不同的任务输出相应的结果。与使用单词信封的输入相比，使用单词序列会增加词汇的上下文信息，充分利用可以显著提高得分词、文本分类、实体关系提取、事件提取和自动摘要等任务的性能。

对于人机对话、机器翻译和文本摘要等一些文本分析工作，输出均为文本形式。自然语句需要借助语言模型生成，而语言模型一般只描述句子等级的单词序列，但是对于较长的文档或多个文档，传统的主题模型可以捕捉到文档的整体意义结构，但是基于单词封装模型忽略了词汇顺序[32]。因此，近年来学者们提出了新的基于主题模型和语言模型的神经网络共同训练模型。该模型在输入语序列中不仅可以捕捉到词汇之间的依存关系，还可以利用潜在的主题结构捕捉到多文档的整体语义信息，既可以作为主题模型实现文本分类和主题推断，还可以作为语言模型来生成文本。

目前，考虑到未知主题结构的语言模型研究成果相对较少，主要有基于浅层神经网络结构的主题和词汇向量结合训练模型、基于循环神经网络结构的主题与文本生成联合训练模型两种方式。这两种模型均会产生潜在主题和词向量，但前者侧重于生成表达不同主题词向量，后者侧重于生成表达特定主题句子而非主题词向量。

1.4.3 非 LDA 主题模型

除了目前流行的 LDA 概率主题模型和基于神经网络的主题模型之外，很多学者想从独特的数值分解和正规化等方面来建模文档主题。Kontostathisa 等[33]提出了基于奇异值分解（Singular Value Decomposition，SVD）的潜在语义分析（Latent Semantic Analysis，LSA）模型，在实现文档的降维处理的同时，有效实现了文档信息提取。LSA 模型被广泛应用于信息系统、认知科学和人工智能等领域的研究，其基本思想是从一个文档中提取文本的含蓄意义。首先，从文档语料库处理文本，创建一个术语文档矩阵，用来完成对文档术语的识别；然后，对术语文档矩阵进行奇异值分解，能够获得 $\boldsymbol{U}$、$\boldsymbol{S}$ 和 $\boldsymbol{V}$ 三个矩阵。其中，$\boldsymbol{U}$ 为术语特征向量矩阵，$\boldsymbol{V}$ 为文档特征向量矩阵，$\boldsymbol{S}$ 为奇异的值对角矩阵。为了避免因子过拟合问题，通过保持前 k 维来截断奇异值分解矩阵的维数，完成对模型主题的提取。然而，该模型在面对“一词多义”和“多词一义”等问题时效果不佳。

基于 LSA 模型，Hofmann 提出了概率潜在意义分析模型[2]，该模型是 LDA 模型的前身，也被称为半概率主题模型。该模型不考虑语序，文本数据用词和文档共现矩阵表示，从观测词中估计两个参数。其中，一个是作为连接语语料库中文档的全部参数，指定主题后出现单词的概率；另一个是所有文档的参数，代表文档的主题概率分布 PLSA 模型引入概率统计思想。这样，大大降低了模型的计算成本，但 PLSA 模型没有对特定文档中主题的混合比例权重进行任何假设，因此在实际训练中经常出现过拟合情况。

文本文档的层次分类树构建是自然语言处理领域中常见的一种处理方式，通过层次分类树的构建，可以很好地对文档之间的相似性进行建模。因此，Huang 等[34]提出了针对文档相似性建模的 HRLSA（Hierarchical-Regularized LSA）模型，该模型首先根据文档层次结构构建文档相似度，实现所有文档类内的连接，进而在相似图像的所有节点上寻找低维空间的最优化映射，在低维特征空间保持原始拓扑结构中的内在联系；将结构信息整合到各种学习和搜索任务中，从而提高搜索效率。但实际应用中，仍然存在存储容量和复杂度实现等问题，限制了模型中节点的个数。

为了实现大规模数据集建模，Wang 等[35]提出了 RLSI（Regularization LSA）模型，RLSI 模型利用并行化的方法将模型应用到更大的文档集合中。通过 l_1 或者 l_2 范数将主题模型归结为一个有正则化的二次损失函数最小化问题，采用 MapReduce[36]技术将学习过程分解为多个优化问题，最终实现模型并行化。这种并行化处理方式能够将模型应用于大规模数据集，但这种方法的效果一般。

1.5 主题模型应用

主题模型提出之后，基于主题模型的方法被广泛应用于各类文本挖掘和智能信息处理领域。本节主要从社交媒体、文本分类和聚类、网络舆情分析、图像处理和社区发现五个方面介绍基于 LDA 主题模型的代表性应用。

1.5.1 社交媒体数据挖掘

随着网络时代的到来，微博、博客等社交媒体作为一种新型媒体数据，与传统的文本采集相对比，可看出其具有传播速度快、实时性强、内容简短等特点。

为避免短文本中可能存在的内容稀疏问题，Yan 等以 LDA 为基础，提出了一种针对短文本的主题模型（Biterm Topic Model，BTM），直接对短文本中的双词进行建模。然而，BTM 模型模拟词语的共现时会引出同一文本获取不同主题的灵活性降低的问题，同时也容易引起过拟合问题。针对社交媒体中可能出现的突发性事件问题，Yan 等[37]提出了突发词对主题模型（Bursty Biterm Topic Model，BBTM），实现在微博流中突发主题建模。然而，该突发主题的生成过程是以时间作为度量标准，所以对新主题的识别精度较低。

动态主题模型在社交媒体中的应用，实现了对数据中内容和时态信息的联合建模，有效分析了数据随时间的演化过程。文献［15］针对动态文本流建模问题，提出了一种 oLDA 模型。在该模型中，当有新的文本流更新时将增量式地更新当前模型，可以实时获取随时间变化的主题结构。但是，该模型使用离散的时间方式，导致灵活性较低。Huang 等[38]提出了一种 ETT（Emerging Topic

Tracking）主题模型，从时间角度生成新兴词，从空间角度对相关主题进行挖掘，实现对微博流中新型主题追踪。在稀疏短文本的上下文中，许多相关度高的单词可能不会同时出现，这会导致 BTM 可能丢失许多语料库中无法观察到的、潜在的连贯和突出的词共现模式。为了解决这一问题，Li 等[39]提出了一种新的关系 BTM 模型 R-BTM（Relational Biterm Topic Model），它使用词嵌入计算单词的相似列表来链接短文本。

Gao 等[40]提出了条件随机场正则化主题模型，在该模型中通过将短文本聚合成伪文档来缓解稀疏问题，而且还利用了一个条件随机场正则化模型，使得语义相关的单词共享相同的主题分配；当应用于社交媒体短文本建模时，可以有效提高语义的一致性。Sun 等[41]在讨论线程树结构的基础上，提出了一种基于流行度和传递性的会话结构感知主题模型 CSATM（Conversational Structure Aware Topic Model），来对社交媒体中在线评论进行主题推断及其评论分配。

针对新闻和报道的在线社交媒体，Oghaz 等[42]提出了一种新颖的基于概率主题模型的事件叙事摘要提取框架。该框架以不同时间分辨率识别主题随时间的重复，挖掘分类时间分布，进而提取文本摘要；不仅可以在数据中捕获主题分布，还可以模拟用户活动随时间的变化，进而有效地识别主题趋势，以及从带有时间戳数据的文本语料库中提取叙事摘要。

针对微博短文本情感分析，Trusca 等[43]提出了一种使用深度上下文文本嵌入与层析注意力机制相结合的基于方面的情感分析方法 ABSA（Aspect-Based Sentiment Analysis）。该模型是在 HAABSA 模型[44]（Hybrid Approach for Aspect-Based Sentiment Analysis）的基础上进行改进，利用新的基于深度上下文单词嵌入的 ELMo 模型替代传统的词向量方法，对文本单词语义进行分析；其次，在 HAABSA 模型的基础上添加额外的注意力层，使用分层注意力机制方法来进一步捕获输入数据的相关性，提高对短文本模型情感分析的能力。

1.5.2 文本分类和聚类

随着网络媒体的迅猛发展，如何对海量文本进行分类，进而有效管理和组织这些文档，成为当前重要的研究方向[45]。通过对文本进行分类，用户能更加快速准确地查找到所需信息，方便用户对信息进行浏览。Blei 等[4]将 LDA 主题模型应用于文本分类，通过 LDA 模型将文本集用一个主题的概率分布表示，选用合适的分类算法构建分类器。LDA 模型对给定训练集中所有文档进行特征降维，以有效挖掘文本中的潜在主题信息，但是，使用这种分类方法存在强制主题分配的问题。

Deng 等[46]提出了一种新的 Web 网页层次分类方法，通过利用相邻页面的附加词汇特征和主题模型进行特性表示，使用基于融合矩阵的方法构造层次支持向量机的分类模型。Rubin 等[47]提出了一种多标签的主题模型应用于文本分类，解决了文档只与单一类别标签相关联问题，但该模型忽略了多标签之间的相关性。

为降低基于监督主题模型的文本分类中人为标注主观性，Rodrigues 等[48]提出了多注释的监督主题模型，通过使用多次标注以降低主观性影响。Chen 等[49]针对稀疏数据集间类的不平衡问题，提出了一种基于 LDA 主题模型的重采样的方法，该方法利用以概率主题模型代表的类的全局语义信息来对稀疏类生成新的样本，以此解决类间不平衡的问题，提高分类准确性。针对小规模标签文档，Pavlinek 等[50]提出了基于自我训练的半监督主题模型来实现文本分类，该模型可以通过对未标记数据集信息进行自我训练，达到扩大初始标签集的目的。实验证明，该模型在小规模标签数据集上能够取得较好的实验效果，且该模型不适用于大规模的标签文档。

Li 等[51]提出了一种新的 MvTM 模型，该模型从词向量空间中采样主题，并假设主题-词向量满足混合 vMF（Von Mises-Fisher）分布，该模型与传统的 LDA 模型相比，有效提高了主题词语义的一致性和模型的分类性能；Peters 等[52]提出了一种基于语境的深度词表示模型 DCWR（Deep Contextualized Word Representations），该模型可有效地捕获单词的复杂词性句法特征，还可以解决同一个单词在不同语境下的不同表示问题，即词的语义表示问题。

与传统的为每个词生成固定向量的词向量模型不同，DCWR 模型建立了一种预训练的语言模型。首先，扫描句子结构并更新其内部状态，进而为句子中的每个单词都生成一个基于当前句子的词向量。正因如此，基于深层语境的词向量表示模型，也常称为 ELMo（Embedding for Language Models）模型。该模型考虑同一单词不同语境下语义信息，可以有效解决语言处理任务中的一词多义和复杂单词语法问题。

Balazs 等[53]首次将 ELMo 模型应用于文本情感分类中，提出了 IEST（Implicit Emotion Shared Task）模型，该模型首先利用预训练的 EMLo 层来编码文本单词；其次，采用双向长短记忆网络来丰富上下文单词表示，利用最大抽样对当前单词向量创建句子表示；最终使用全连接层对句子表示进行情感分类。Ilic 等[54]基于 EMLo 模型，提出了一种利用字符级（Character Level，CL）向量表示的单词模型，能够捕获句子文本中复杂的形态语法特征，并将这些特征作为动态上下文中反讽或讽刺的指示符，最终完成对非字面文本的预测。

文本聚类是指同一类别中的文档尽可能相似，而不同类别中的文档间尽可能不相似的假设，来对不同文档进行聚类。作为一种非监督的机器学习算法，文本聚类不需要事先对训练样本进行标注和训练，文本聚类算法具有良好的灵活性和任务自动化处理性能，因此受到研究者的广泛青睐。例如，针对科技文献查找、热点新闻搜寻等方面，该聚类可对用户感兴趣的文本文档进行聚类处理，有助于用户实现快速浏览以及查找目标文档等目的。

Ruan 等[55]提出了一种新的 LDA 和 K-means 聚类算法相结合的文档检索模型，其中 LDA 模型可以有效地对文本隐藏主题语义进行分析，进而加快对用户搜索结果的反馈。Pourvali 等[56]提出了一个双向量空间模型，该模型语料库的每个文档都由两个向量表示，一个是基于融合的主题建模方法生成的，另一个是传统向量模型，通过使用最先进的主题模型和数据融合方法来丰富一个集合的文档，从而有效地提高文本聚类和聚类标记的质量。Sanchez 等[57]提出了一种使用联合情感主题模型，将文本在低维空间进行矢量化，然后用这些向量作为文本聚类的距离度量，对不同的文章进行聚类。

由于互联网上描述 Web 服务的文档长度较短，传统的建模方法并不理想，影响了 Web 服务的聚类效果。Chen 等[58]提出了一种基于嵌入式单词和主题模型建模的方法。首先，利用维基百科作为外部语料库来扩展 API 服务文档；其次，利用 LF-LDA 模型对其主题分布进行建模，挖掘隐含的主题信息，确定最优主题数，并准确度量 API 服务文档之间的语义相似度，从而提高 Web 服务聚类的准确性。

1.5.3 网络舆情分析

主题模型是网络舆情分析的重要工具。网络舆情本身的主观性使得其分析结果容易被引导，因此，主题模型对舆情的演化研究具有十分重要的意义。目前关于网络舆情的研究主要包括舆情热点话题识别[59]、网络社交关系研究、话题演化研究（包括话题强度和话题内容演化）[60]、新话题探测以及基于主题模型的协同过滤等。话题的演化包括初现、衰减、高潮、潜伏、终结等阶段。在话题演化研究上，舆情本身的时效性使得信息的时间属性的作用被放大。

为了提高主题的提取效率，Du 等[61]提出了主题模型的快速推理算法、在线学习算法、文本流推理算法以及分布式学习等研究。目前，比较重要的结合时间属性的主题模型有 oLDA 模型以及增量 LDA（Increment LDA，iLDA）模型。Fang 等[60]对两者做了具体的比较，即两者都可以进行在线处理，iLDA 模型偏向内容演化，文本需要根据时间先分类，即先离散，话题数量可变，且可自动确定。而 oLDA 既可以进行内容演化又可以进行强度演化，一般按照时间顺序直接建模，虽然提取的话题数量固定，但是可以实现新话题的检测。目前关于短文本的直接在线处理的研究还处于发展阶段，主要是基于时间窗口开展聚类或者分类研究[62]。

1.5.4 图像处理

近年来，图像作为一种能够直观且生动地描述客观事物的信息形式，信息表达能力优越，已经受到众多学者的青睐。在计算机视觉研究中，图像分类和目标识别一直是两个重要的问题。特征分析直接决定图像分类以及目标识别的准确率，从而影响人类对图像含义的理解。然而，主题模型的提出，突破了传统模型不能对图像语义进行识别的瓶颈。

Zhong 等[63]提出了一种融合多特征的概率主题模型，通过 K-means 聚类对纹理、颜色和尺度等不同特征分别进行提取和量化，为语义表征提供合适的底层特征描述，使用 LDA 主题模型获取图像的语义信息。Wang 等[64]将监督主题模型应用于图像分类，为每幅图像添加一个全局的类别标签，将图像进行简单描述，提高了图像分类准确率。针对复杂的高维空间图像场景分类问题，Zhu 等[65]提出了一种完全的疏语义主题模型（Fully Sparse Semantic Topic Model，FSSTM），不但获取图像语义信息，而且可以获取主题层间场景的相关性。

在图像的检索中，如果仅仅根据图像的底层特征，通常不能提取出完美的语义概念，所以，图像标注的细化成为了计算机视觉和模式识别领域的热点研究课题。Tian 等[66]提出了一种两阶段混合概率主题模型（Two - stage Hybrid Probabilistic Topic Model）来提高图像自动标注的质量。首先利用非对称模态的概率潜在语义分析模型，对各个标注关键字的后验概率进行估计，构建图像与单词之间的对应关系。图像底层的视觉特征与高层语义概念的信息，可以通过充分考虑词与词、像与像之间的关系从而实现无缝集成。Tu 等[67]提出了一种基于社会图像的概率主题模型，在标签和图像特征的一起出现中发现一些潜主题，可以通过自动地将可视内容与文本标记关联起来实现有效的图像查找。

研究表明，社交媒体上的各种图片标签，尤其是 Instagram 上面的图片标签，最多 20%的 Instagram 标签清晰地描述了图片里面的实际内容。因此，迫切需要应用各种过滤的步骤来识别最佳的标签。Argyrou 等[68]利用 LDA 模型来预测图片的主题，主题是由一组相关的术语组成，对 Instagram 图像的视觉主题进行一系列的识别，进而提供可信的图像标记。

在医学图像方面处理中，遗传生物标志物和神经影像学被广泛应用于鉴别阿尔茨海病症（Alzheimer Disease，AD）分类。Yang 等[69]提出了一种基于监督主题建模的 AD 识别方法，该模型利用了分类遗传特征和离散图像特征来共同建模，将诊断信息-认知正常、轻度认知障碍和 AD 作为监督变量引入该模型。在生成的一些过程中引入带有监督的组件来约束模型，让其拥有更高的识别性，提高对疾病的辨识度。

1.5.5 社区发现

社区发现通过对数据的演化过程和社区结构进行处理，从而进一步了解网络动态趋势和网络结构的性质，来进行网络结构优化等。Zhou 等[70]通过对作者主题模型的扩展，提出了一种社区用户主题模型，实现在社区发现中的语义建模。

McCallum 等[71]对 ATM（Author Topic Model）模型进行扩展，提出了作者接收主题模型，利用邮件的方向性确定人物在社会结构中的角色。Xu 等[72]将动态主题模型应用于社交网络中的社区发现，能够较好地获取社交网络中的动态特征。Liu 等[73]提出了一种基于交互策略的 LDA 模型（Interactive Latent Dirichlet Allocation，iLDA），该模型将人类专家的主观知识与 LDA 学习的客观知识结合，生成意义明确的高质量主题，进而能有效地对用户生成内容进行分析，实现对学术文献研究领域结构的发现。

术语在文中出现的频率是确定检索过程或文档中一些术语重要性的常见方法，但是在实际过程中，例如，在长关键词查询或者文本为句子、段落的短文本，术语的出现频率很低的一些情况下它通常是个弱信号。针对上述问题，Dai 等[74]提出了一种深度上下文术语权重框架，在该框架中，将预训练 ELMo 模型的上下文本表示映射为句子或段落的上下文术语权重，提高了模型术语检索和发现性能。

1.6 主题模型未来研究方向

传统主题模型丰富的理论基础与深度神经网络在处理非线性、复杂任务上的显著优势促进了各种主题模型的成功应用，未来主题模型还可能在如下五个方面进一步改进。

1.6.1 模型性能扩展

对主题模型的性能扩展一直都是重要的研究方向。连续时间模型利用有向无环图而且考虑时间和语法的相互依赖关系，使动态主题模型得到了改进。但是，要实现对文档同时考虑语法和时间的相互依赖关系并且不受有向无环图的相关限制，还需要进一步的探索。同时，如何使用时间戳的主题间相关性显式处理文档之间的关系，是一个热门的研究方向。

现有研究基于文档的显式链接，来发现文档、研究人员和社交网络之间更好的关联[75]。HTMM（Hidden Topic Markov Model）模型[76]实现对文档结构建模，但不能考虑链接文档的文本内容。因此，急需一种新的模型为链接的使用提供有效解决方案。

基于传统概率主题模型与词向量以及神经网络主题模型的结合，可以提高模型的主题学习能力和分类性能。但是，词向量通常只能对潜在概念间的语义相似程度的距离进行度量或者表示词汇之间的语义相似度，在概念或词汇关系表示上尚有欠缺。知识图谱既能表达实体之间的一些语义关系，还能实现对实体链接的推理和预测，已有模型开始采用知识图谱中的实体信息来提升主题模型的相关建模能力。因此，如何借鉴知识图谱的研究成果，在主题建模过程中融入丰富文档语义信息、高质量的先验知识，来提高模型的表达能力是一个重要的研究方向。

1.6.2 新媒体文本应用

在互联网时代，相比具有规范性弱、口语化、内容简短、高噪声等特点的传统的文档集合，博客、Twitter、微博、问答系统等规模大，更具实时性的新媒体，有更大的研究价值。但是，传统主题模型仅能在 20 NewsGroups 等一些规范的语料上有较好的建模效果，当应用到开放非规范的文本时，模型的性能表现一般。因此，如何面向非规范、开放的文本进行建模是一个重要的研究方向。

1.6.3 文档级语义分析

主题建模是建立在文档级别上的语义分析，目前常见的主题模型输入还是文档/句子词袋，只能生成文档词汇分布，而非完整的句子。实际上，只有以文档序列来进行输入才更适合我们人类理解。因此，诸多学者提出了 NTM[30]、NSTC[77]等结合神经网络的主题模型，虽然显示出一定的优越性，但总的来说，对于篇幅比较长的一些文档，生成的文本还是未达到人工撰写的水平。

另外，Seq2Seq[33]模型可将输入句子转换为输出句子，因而在机器翻译任务[33]、文本生成式摘要[78]、会话建模[79]等句子生成任务中体现出较大优势，但是 Seq2Seq 模型无法捕获主题的信息，而且针对较长文本效果并不理想。因此，如何将主题模型与 Seq2Seq 等序列生成模型融合，生成句法正确、语义完整的句子和文档是一个重要的研究方向。

1.6.4 参数学习算法优化

参数推断和估计过程是主题模型的十分重要的组成部分，影响了建模的效率性和准确性。Griffiths 等[9]提出了平均值以及收敛吉布斯算法，提升模型的效率，然而该类算法应用于不同模型时，即便是很小的变化，仍需要重新对公式推导。Srivastava 等[80]提出了一种基于黑盒推理的自编码器的变分推断算法，降低了系统的内存损耗，然而通用性低。尽管 Chien 等[81]也相继提出了对主题模型性能的研究，但是，如何寻求一种灵活、高效和实用的参数学习算法，还需进一步深入研究。

1.6.5 生成对抗网络文本生成

在主题-语言联合训练模型中，神经语言模型往往疏于关心数据的分布，直接使用深度神经网络来训练模型的一些参数，而传统的概率主题模型所使用的先验分布能刻画出全局主题的信息，但无法去生成自然语句。生成对抗网络（Generative Adversarial Networks，GAN）[82]作为一个生成模型与判别模型的联合训练模型，既可判别数据类别，也可推断数据分布。GAN 在图像生成领域获得广泛关注，并可根据文本描述生成指定图像[83]。

近年来，GAN 也开始尝试应用于单文本摘要[84]、人与机器对话等相关句子级别的文本生成任务中。但是，对于长句子对话、多文档摘要等含有特定主题的文本生成任务，相关研究较少。借鉴 VAE 在神经主题模型中的应用，利用生成对抗网络来从深度神经网络中推断出文本的潜在分布，进一步使模型在自然文本的生成、全局主题信息捕获中有优秀的表现，也是一个重要的研究方向。

1.7 本章小结

本章首先介绍了主题模型产生的背景，给出了主题模型的形式化定义和分类框架，阐述了狄利克雷概率主题模型、动态主题模型、监督主题模型、情感主题模型等概率主题模型的基本原理和关键技术，并对神经网络主题模型、联合训练主题模型和非基于 LDA 主题模型等其他主题模型进行了讨论，总结了主题模型在社交媒体、文本分类和聚类、网络舆情、图像处理和社区发现等领域的应用。最后，对主题模型在主题模型性能扩展、新型媒体文本应用、句子文档级语义分析、参数学习算法优化、结合 GAN 实现文本生成任务等未来值得关注的研究方向进行了探索。

2 面向微博评论短文本的 LDA 主题模型

微博因其评论的便捷性得到了广大民众的喜爱，成为国内最受欢迎的社交媒体平台之一。微博评论具有语义稀疏和高维性等特点，其中往往带有强烈的情感色彩，对微博评论的情感分析是获取用户观点态度的重要途径。目前，LDA 主题模型成为微博评论分析领域的研究热点。本章针对传统 LDA 在微博评论情感分析方面准确率欠佳的问题，利用特征提取与词共现技术，通过情感主题特征词加权，深入进行了面向微博评论的 LDA 短文本聚类算法研究，提高语义信息质量，优化微博评论的情感分析聚类效果。其主要研究内容如下：

（1）介绍了 LDA 主题模型短文本聚类关键技术，主要内容包括特征提取技术、词共现模型。

（2）针对传统 LDA 在主题情感分析和语义提取两方面能力欠佳问题，提出基于情感词共现和知识对特征提取的 LDA 短文本聚类算法[85]（Sentiment Word Co-occurrence and Knowledge Pair Feature Extraction based LDA Short Text Clustering Algorithm，SKP-LDA）。首先，定义基于情感词共现的词袋，充分考虑情感词在不同短文本间的共现情况，对微博短文本赋予情感极性；然后，分别设计主题特征词和主题关联词构建算法，通过提取主题特征词和主题关联词的知识对集，将其注入到 LDA 主题模型中进行一次聚类，进而发现更准确的语义信息；最后，对 LDA 主题模型一次聚类获得的 Top30 主题特征词集，采用 K-means 算法进行二次聚类，迭代地优化聚类中心。

（3）针对微博评论的情感分析准确率不高的问题，提出基于情感主题特征词加权的微博评论聚类算法[85]（Microblog Comment Clustering Based on the Weighted Sentiment Topic Feature Words，MCCWSFW）。首先，通过定义情感主题词袋提取出情感主题词；然后，利用语义相似度计算获得情感主题特征词，通过定义情感主题特征词重要度和分布度两个参数对其进行加权，提高表达能力强的情感主题特征词的权值；最后，通过 LDA 对加权的情感主题特征词进行聚类。

2.1 研究背景及意义

当今社会网络的普及发展，给以互联网为依托的微博等平台的应用和发展提供了广阔的空间[86]。与此同时，也产生了大量的蕴含主观色彩的文本信息。随着网络的普及，微博已成为社会资讯的重要渠道，用户微博上的评论，包含主观情感的表达，并携带大量用户信息和数据信息；微博用户的情感表达也会对其他用户的情感，甚至对政府的决策行为产生影响。因此，亟需对微博评论进行有效的情感分析，从而把握网络舆论走向[87]。通常情况下，微博评论的字数很少，大多在100字以内，在文本挖掘中将这些字数较少的文本数据称为短文本。短文本数据在传递信息的同时，也包含了大量的用户信息和情感倾向，表达了用户的态度观点。微博评论短文本数量巨大且具有稀疏性、高维性、时效性等特点；同时，对短文本进行挖掘和整理，可以了解网络言论的走向趋势，有助于实现微博评论的情感分析[88]。

传统的文本聚类[89]是典型的无监督的机器学习方法，适用于处理长文本。而现在网络上社交工具中产生的大多是短文本，如微博评论。由于微博评论文本长度较短，具有语义稀疏性和高维性等特点，传统的文本聚类算法不适用于对微博评论进行分析；又因为微博评论中携带着大量的用户信息和数据信息，对其进行聚类分析，可以较好地实现情感分析。因此，短文本聚类[90]方法已经成为情感分析领域的一个热门研究方向。短文本聚类作为数据挖掘中的一项重要技术，可以对这些短文本进行文本挖掘和聚类分析，从而实现对大规模短文本数据的有效管理，并从中提取有利用价值的信息，有效地面向微博评论短文本进行情感分析。因此，对微博评论短文本进行聚类分析已经成为重要的研究课题。近年来，国内外专家学者对短文本聚类算法展开了深入研究，并提出了诸多短文本聚类算法。

目前，主题模型[91]成为短文本挖掘领域的热点，可以识别大规模文档集或语料库中潜在的主题信息。LDA主题模型在自然语言处理领域中表现出一定的优势，但其也面临很多问题。传统LDA模型不适用于对微博短文本进行情感分析[92]，然而现有改进算法的情感极性判断效果也不太理想，所以需要比较好的具有针对性的方案来优化它；而且传统LDA模型的可控性、可解释性相对比较差。对于每个主题，不同的训练次数得到的结果可能不同，而且并不会随着训练次数的增加而得到稳定的语义分析结果。这就导致传统的LDA主题模型只能对微博评论中隐含的主题进行建模，仅考虑了微博评论表面的语义信息之间的关系，在对微博短文本的情感极性分析和文本特征提取方面的能力欠佳，而情感分析和特征提取对微博评论情感分析来说至关重要。

情感分析[93]（Sentiment Analysis）是对微博评论进行分析的必要手段，它是对带有情感色彩的主观性文本进行分析、处理、归纳和推理的过程。微博上产生了大量的评论，这些评论表达了人们的各种情感倾向性。基于此，潜在的用户就可以通过评论来了解大众舆论对于某一事件或产品的看法。按照处理文本的粒度不同，情感分析大致可分为词语级、句子级、篇章级三个研究层次[94]，本节采用句子级的研究层次对微博评论进行情感分析研究。基于句子级的研究层次，对微博评论中句子的情感进行识别时，通过对句子标注情感类别及其强度值来实现对句子的情感分类。

文本特征提取[95]主要是试图通过减少特征数据集中属性的数目，进行降维。处理文本信息，必须将文本转换成可以量化的特征向量，常用的文本表示方法有词袋模型[96]（Bag-of-Words Model）和TF-IDF[97]（Term Frequency-Inverse Document Frequency）。对于一个文档，词袋模型忽略其词序和语法、句法，将其看做是一个词集合或组合，文档中每个词都独立出现。通过词袋模型或TF-IDF进行文本特征提取，目的是进行数据降维，有助于提高微博评论的分析效率。

基于以上分析，需要情感分析、特征提取等的相关技术对微博评论进行情感分析，要求在保证对用户短评的语义分析的同时能够实现对微博评论的情感分析，对LDA主题模型的改进已经得到广泛的重视。

综上所述，针对传统LDA主题模型未考虑情感词和利用特征提取语义知识，导致主题聚类准确率不理想的问题，提出了基于情感词共现和知识对特征提取的LDA短文本聚类算法SKP-LDA。构建基于情感词共现的词袋模型，生成情感知识集；并将生成的情感知识集注入LDA模型中进行特征提取，迭代地提取语义知识，以达到情感和语义联合聚类分析效果，提高微博情感主题聚类的准确率。

进一步地，为了提高微博评论情感分析的准确性，提出基于情感主题特征词加权的微博评论聚类算法MCCWSFW。充分考虑主题词之间的相关度，并建立更加完善的情感主题词袋，旨在挖掘出微博评论中的情感主题特征词集和更深层的隐含语义特征，从而达到较好的情感分析聚类效果。

2.2 国内外研究现状

随着网络的普及，微博备受瞩目的同时，也产生了海量带有主观情感色彩的短文本。这些短文本携带着大量的用户信息和网络舆情，同时短文本具有语义稀疏和高维性等特点，亟需对这些短文本进行数据挖掘分析，了解网络舆情的走向，提高网络舆情分析质量。聚类分析可以较好地达到分析网络舆情文本数据的效果，当前，聚类分析[98]广泛应用于网络舆情、社区发现、产业评论多种领域。

短文本聚类作为数据挖掘中的一项重要技术，可以对这些短文本进行文本挖掘和聚类分析，从而实现对大规模短文本数据的有效管理，并从中提取有利用价值的信息，有效地面向网络社交平台信息进行舆情分析。

近年来，国内外专家学者对短文本聚类方法展开了深入研究，提出了诸多短文本聚类方法。本节结合微博评论分析的应用需求背景，对短文本聚类进行分类阐述，主要包括面向微博评论的基于频繁项集、深度学习、情感分析和 LDA 主题模型的短文本聚类，重点分析 LDA 主题模型在微博评论领域的应用。

2.2.1 微博评论短文本聚类

传统的文本聚类是典型的无监督的机器学习方法，相较于其他数据挖掘技术，文本聚类处理传统长文本比较具有优势[99]。

现在网络上社交工具中产生的大多是短文本。由于短文本节本长度较短，信息量较小，具有语义稀疏和高维性等特点，传统的文本聚类算法在对短文本进行分析时不再适用。互联网中的短文本携带着大量的用户信息和数据信息，对这些短文本进行聚类分析，可以较好地实现舆情分析。因此，短文本聚类方法已经成为网络舆情分析领域的一个热门研究方向。

本节主要从基于频繁项集、深度学习和情感分析的微博评论短文本聚类对短文本聚类进行分类阐述。

基于频繁项集的短文本聚类是结合文本相似度的方法，把相关度最高的若干概念对词袋进行特征扩展，进而挖掘不同类别文本的特征频繁项集[100]，从而较好地识别文本特征，提高聚类精度。靳一凡等[101]结合上下文的关联特征，挖掘背景语料库的频繁项集，训练 SVM（Support Vector Machine） 分类器，提高了分类效率；T. Zhang 等[102]在基于中国知网的知识获取后得到概念向量空间，采用统计和潜在语义相结合的方法进行重要频繁项集的自适应聚类，实现了对短文本的深层次信息挖掘和主题归类，能更好地应用于微博评论分析领域。

与基于频繁项集的短文本聚类相比，深度学习自主性较好，是基于深层神经网络的机器学习模型，深层神经网络能够自动地、无督促地从大量无标注数据中学习出特征的层次结构。

深度学习是当前机器学习领域的热点，该技术已经成功应用于语音识别、图像处理领域，在自然语言处理领域也展开了深入研究[103]。通过自主学习特征来理解和表示复杂文本，可避免复制的人工特征定制，利用深度神经网络对自然语言的学习已逐渐成为一种研究趋势。金志刚等[104]结合微博文本的语义和情感特征，利用卷积神经网络的抽象特征提取能力，提高情感分析性能。

深度学习在传统词向量是根据上下文学习获得的，只包含语义和语法信息，在意见挖掘方面上效果欠佳，所以有必要对微博评论领域，特别是中文微博等进行情感分析[105]。

情感分析是一种基于自然语言处理的分类技术，其本质就是根据已知的文本和情感符号，推测情感极性的正负。对情感分析进行有效处理，可以大大提升对微博评论的处理和分析效率。针对海量数据的分析效率问题，谢铁等[106]通过利用深度递归神经网络算法来捕获句子语义信息，并引入中文“情感训练树库”

发现词语情感信息，提高了短文本情感分类准确率；何炎祥等[107]借助词向量表示技术，将词义到情感空间的映射输入到模型中，有效增强了捕捉情感语义的能力，有效地利用表情符号，提升了微博情感分类效果。

2.2.2 LDA 主题模型短文本聚类

对微博领域的短文本评论信息进行情感分析是十分有价值的，但是这些短文本信息之间潜在的语义关系更是不能忽略；发现其内在的语义关系，更有利于对短文本进行深层语义理解和分析，进而更高效地实现舆情分析。

目前，主题模型成为短文本挖掘领域的热点，可以有效挖掘微博等社交平台短文本的潜在语义信息。LDA 主题模型是扩展得到的三层贝叶斯概率模型。这三层模型包括词项、主题和文档三层结构，其基本思想是把文档看成隐含主题的混合，而每个主题则表现为与该主题相关的词项的概率分布；LDA 把模型的参数也看作随机变量，引入控制参数，实现彻底的“概率化”。因此，LDA 可以用来识别大规模文档集或语料库中潜在的主题信息。

然而，传统 LDA 主题模型是对文档中隐含的主题进行建模，仅考虑了微博短文本上下文之间的关系，其情感极性分析能力欠佳。

针对短文本在情感极性分析上存在的问题，现有的算法也从主题情感区分性、样本获取方式和文本稀疏性问题等方面做了相应的改进。

针对主题间情感区分度较低问题，郝洁等[108]在 Gibbs 采样中对不同词汇赋予不同权重，利用关键词判断主题情感倾向，改善了主题间的区分性；黄发良等[109]在 LDA 中加入情感层与微博用户关系参数，提高了情感分类能力；沈冀等[110]基于 LDA 提出了一种短文本情感分析模型，增强情感词汇的共现频率，提高了情感极性分类效果。

针对标注样本获取难的问题，孙艳等[111]在 LDA 主题模型中融入情感模型，对文档集进行情感分类，提高了情感分类的准确性；Y. Rao 等[112]提出了两种情感话题模型，这两种模型分别从主题中采样情感，将潜在话题与读者的感情诱发联系起来，提高了对标注样本获取能力。

针对产品评论的文本稀疏问题，K. Tago 等[113]基于 LDA 主题模型，利用情感词典对提取主题词进行情感标注，提高对产品评论的情感分析效果；熊蜀峰等[114]对全局语料库中的词对生成进行建模，缓解了文本稀疏性，在话题发现和文档级情感两方面都有突破。

上述文献在情感极性分析方面表现出较好的性能，但对知识特征的提取效果并不理想。在微博短文本分析中，对主题信息进行情感分析是十分有价值的，但是发现其内在的语义知识特征，并对主题知识特征进行提取，更有利于对主题短文本进行深层语义理解，进而更高效地实现舆情分析。

在主题语义特征提取方面，改进的算法主要从主题词的提取复杂度和提取词的准确率等方面进行提取。

针对主题词提取复杂度高的问题，刘冰玉等[115]提出了 DC-DTM 算法，计算出某一主题中用户的影响力大小，挖掘微博的主题分布，有效地对微博进行社区主题挖掘和分析；H. Wan 等[116]设计了动态主题词链提取模型，提高了 LDA 主题模型的语义和主题捕获能力；刘亚姝等[117]基于文本节档提取主题，定义了基于相关文本集的频繁项集相似度，降低计算复杂度，并提高短文本语义特征分析效果。

针对传统主题词抽取准确率不高的问题，C. Peng 等[118]利用词的共现信息来提高主题词抽取的准确率，提高了主题词抽取准确率；M. Hao 等[119]根据训练数据的不同特点，自动确定正确的语言特征词和公共词权重，提高短文本聚类准确率；蔡永明等[120]基于 LDA，加入共词网络分析，调节主题模型中的词汇权重，提高短文本特征聚类效果。

虽然上述文献在情感极性分析方面研究出较好的算法，并表现出较高的性能，但又在情感与语义两方面的综合分析效果上不太理想。近年来，也有学者结合情感和主题语义提取两方面进行了探索。

情感主题联合模型[25] JST 是一种 4 层贝叶斯网络，它在 LDA 的基础上增加一层情感层并且使之与文档、主题和词语相关联，具有一定的情感和语义分析能力；HE 等[121]提出了隐含情感模型（Latent Sentiment Model, LSM），LSM 模型将主题划分为三种带有情感的特殊主题，从而实现对文档的情感分析；在 LTM[122]模型中，先验知识以频繁项集的形式集成到主题模型中，并使用 MI 度量来排除无关知识；M. Shams 等[123]提出了一种基于先验知识的 LDA 主题提取方法，将 LDA 主题模型与单词的共现相结合，这样在基于词共现的每个循环的迭代算法中，提取相似方面的先验知识，并将该知识添加到 LDA 主题模型的知识集合中，提高了语义分析方面的质量；郭晓慧[124]提出的平均加权的 WLDA 模型，能有效提高主题区分度，在进行情感分析的基础上，提高了语义分析方面的质量。

虽然上述文献一定程度上，分别在微博短文本的情感极性和主题语义提取两方面的综合分析上，针对 LDA 主题模型的聚类性能进行了改善，但仍存在不足。要实现对微博短文本进行更准确的舆情分析，对高维稀疏、高信息量的微博短文本进行情感分析，需要更精确地获取微博评论的隐含语义；同时以上文献忽略了主题内部词与词之间的相关度。而计算词语相关度，可以获得更高的情感分析聚类精度。

针对传统 LDA 主题模型未考虑情感词和利用特征提取语义知识、导致主题聚类准确率不理想的问题，本节提出基于情感词共现和主题特征提取的 LDA 短文本聚类算法 SKP-LDA。首先定义基于情感词共现的词袋，在词共现模型中加入词性词袋，以便对微博短文本赋予情感极性；然后，设计主题特征词和主题关联词的定义，将主题特征词和主题关联词形成的知识对注入到LDA中进行一次聚类，以提高语义分析的质量；最后，对LDA主题模型一次聚类获得的Top30主题特征词集，进一步采用K-means算法进行二次聚类，不断地优化聚类中心，以提高聚类精度和微博评论分析的准确率。

进一步地，针对主题词之间的相关度被一些文献所忽视的问题，提出基于情感主题特征词加权的微博评论聚类算法研究，充分考虑主题词之间的相关度，建立更加完善的情感主题词袋，获取微博评论的隐含语义，旨在挖掘出微博评论中的情感主题特征词集语义特征，从而达到较好的情感分析聚类效果。

2.3 融合情感词共现和知识对特征提取的LDA主题模型

目前LDA主题模型已成为文本挖掘领域的研究热点，虽然很多文献在主题情感分析和语义提取两方面都有所突破，但是它们都是在LDA主题模型上进行聚类，而要对高维稀疏的微博短文本进行分析，需要更高的聚类精度。本节将融合情感词共现和知识对特征提取的LDA主题模型应用于微博短文本聚类中，提出基于情感词共现和知识对特征提取的LDA短文本聚类算法SKP-LDA。

2.3.1 问题描述

2.3.1.1 特征提取

文档初始维度一般较大，直接使用会不利于最后的分析结果，因此需要对具有区分能力的特征项进行特征提取。

文档频率[125]（Document Frequency，DF）是一种基本的特征选择方法，该方法表示在所有的文档中词语出现的次数。在对训练集进行训练的同时，DF方法需要将文档频数特别高的或者特别低的词语去掉，以减少干扰因素的影响。

TF-IDF是组合词频和逆文档频率的一种统计方法[126]。词频（Term Frequency，TF）是指某个给定的词在文档中出现的频率，频率越高对文档越重要；逆文档频率（Inverse Document Frequency，IDF）是指包含该词的文档占总文档D的比重的倒数。逆文档频率是为了避免一些出现频率很高，但是对文档分类作用较小的词获得高权重。

TF代表词频，其公式描述如下：

$$TF = \frac{l(w)}{l} \tag{2-1}$$

式中，$l(w)$ 为在某一类中词条 w 出现的次数；l 为该类词条中所有词条的数目。

IDF代表逆文本频率，其词条 w 的公式描述如下：

$$IDF(w) = \lg \frac{L + 1}{L(w) + 1} + 1 \tag{2-2}$$

式中，L 为语料库中文本的总数；$L(w)$ 为语料库中包含词 w 的文本总数。

$TF - IDF(w)$ 表示词频-逆文本频率，公式如下：

$$TF - IDF(w) = TF \cdot IDF(w) \tag{2-3}$$

式中，TF 为词频，统计了一条文本中各个词的出现频率；IDF 为逆文本频率，反映了一个词在所有文本中出现的频率。

2.3.1.2 词共现模型

词共现模型是文本处理中常用方法之一，适用于各类文本的处理。本节引入了词共现模型，来重点解决微博内容稀疏性问题。

词共现模型[127]是一种基于统计学方法的模型，该模型是自然语言处理方面的重要模型之一。为了从理论的角度更好地理解词共现模型，耿焕同等[128]给出了词共现模型的公式定义。

词语 w_x 相对于词语 w_y 的相对共现度为 $R(w_x | w_y)$，公式如下：

$$R(w_x | w_y) = \frac{f(w_x, w_y)}{f(w_y)} \tag{2-4}$$

式中，$f(w_x, w_y)$ 为词语 w_x 和词语 w_y 在同一窗口单元中共同出现的次数；$f(w_y)$ 为词语 w_y 出现的次数，很显然 $R(w_x | w_y)$ 一般不等于 $R(w_y | w_x)$。

词语 w_x 与词语 w_y 的词共现度为 $d(w_x, w_y)$，公式如下：

$$d(w_x, w_y) = [R(w_x | w_y) + R(w_y | w_x)]/2 \tag{2-5}$$

式中，$R(w_x | w_y)$ 和 $R(w_y | w_x)$ 由公式（2-4）计算得出，显然有 $d(w_x, w_y) = d(w_y, w_x)$。

如上所述，根据公式（2-4）和公式（2-5）可以计算出两个词语之间的共现度，计算得到基于词性的主题特征词，为基于词性的共现对的文本挖掘处理做好基础准备工作。

2.3.1.3 基于情感词共现的词袋

在短文本分析中，词袋[16]和词共现[51]是两种最常用的模型。所谓词袋，就是将文本看作是一系列词的集合。词共现模型是一种基于统计学方法的模型，如本节词共现模型。

由于短文本中不同词性的词语与情感的关联程度各不相同，最能体现情感的三类词性是形容词、动词和副词，它们都用来修饰名词，以便最后对人物、事件、热点等进行微博评论分析。因此，为达到提取情感词汇的目的，本算法在词共现时，首先扩充形容词词袋和副词词袋；其次扩充动词词袋，但由于动词里干扰词语较多，仅扩充包含副词的动词词组；最后根据原短文本扩充为动词和名词的共现组合词袋，设计情感词共现词袋的定义。

定义 2-1 情感词共现词袋。假设 ST 代表短文本词袋，则情感词共现词袋 $F(ST)$ 的计算公式如下：

$$
\begin{aligned}
F(ST) = {} & c\Big(\sum_{1}^{i} s(adj)\Big) \cup c\Big(\sum_{1}^{k} s(adv)\Big) \cup c\Big(\sum_{1}^{j} s(v)\Big) \\
& \cup c\Big(\sum_{1}^{j}\sum_{1}^{h} s(v + noun)\Big) \cup c\Big(\sum_{1}^{n} s(else)\Big)
\end{aligned}
\tag{2-6}
$$

式中，adj 为形容词；adv 为副词；v 为动词；$noun$ 为名词；$else$ 为其他词性，即短文本词袋 ST 中除形容词、副词、动词和名词词性之外的词语；i、k、j、h、n 为短文本词袋 ST 中形容词的数量、副词的数量、动词的数量、名词的数量以及其他词性的数量；$c\Big(\sum_{1}^{i} s(adj)\Big)$，$c\Big(\sum_{1}^{k} s(adv)\Big)$，$c\Big(\sum_{1}^{j} s(v)\Big)$，$c\Big(\sum_{1}^{j}\sum_{1}^{h} s(v + noun)\Big)$，$c\Big(\sum_{1}^{n} s(else)\Big)$ 为形容词、副词、动词、名词和其他词性词袋；$\sum_{1}^{j}\sum_{1}^{h} s(v + noun)$ 为用来表示动词与名词的共现对（v，$noun$），共现对词袋依赖于原短文本词袋而非词库。

在去除停用词之后，假设该类共现词汇的表达形式为相邻的动词与名词，以此为目标进行抽取；$C_{adj,adv}(x)$ 和 $C_v(x)$ 分别代表形容词、副词和动词词表的约束条件，用来约束情感极性，见公式（2-7）和公式（2-8）；公式（2-6）中，“+”表示字符串的拼接。

形容词词袋和副词词袋的词表的情感极性主要取决于词库中有无反义词、否定词和转折词。假设 $C_{adj,adv}(x)$ 代表对形容词词袋和副词词袋的词表的约束条件，则 $C_{adj,adv}(x)$ 可表示为：

$$
C_{adj,adv}(x) = \begin{cases} \sum_{1}^{i}\sum_{1}^{k} s(adj + adv),\ x = adj,\ adv\&p = 0 \\ -\sum_{1}^{i}\sum_{1}^{k} s(adj + adv),\ x = adj,\ adv\&p = 1 \end{cases}
\tag{2-7}
$$

式中，p 为用来描述句子中是否存在反义词、否定词和转折词的标志位，如果句子中有反义词、否定词和转折词，则 $p = 1$；反之，$p = 0$。$-$为取词表情感极性相反的词。

动词词袋的词表主要取决于词库中有无已扩充的形容词或副词。假设 $C_v(x)$ 代表动词词袋的词表，则其所满足的条件为：

$$
C_v(x) = c\Big(\sum_{1}^{j} s(v)\Big) \,\&\, Root_{adj,adv} \in s(v)
\tag{2-8}
$$

式中，$C_v(x)$ 为对动词词袋的词表的约束条件；$s(v)$ 为动词序列；$Root_{adj,adv}$ 为式中得到的形容词和副词词根。

例 2-1 以综艺节目——《我就是演员》中的两条评论为例，试求出该评论的情感极性。

A：我觉得徐峥队表现最好，一是剧本好，这样的剧本易出彩，二是三位演员的情绪表达有张有弛。

B：好可惜啊，金世佳竟然被淘汰了。

A 评论中，由公式（2-6）得：$\sum_{1}^{i} s(adj)$ =“好，出彩，有张有弛”，$\sum_{1}^{k} s(adv)$ =“最，最好，易，容易”，$\sum_{1}^{j} s(v)$，=“表现，情绪，情绪表达”，$\sum_{1}^{j}\sum_{1}^{h} s(v+noun)$ =“徐峥队表现，剧本出彩，情绪表达”，则针对 A 评论的情感词袋为 $F(ST)$ =“徐峥队表现，剧本出彩，情绪表达，表现，情绪，情绪表达，最，最好，易，容易，好，出彩，有张有弛”。由公式（2-7），$\sum_{1}^{i} s(adj)$，$\sum_{1}^{k} s(adv)$ 中“好，最好，易，容易”等词，无否定词和转折词，表达出积极情感。

同样，在 B 评论中，由公式（2-6）得：$\sum_{1}^{i} s(adj)$ =“好可惜，好，可惜”，$\sum_{1}^{k} s(adv)$ =“好，可惜，竟然”。由公式（2-7），B 评论的形容词或副词词表中无否定词和转折词，此时需要取词表情感正极性相反的词，表达出消极情感。

在进行知识对特征提取时，基于词性的词袋生成的知识集，可以根据其与其他词的关系归类为主题特征词和主题关联词。主题特征词是与一个主题的不同属性都有着很强联系的词，是区分主题的主要指标。主题关联词经常与其他主题的其他属性共同出现，对主题不具有区分性。

2.3.1.4 主题特征词

传统的 LDA 主题模型用“文本-主题”和“主题-词语”两个概率分布来划分主题，本节提出主题特征词的定义，利用主题特征词对短文本主题进行区分。

由于主题特征词与主题关系密切，它们通常与描述该主题的相关词有较高的共现度。一般情况下，不同主题具有不同的主题特征词，但有时一个主题特征词也可能同时出现在不同的主题中。本节将主题特征词定义如下。

定义 2-2 主题特征词。假设 A_i 是主题 T 的第 i 个特征词，w 为主题特征词集中某个单词，则主题特征词即 $sp-word(w, A_i \in T)$ 的定义如下：

$$sp-word(w, A_i \in T) = \sum_{w \in A_i, w' \neq w} d(w, w') \tag{2-9}$$

式中，w 和 w' 分别是主题特征词集和主题关联词集中的单词，即 w 为主题特征词集中某个单词，w' 为主题关联词集中的某个单词；$d(w, w')$ 为用不同单词 w 和 w' 的共现度计算的，需要说明的是，此时 $d(w, w') \geqslant 1$，其中“1”为评判标准，“$\geqslant 1$”代表主题特征词具有区分性，可备选入主题特征词集。

为了找到主题特征词，根据公式（2-9），计算特征词的共现度。当一个特征词在某个主题中，与其他词的共现度越高，则对该主题代表性越强。

共现度可以通过相对共现度和词共现度来计算，相对共现度和词共现度公式描述分别见公式（2-10）和公式（2-11）。

假设 $R(w_t|w_u)$ 代表名词词语 w_t 相对于动词词语 w_u 的相对共现度，则公式如下：

$$\begin{cases} R(w_t|w_u)=\dfrac{f(w_t,\ w_u)}{f(w_u)} \\ R(w_u|w_t)=\dfrac{f(w_t,\ w_u)}{f(w_t)} \end{cases} \tag{2-10}$$

式中，$f(w_t,\ w_u)$ 为词语 w_t 和词语 w_u 在同一主题中共同出现的次数，$f(w_u)$ 和 $f(w_t)$ 分别为词语 w_u 和 w_t 在同一主题中出现的次数。很显然，$R(w_t|w_u)$ 一般不等于 $R(w_u|w_t)$。

假设 $d(w_t,\ w_u)$ 代表名词词语 w_t 与动词词语 w_u 的词共现度，公式如下：

$$d(w_t,\ w_u)=[R(w_t|w_u)+R(w_u|w_t)]/2 \tag{2-11}$$

式中，$R(w_t|w_u)$ 和 $R(w_u|w_t)$ 由公式（2-10）计算得出，显然有 $d(w_t,\ w_u)=d(w_u,\ w_t)$。

如上所述，根据公式（2-10）和公式（2-11）可以计算出两个词语之间的共现度，得到基于词性的主题特征词。

例 2-2 由例 2-1 评论 A，求评论的主题特征词。

由公式（2-10），在例 2-1 的 A 评论中，w_t = “徐峥队，剧本，演员”，w_u = “表现最好，好，易，情绪表达”。词语 w_t 和词语 w_u 在同一主题中共同出现的次数为一次，则 $f(w_t,\ w_u)=1$，$f(w_t)=1$，$f(w_u)=2$，$R(w_t|w_u)=1$，$R(w_u|w_t)=2$。由公式（2-11），$d(w_t,\ w_u)=1.5\geqslant 1$。由公式（2-9）可知，A 评论中“徐峥队表现最好”为该评论的主题特征词。

2.3.1.5 主题关联词

与主题特征词相对应，本节提出主题关联词的定义，利用主题关联词描述与各个主题有着密切关系的词。同时，主题关联词是在所有主题中都可以看到的一般性词汇，是和其他主题的各个特征词都密切相关的词，它们并不代表主题中任何具有代表性的特征。本节将主题关联词定义如下。

定义 2-3 主题关联词。假设 B_j 是主题 T 的第 j 个主题关联词，w' 为主题关联词集中的某个单词，则主题关联词即 $relation(w,\ B_j\in T)$ 的定义如下：

$$relation(w,\ B_j\in T)=\sum_{A_j\neq A_i,w'\in A_j,w'\neq w} d(w,\ w') \tag{2-12}$$

式中，B_j 为主题 T 的第 j 个主题关联词；w 为主题特征词集中某个单词；w' 为主题关联词集中的某个单词；$d(w,\ w')$ 为用不同单词 w 和 w' 的共现度计算的，此

时 $d(w, w') < 1$，其中“1”为评判标准，“<1”代表可备选入主题关联词集。

例 2-3　在主题的500条评论集中，由例2-1中的A评论，求主题关联词。

同理由例2-2，在A评论中，“好”这个词在整个500条评论集出现的次数为786次，则 $d(w, w') < 1$，即A评论中“好”为主题关联词。

2.3.2　SKP-LDA 算法设计

本节提出了基于情感词共现和知识对特征提取的LDA短文本聚类算法SKP-LDA。该算法首先将预处理后的微博短文本作为训练集，注入LDA主题模型中进行训练，并做降维处理，获得初步的主题集；其次，构建基于情感极性标注的词共现词袋，通过TF-IDF特征处理，获得主题特征词集；第三，提取相似的主题进行知识构建，获得主题关联词集，进而通过相似性度量，提取主题特征词和主题关联词的知识对集；第四，将主题特征词和主题关联词的知识对集注入到LDA主题模型进行一次聚类，获得隐含的 n 个主题和每个主题的Top30主题特征词集；最后，将Top30主题特征词集作为K-means的初始聚类中心进行二次聚类，获得主题特征词的情感聚类结果。

SKP-LDA算法的框架如图2-1所示。

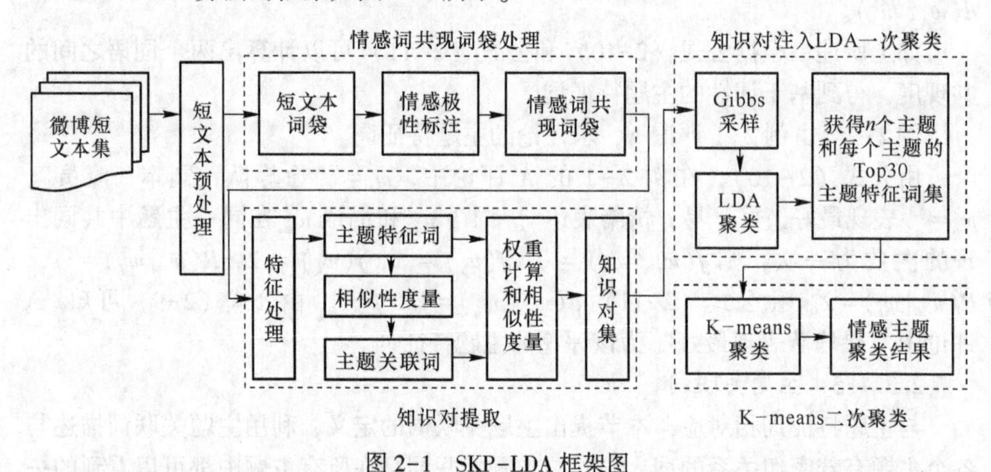

图2-1　SKP-LDA框架图

由图2-1可知，SKP-LDA算法包括微博短文本预处理、情感词共现词袋处理、特征处理、相似性度量、知识对提取、知识对注入LDA一次聚类和K-means二次聚类七个部分。

2.3.2.1　微博短文本预处理

对微博短文本语料库进行预处理。首先，利用ACHE爬虫法爬取微博短文本，消除词干、停止词，删除文档频率很低的单词；然后，采用jieba分词软件对短文本进行中文分词；最后，通过LDA主题模型进行降维处理。

2.3.2.2 情感词共现同袋处理

本节提出基于情感词共现的词袋算法(Word Bag Algorithm based on Emotional Word Co-occurrence，WB-EWC)。微博短文本预处理后，WB-EWC 算法在微博短文本词袋中加入词性标注，得到情感词袋。情感词共现图模型如图 2-2所示。

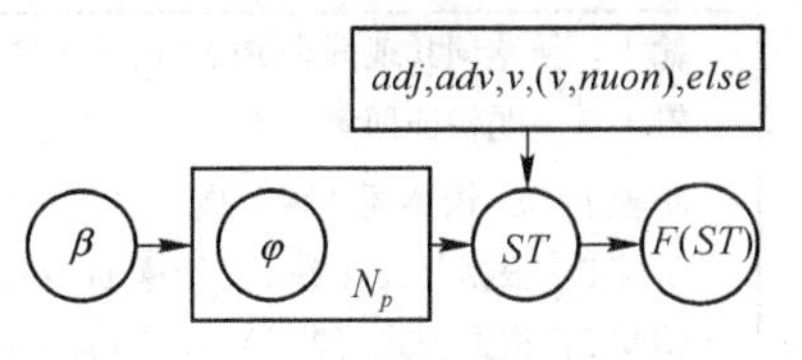

图 2-2 情感词共现图模型

图 2-2 中 ST 代表短文本词袋，$F(ST)$ 代表情感词共现词袋，β 为超参数，ϕ 为概率分布，ϕ 分布是以 β 为 Dirichlet 狄利克雷超参数；N_p 表示情感词袋所属范围，*adj* 代表形容词，*adv* 代表副词，*v* 代表动词，*noun* 代表名词，(*v*，*noun*) 代表动词与名词的共现对，*else* 代表其他词性，它们都作为词性修饰短文本词袋 ST，最后形成基于词性的词袋 $F(ST)$。

对知识集进行特征提取，即提取主题关联词集和主题特征词集。其中，主题特征词集是含情感极性的词集。WB-EWC 算法采用 TF-IDF 进行特征处理，同时分析主题相关词性，以确保提取有用的知识。WB-EWC 算法流程描述见算法 2-1。

算法 2-1 WB-EWC 算法流程

输入：短文本词袋 $ST = \{ST_0, \cdots, ST_i, \cdots, ST_m\}$，正极性 pos
输出：情感词共现词袋 $F(ST)$
步骤 1：for all ST do
步骤 2：*wordJieba*(*ST*) //分词
步骤 3：for all words in wordbags do：
步骤 4：If（pos = = adj ‖ pos = = adv ‖ pos = = v ‖ pos = =（v，noun））
步骤 5：根据公式（2-7）和公式（2-8）判断极性
步骤 6：update wordbags//更新词袋
步骤 7：end if
步骤 8：end for
步骤 9：end for
步骤 10：output $F(ST)$

在算法 WB-EWC 中，*wordbags* 代表词袋，*wordJieba*(*ST*) 代表对词袋 ST 进行 jieba 分词。WB-EWC 算法首先对词袋 ST 进行 jieba 分词；然后，判断词性和极性，当输入词词性为形容词 *adj*，副词 *adv*，动词 *v* 或动词与名词的共现对（*v*，*noun*）时，保存并更新 $F(ST)$；最后得到微博短文本的情感词袋。

2.3.2.3 特征处理

特征处理的主要功能是降低向量空间维数，提高文本处理效率。本节采用 TF-IDF 进行特征处理，提出了主题特征词集构建算法（Topic Special Word Set Construction Algorithm，TSWSC)，TSWSC 算法流程描述见算法 2-2。

算法 2-2 TSWSC 算法流程

输入：情感词共现词袋 $F(ST)$
输出：主题特征词集 $T_1 = \{A_1, A_2, \cdots, A_i\}$
步骤 1：for 情感词共现词袋 F(ST)
步骤 2：根据公式（2-1）计算 TF//每个词的出现次数
步骤 3：根据公式（2-2）计算 *use - IDF* 值
步骤 4：*sublinear-TF*//向量化，构造语料库的 TF-IDF 模型
步骤 5：T_1 = = TF-IDF（Feature processing）//训练模型
步骤 6：end for
步骤 7：output $T_1 = \{A_1, A_2, \cdots, A_i\}$

在算法 FP-EWCB 中，*use-IDF* 表示在 *TF* 矩阵的基础上计算 *IDF*，并相乘得到 *TF-IDF*；*sublinear-TF* 表示使用 1+lg(*TF*) 替换原来的 *TF*。TSWSC 算法首先构造情感词共现词袋 $F(ST)$ 的 TF-IDF 模型，然后用 $F(ST)$ 训练模型，最后基于情感词共现的词袋 $F(ST)$，输出主题特征词集 T_1。主题特征词集构建图模型如图 2-3 所示。

图 2-3 主题特征词集构建图模型

在图 2-3 中，$F(ST)$ 代表情感词共现词袋，TF-IDF 代表进行特征处理，T_1 代表主题特征词集。

TF-IDF 特征处理的目的是将文档词块化，得到词性序列集。文档词块化是把句子分割成词块或有意义的字母序列的过程，主要将文本转化为计算机可处理的结构化形式，为后续工作提取主题特征词做准备。

2.3.2.4 相似性度量

采用本节 TF-IDF 进行特征处理后，文档之间的相似性问题转变成了向量之间的相似性问题。主题特征词和主题关联词是根据单词之间的相关性来检测的，文本处理中最常用的相似性度量方式是余弦相似度。

余弦相似度用向量空间中两个向量夹角的余弦值作为衡量两个向量间差异的大小。两个向量的夹角越小，就代表越相似。

基于余弦相似度的思想，本节利用 $Sim(a, b)$ 表示计算向量 $\boldsymbol{a}$ 和向量 $\boldsymbol{b}$ 的相似度，则相似度公式描述如下：

$$Sim(\boldsymbol{a}, \boldsymbol{b}) = \frac{x_1x_2 + y_1y_2}{\sqrt{x_1^2 + y_1^2}\sqrt{x_2^2 + y_2^2}} \tag{2-13}$$

式中，$\boldsymbol{a}$、$\boldsymbol{b}$ 为两个不同的向量；$[x_1, y_1]$、$[x_2, y_2]$ 为两个向量的横纵坐标。

同一个主题的不同特征词集应除去重复的单词，这样可以防止处理重复的特征词，从而改进对主题的特征提取。

在对特征词进行检测后，提取相似的主题进行知识构建。主题关联词集构建算法（Topic Relation Word Set Construction Algorithm，TRWSC）在其他主题上运行，以查找与主题 A_i 的相似之处。TRWSC 算法流程描述见算法 2-3。

算法 2-3 TRWSC 算法流程

输入：主题特征词集 $T_1=\{A_1, A_2, \cdots, A_i\}$，与主题特征词集相似的主题的数目 Sim_{Num}，主题集 T_i
输出：主题关联词集 $T_2=\{B_1, B_2, \cdots, B_i\}$
步骤 1：for 每个主题 $A_i \in T_i$
步骤 2：if（T_i! $=T_1$）
步骤 3：for 每个主题 $B_i \in T_2$
步骤 4：根据公式（2-13）计算 A_i 与 B_i 间的相似度 $Sim(A_i, B_i)$
步骤 5：end for
步骤 6：end if
步骤 7：$T_2 \leftarrow$ 根据相似度选择 Sim_{Num} 主题特征词
步骤 8：end for
步骤 9：output $T_2=\{B_1, B_2, \cdots, B_i\}$

算法 TRWSC 中，T_i 代表所有词性的主题集。基于相似性度量的主题关联词集构建图模型如图 2-4 所示。图 2-4 中 T_1 代表主题特征词集，T_2 代表与主题特征词集相似的主题，即主题关联词集，β 为超参数，ϕ 为概率分布，Sim_{Num} 代表与主题特征词的所有集合相似的主题关联词的数目，N_t 表示相似主题的集合 T_2 所属范围。

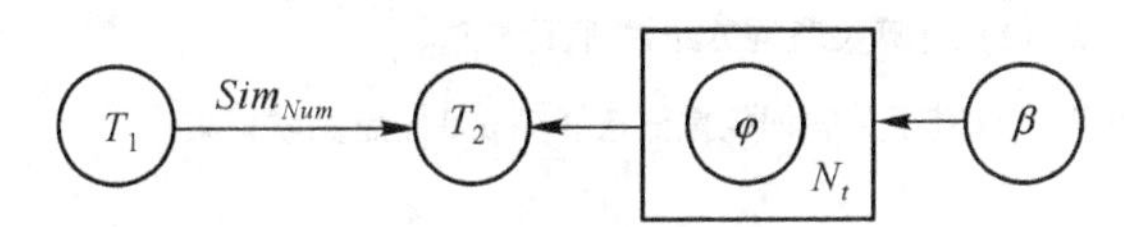

图 2-4 相似性度量的主题关联词集构建图

2.3.2.5 知识对提取

知识对提取算法（Feature Extraction Algorithms Based on Topic Feature Words and Topic Associative Words，FE-TFAW）对每个主题进行主题关联词和主题特征词的处理，实现知识提取。当一个单词在主题中与其他单词有更多的关系时，它就会更集中，因此对主题更重要。

在知识对提取阶段，利用特征词和提取的相似主题生成各个主题的初始知识。所产生的知识是由（A_i，B_i）组成的特征字，连同每个词任何相似的主题，其中，A_i 表示主题特征词集，B_i 表示主题关联词集。知识对提取图模型如图 2-5 所示。

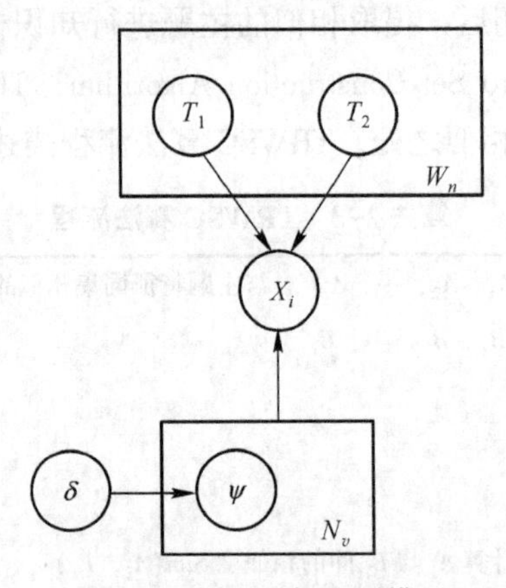

图 2-5 知识对提取图模型

图 2-5 中，δ 为超参数，ψ 为以 δ 为超参数的概率分布，X_i 为 Gibbs 采样，W_n 代表知识对所属范围，N_v 表示采样范围。FE-TFAW 算法流程描述见算法 2-4。

算法 2-4 FE-TFAW 算法流程

输入：主题特征词集 $T_1=\{A_1, A_2, \cdots, A_i\}$，主题关联词集 $T_2=\{B_1, B_2, \cdots, B_i\}$，主题集 T_i

输出：主题特征词和主题关联词的知识对集 $T_i'=\{(A_1, B_1), (A_2, B_2), \cdots, (A_i, B_i)\}$，Top30 主题特征词集 $SpSet(A_i)$，Top30 主题关联词集 $RelationSet(B_i)$

步骤 1：for 每个词集 $B_i \in T_2$

步骤 2：基于公式（2-12）计算关联词 B_i 的关联词权重

步骤 3：$RelationSet(B_i)$ ←基于关联词权重值选择 Top30 主题关联词集

步骤 4：endfor

步骤 5：output $RelationSet(B_i)$

步骤 6：for 每一个词集 $W_i \in T_i$

步骤 7：基于公式（2-9）计算词集 W_i 的特征词权重

步骤 8：for $k=1 \rightarrow k=i-1$

步骤 9：$SpSet(A_i) \leftarrow SpSet(A_k)$ //根据公式（2-3）计算相似性

步骤 10：$SpSet(A_i)$ ←从 $SpSet(A_k)$ 中选择 Top30 主题特征词集

步骤 11：$T_i' \leftarrow T_i \cup \{SpSet(A_i)\ and\ RelationSet(B_i)\}$

步骤 12：end for

步骤 13：output $SpSet(A_i)$ and $RelationSet(B_i)$

步骤 14：end for

步骤 15：output $T_i'=\{(A_1, B_1), (A_2, B_2), \cdots, (A_i, B_i)\}$

在算法 FE-TFAW 中，主题特征词集 T_1 即为情感词共现词袋 $F(ST)$ 中最重要词集，主题关联词集 T_2 即为情感词共现词袋 $F(ST)$ 中一般词集。FE-TFAW 算法在主题特征词集 T_1 和主题关联词集 T_2 的基础上，根据式（2-9）、式（2-12）和式（2-3）计算出特征词和关联词的权重，迭代地进行相似度计算。由于主题特征词代表着主题的特征，当特征维数较小时，将难以分辨主题特征；当特征维数增加时，主题噪声会对实验结果产生干扰，从而降低聚类效果。经过反复实验，本算法在重要的前 30 个词集内能够获得较好的聚类效果。

因此，本节分别找到主题特征词集和主题关联词集的重要的前 30 个词集 Top30，以便在 Top30 主题特征词集 $SpSet(A_i)$ 和 Top30 主题关联词集 $RelationSet(B_i)$ 中，进行实验指标的对比；输出主题特征词和主题关联词的知识对集 T'_i，以下简称为主题知识对集 T'_i，进行 LDA 一次聚类。

2.3.2.6 知识对诸如 LDA 一次聚类

本节将生成的知识对注入 LDA 主题模型中，提出知识对注入算法（Knowledge Pair Injection Algorithm，KPJ），KPJ 算法流程描述见算法 2-5。

算法 2-5 KPJ 算法流程

输入：主题知识对集 T'_i，采样迭代次数 $iter$，迭代总次数 h
输出：LDA 一次聚类获得的 n 个主题，T'_i迭代后的 Top30 主题特征词集 $T_j = \{A_1, A_2, \cdots, A_{30}\}$
步骤 1：for iter=0 to h/5 do
步骤 2：T'_i←Gibbs 采样//运行 Gibbs 采样，无知识对注入
步骤 3：end for
步骤 4：for iter=h/5 to h do
步骤 5：T_j←Gibbs 采样主题知识对集 T'_i//知识对注入
步骤 6：end for
步骤 7：output n 个主题，$T_j = \{A_1, A_2, \cdots, A_{30}\}$

算法 KPJ 中，首先对训练数据 T'_i 进行建模，迭代地改进检测到的主题知识的质量；然后将 T'_i注入 LDA 主题模型中进行 Gibbs 采样，由于主题特征词是从主题知识对集 T'_i 中抽取的，因此 Gibbs 采样生成主题特征词集 T_j。通过 LDA 主题模型进行一次聚类，从知识对集中抽取隐含的 n 个主题和每个主题的 Top30 主题特征词集。

2.3.2.7 K-means 二次聚类

对 LDA 主题模型聚类获得的 Top30 主题特征词集，进一步采用 K-means 算法进行二次聚类（预先设置为 K 类）。从 LDA 主题模型聚类得到的 Top30 主题特征词集中任意选择 K 个主题特征词作为 K-means 的初始聚类中心（$K \leqslant 30$）。基于主题知识对的 K-means 聚类算法（K-means Clustering Algorithms Based on Topic Knowledge Pairs，KC-TKP），KC-TKP 算法流程描述见算法 2-6。

算法 2-6 KC-TKP 算法流程

输入：Top30 主题特征词集 $T_j = \{A_1, A_2, \cdots, A_{30}\}$，聚类数目 K，最大迭代次数 $iter_{max}$，迭代终止条件 ε
输出：K 个主题特征词聚类和迭代次数 $iter$
步骤 1：从 Top30 主题特征词中任意选择 K 个主题特征词，作为 K-means 的初始聚类中心
步骤 2：根据每个聚类主题的均值（中心文本或最靠近中心位置的主题），计算每个主题与这些中心主题的距离，并根据最小距离原则重新对相应样本进行划分
步骤 3：重新计算每个有变化聚类主题的均值和标准测度函数 E
步骤 4：if $iter = iter_{max}$ or 满足终止条件 $\mid E_{n+1} - E_n \mid \leqslant \varepsilon$
步骤 5：end if
步骤 6：output K 个主题特征词聚类，iter

其中，标准度函数 $E = \sum_{n=1}^{k} \sum_{X \in C_n} |X - \overline{X}|^2$，$\overline{X}$ 为聚类 C_n 的中心主题。当达到指定的迭代次数 $iter_{max}$ 或满足终止条件时，则算法终止；否则，回到步骤 2。

2.3.2.8 SKP-LDA 算法分析

在以上各算法基础之上，搭建 SKP-LDA 算法图模型，如图 2-6 所示。图 2-6 中，SKP-LDA 图模型在传统 LDA 图模型基础上，首先用情感词共现词袋对预处理后的短文本词袋进行情感词性标注；然后，从情感词共现词袋中，采用 TF-IDF 进行特征处理，提取主题特征词集和与其相似主题领域的主题关联词集，形

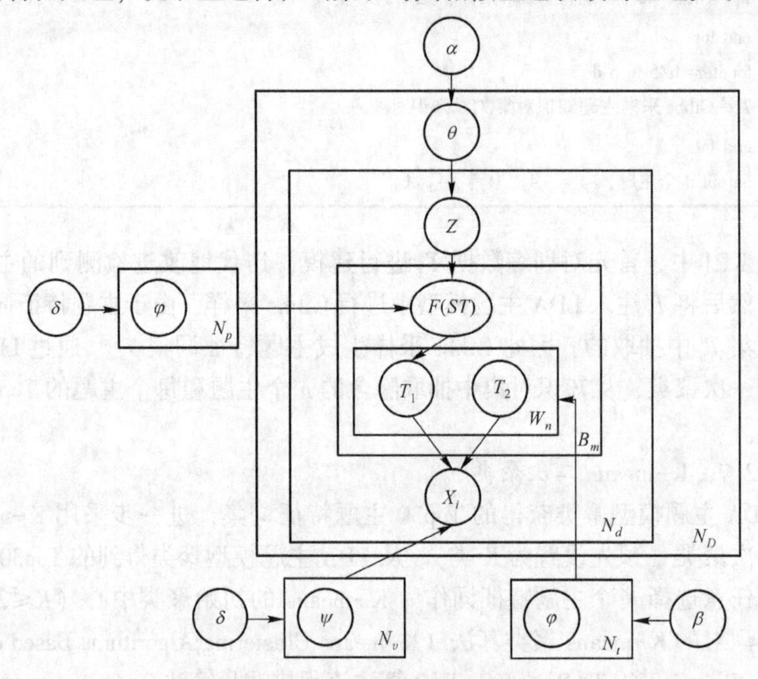

图 2-6 SKP-LDA 图模型

成主题知识对集；最后，将主题知识对集注入 LDA 主题模型中进行一次聚类，获得主题知识对集迭代后的 Top30 主题特征词集。

基于 SKP-LDA 图模型，设计基于情感词共现和知识对特征提取的 LDA 短文本聚类算法 SKP-LDA，SKP-LDA 算法流程描述见算法 2-7。

算法 2-7 SKP-LDA 算法流程

输入：词袋 $ST=\{ST_0, \cdots, ST_i, \cdots, ST_m\}$，正极性 pos，情感词共现词袋 $F(ST)$，主题特征词集 $T_1=\{A_1, A_2, \cdots, A_i\}$，主题关联词集 $T_2=\{B_1, B_2, \cdots, B_i\}$，主题知识对集 T'_i，LDA 一次聚类获得的 n 个主题，聚类数目 K，最大迭代次数 $iter_{max}$，迭代终止条件 ε，采样迭代次数 $iter$，迭代总次数 h，Top30 主题特征词集 $T_j=\{A_1, A_2, \cdots, A_{30}\}$

输出：K 个主题特征词聚类和迭代次数 $iter$

步骤 1：for all ST do

步骤 2：根据算法 WB-EWC，获得预处理后的短文本情感词共现词袋

步骤 3：根据算法 TSWSC，将短文本情感词共现词袋进行特征处理，获得主题特征词集 T_1

步骤 4：根据算法 TRWSC，通过相似性度量，获取主题关联词集 T_2

步骤 5：根据算法 FE-TFAW，将主题特征词集 T_1 和主题关联词集 T_2 作为输入，迭代地进行权重计算和相似度度量，并分别找到 Top30 主题特征词集和 Top30 主题关联词集，并以主题知识对的形式输出

步骤 6：根据算法 KPJ，通过 Gibbs 采样生成主题特征词集 T_j，将 T_j 注入到 LDA 主题模型中进行一次聚类，从主题模型中提取知识对集隐含的 n 个主题和主题知识对集迭代后的 Top30 主题特征词集

步骤 7：根据算法 KC-TKP，对 LDA 主题模型聚类获得的主题知识对集迭代后的 Top30 主题特征词集，从中任意选择 K 个主题特征词，作为 K-means 的初始聚类中心，进行二次聚类

步骤 8：end for

步骤 9：output K 个主题特征词聚类，iter

算法 SKP-LDA 首先提出基于情感词共现的词袋定义，充分考虑情感词在不同短文本间的共现情况，对微博短文本赋予情感极性；其次，分别设计主题特征词和主题关联词构建算法，通过提取主题特征词和主题关联词的知识对集，将其注入到 LDA 主题模型中进行一次聚类，进而发现更准确的语义信息；再次，从知识对集中抽取隐含的 n 个主题和每个主题的 Top30 主题特征词集；最后，对 LDA 主题模型一次聚类获得的 Top30 主题特征词集，进一步采用 K-means 算法进行二次聚类，迭代地优化聚类中心。

SKP-LDA 算法对微博评论进行深层语义分析，在分析评论语义信息的同时，更关注评论中的情感表达，对微博评论的舆情分析有着积极的指导意义。

2.4 融合情感主题特征词加权的 LDA 主题模型

虽然一些文献在主题情感和语义分析两方面都有所突破，但是文献中的算法忽略了主题内部词之间的相关度。而计算词语相关度，可以获取微博评论的隐含语义。本节中针对上述文献忽略的问题，充分考虑主题词之间的相关度，并建立

更加完善的情感主题词袋，旨在挖掘出微博评论中的情感主题特征词集和更深层的隐含语义特征，从而达到较好的情感分析聚类效果。为了提高微博评论情感分析的准确性，本节将融合情感主题特征词加权的 LDA 主题模型应用到短文本聚类中，提出基于情感主题特征词加权的微博评论聚类算法 MCCWSFW。

2.4.1 问题描述

2.4.1.1 数据预处理

数据预处理主要包括三个步骤。首先，利用 ACHE 爬虫法爬取微博评论，并对微博评论数据进行清洗，消除词干、停止词，删除评论频率很低的词；然后采用 jieba 进行中文分词，并通过 LDA 主题模型进行降维处理；最后，针对微博评论定义情感主题词袋，用来匹配情感主题词。定义的情感主题词袋是为后续情感分析工作做准备的。

定义 2-4 情感主题词袋。假设 st 代表微博评论词袋，则情感主题词袋 $F(st)$ 的计算公式如下：

$$F(st) = c\left(\sum_{1}^{i} s(adj)\right) \cup c\left(\sum_{1}^{k} s(adv)\right) \cup c\left(\sum_{1}^{j} s(v)\right) \cup c\left(\sum_{1}^{n} s(else)\right) \tag{2-14}$$

式中，adj 为形容词；adv 为副词；v 为动词；$else$ 为其他词性；$F(st)$ 为微博评论词袋 st 中除形容词、副词和动词之外的词语；i，k，j，n 为微博评论词袋 st 中形容词的数量、副词的数量、动词的数量以及其他词性的数量；$c\left(\sum_{1}^{i} s(adj)\right)$，$c\left(\sum_{1}^{k} s(adv)\right)$，$c\left(\sum_{1}^{j} s(v)\right)$，$c\left(\sum_{1}^{n} s(else)\right)$ 分别代表形容词、副词、动词和其他词性词袋；公式（2-14）中，“∪”表示字符串的拼接。

由定义的情感主题词袋搭建的情感主题图模型如图 2-7 所示。

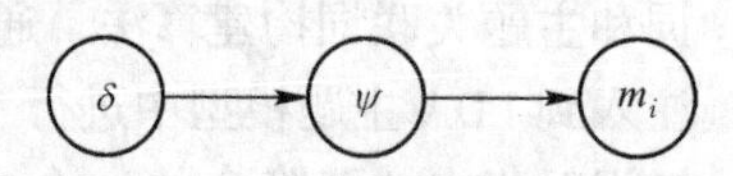

图 2-7 情感主题图模型

在图 2-7 展示的情感主题模型中，δ 为超参数，ψ 是以 δ 为超参数的概率分布，m_i 表示情感主题词袋。

下面用例 2-4 对情感主题词袋作进一步说明。

例 2-4 以综艺节目——《我就是演员》中的两条微博评论为例，试求出该评论的情感主题词袋。

A：我觉得徐峥队表现最好，一是剧本好，这样的剧本易出彩，二是三位演员的情绪表达有张有弛。

B：好可惜啊，金世佳竟然被淘汰了。

由公式（2-14），A 评论中 $c\left(\sum_{1}^{i} s(adj)\right)$ = “好，出彩，有张有弛”，

$c\left(\sum_{1}^{k} s(adv)\right)$ = “最，最好，易，容易”，$c\left(\sum_{1}^{j} s(v)\right)$ = “表现，情绪，情绪表达”，则针对 A 评论的情感主题词袋为 $F(st)$ = “情绪表达，表现，情绪，情绪表达，最，最好，易，容易，好，出彩，有张有弛”。

同样，在 B 评论中，$c\left(\sum_{1}^{i} s(adj)\right)$ = “好可惜，好，可惜”，$c\left(\sum_{1}^{k} s(adv)\right)$ = “好，可惜，竟然”，则针对 B 评论的情感主题词袋为 $F(st)$ = “好可惜，好，可惜，竟然”。

2.4.1.2 特征加权

由于主题内部之间相关性越强，则主题的特征表达越好。下面通过计算主题权值增强主题特征的表达。

下面定义情感主题特征词重要度和情感主题特征词分布度两个参数，并分别对它们进行权重加权计算，再将情感主题特征词重要度和分布度进行线性相加。

情感主题特征词重要度和分布度定义分别作如下表述。

定义 2-5 情感主题特征词重要度。假设微博评论 D 由 m 个情感主题特征词构成，$D=\{S_1, S_2, \cdots, S_i, \cdots, S_m\}$，则情感主题特征词 S_i 的重要度 $T(S_i)$ 的计算公式如下：

$$T(S_i) = \sum_{j=1}^{m} Sim(w_i, w_j) \tag{2-15}$$

式中，$Sim(w_i, w_j)$ 为微博评论 D 中第 i 句和第 j 句之间的余弦相似度值。

情感主题特征词的重要度主要描述情感词对于文本中主题的贡献作用。如果情感主题特征词中的词块与其他词块的相似度之和最大，则其很有可能就是微博评论的情感主题特征词或者与微博评论有较强的相关性。

与情感主题特征词相关的情感词的个数称为情感主题特征词分布度。情感主题特征词与越多的其他语句满足相似度阈值，则其覆盖的内容也就越多，因而成为情感主题特征词的可能性就越大。

定义 2-6 情感主题特征词分布度。假设微博评论 D 的情感主题特征词数目为 m，情感主题特征词 S_i 的分布度 $C(S_i)$ 计算公式如下：

$$C(S_i) = \frac{d(w_i)}{m} \tag{2-16}$$

式中，$d(w_i)$ 为微博评论 D 中与情感主题特征词 S_i 满足相似度阈值的评论个数。

根据前面对情感主题特征词的分析，情感主题特征词的权值计算通过重要度和分布度线性相加得到。其权值计算公式如下：

$$W_i = d \cdot T(S_i) + (1-d) \cdot C(S_i) \tag{2-17}$$

式中，d 为阻尼系数，一般设置为 0.85。

情感主题特征词加权算法流程描述见算法 2-8。

算法 2-8 情感主题特征词加权算法流程

输入：主题数为 n，情感主题特征词集 T_i
输出：情感主题特征词加权的主题集 T_i'
步骤 1：for 每个情感主题特征词集 $T_i \in T$
步骤 2：基于公式（2-9）计算情感主题特征词 T_n 权重
步骤 3：T_i'←基于情感主题特征词权重值选择 Top n 情感主题特征词集
步骤 4：end for
步骤 5：output T_i'

通过主题特征词重要度和分布度两个参数对情感主题特征词进行加权，用以综合考察情感主题特征词对微博评论的重要性和归纳能力，从而提高表达能力强的情感主题特征词的特征权值，优化情感分析能力。

2.4.2 MCCWSFW 算法设计

对于情感分析，一般选取主观性文本，也就是用户在微博平台上发布的对某一事物或事件的看法和评价，本节通过爬虫获取微博评论。在进行情感主题建模时，首先定义情感主题词袋，该步骤用来匹配情感主题词；然后提取情感主题词；进一步地，在情感主题词的基础上，根据语义相似度，计算得到情感主题特征词，用来代表主题的情感和语义特征。基于情感主题特征词加权的微博评论聚类算法框图如图 2-8 所示。

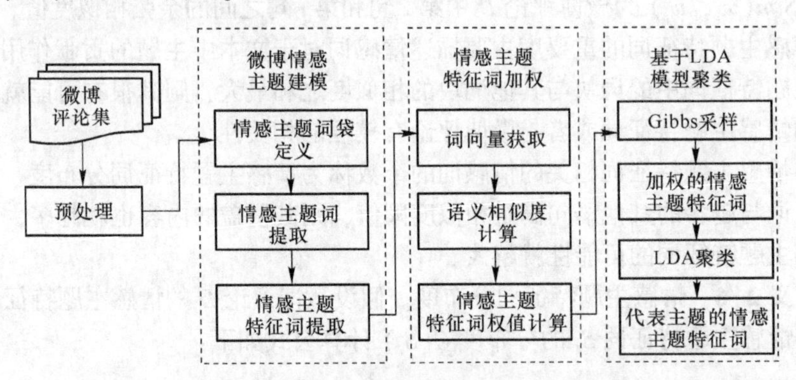

图 2-8 基于情感主题特征词加权的微博评论聚类算法框图

2.4.2.1 词向量获取与相似度计算

经过上节数据预处理过程，对得到的情感主题词袋作进一步处理。该过程主要包括情感主题词的提取和对其词向量的获取两部分。

首先从情感主题词袋中提取情感主题词，此步骤由特征处理过程来完成。本书采用 TF-IDF 进行特征处理，公式描述见式（2-1）~式（2-3）。

然后对提取的情感主题词进行词向量获取。获取词向量首先要获取语料并对语料进行预处理。在数据预处理和特征处理的基础上，采用基于 TF-IDF 的词向量获取方式，对处理过的微博评论做训练，最后采用 Gibbs 抽样法对模型求解。

在完成 TF-IDF 特征处理和词向量获取后，微博评论之间的相似度问题转变成了向量之间的相似度问题。情感主题词是根据词与词之间的相似度来检测的，采用文本处理中最常用的相似性度量方式，即余弦相似度，见式（2-13）。

2.4.2.2 特征选择

本节将上面提取的情感主题词作为候选情感主题词，在词向量模型上将候选情感主题词转换成具有语义知识的词向量形式。再采用 Pearson 相关系数[129]（Pearson Correlation Coefficient，PCC）计算出候选情感主题词之间的语义相关度值，以此对微博评论进行语义分析和计算。

语义相关度 $R(w_i, w_j)$ 计算公式如下：

$$R(w_i, w_j) = \frac{\sum_{k=1}^{n}(\boldsymbol{v}_{ik} - \overline{V}_i)(\boldsymbol{v}_{jk} - \overline{V}_j)}{\left(\sqrt{\sum_{k=1}^{n}(\boldsymbol{v}_{ik} - \overline{V}_i)^2}\right)\left(\sqrt{\sum_{k=1}^{n}(\boldsymbol{v}_{jk} - \overline{V}_j)^2}\right)} \tag{2-18}$$

其中，$\overline{V}_i$、$\overline{V}_j$ 为两个不同候选情感主题词 w_i 和 w_j 的词向量余弦值的平均值；$\boldsymbol{v}_{ik}$、$\boldsymbol{v}_{jk}$ 为第 k 个不同候选情感主题词 w_i 和 w_j 的词向量。

根据语义相关度，对于所有候选情感主题词向量，求出其与其他候选情感主题词之间相关度的平均值作为该候选情感主题词最终的相关度值，再对候选情感主题词按照最终相关度值进行排序，取相关度值较大的 n 个候选情感主题词作为微博评论的情感主题特征词。

本书将上述得到的主题词定义为情感主题特征词 S_i，它与微博评论的主题关系密切，用来代表微博评论的情感和语义特征，并对微博评论主题进行区分。

情感主题特征词的提取流程图如图 2-9 所示。

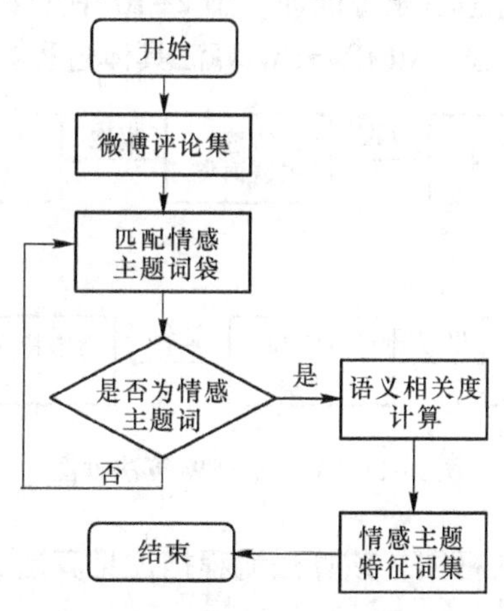

图 2-9 情感主题特征词的提取流程图

图2-9中，通过匹配情感主题词袋，判断微博评论是否为情感主题词，“是”则进一步进行语义相似度计算，得到情感主题特征词集；“否”则继续匹配情感主题词袋，直到遍历整个微博评论集。

2.4.2.3 MCCWSFW算法分析

基于上述过程，基于情感主题特征词加权的微博评论聚类算法（MCCWSFW算法）的图模型如图2-10所示。

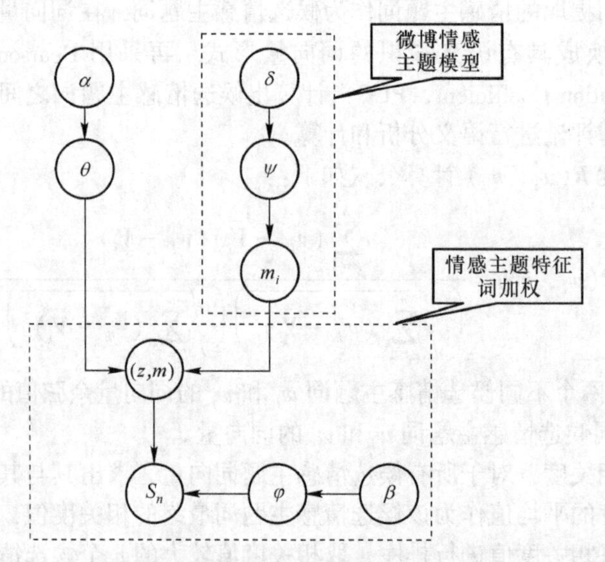

图2-10 基于情感主题特征词加权的微博评论聚类算法图模型

图2-10中，α、β和δ均为超参数，θ、φ和ψ分别是以α、β和δ为超参数的概率分布，m_i表示情感主题词袋，(z, m)表示情感主题特征词以及对其加权过程，S_n表示加权后的情感主题特征词。图2-10中主要描述微博情感主题建模过程和情感特征词加权过程，MCCWSFW算法具体过程如图2-11所示。

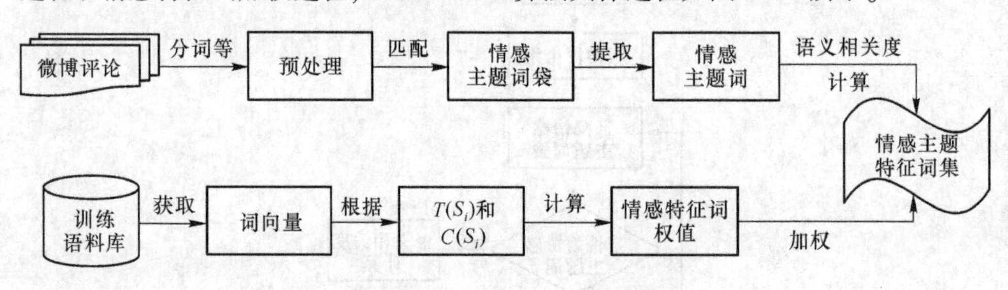

图2-11 MCCWSFW算法框图

基于MCCWSFW算法框图，该算法流程描述见算法2-9。

算法 2-9 MCCWSFW 算法流程

输入：主题数为 n，情感主题词袋 $F(ST)$
输出：情感主题特征词加权的主题集 T_i'
步骤 1：挖掘语料库潜在的情感主题特征词，通过 LDA 构建微博情感主题模型
步骤 2：定义情感主题词袋匹配情感主题词
步骤 3：利用语义相似度，对情感主题词进行计算，提取到情感主题特征词，构成情感主题特征词集
步骤 4：通过 TF-IDF 获取情感主题词集的词向量
步骤 5：对于上述步骤得到的词向量，使用情感主题特征词加权算法（见算法 2-8）进行加权计算
步骤 6：对主题特征词加权后的分布进行训练，利用 LDA 主题模型进行情感和语义聚类

MCCWSFW 算法的参数设置：主题数为 n，$\alpha=0.5$，$\beta=0.01$。采用 Gibbs 抽样法，将情感主题-词语分布从狄利克雷分布中抽取出来。

MCCWSFW 算法通过定义情感主题词袋，对微博评论中包含的情感信息特别加以利用；在此基础上，通过加权情感主题特征词，对微博评论之间的主题特征特别加以利用，以此提高表达能力强的主题特征权值，从而优化情感分析能力。

2.5 实验仿真

2.5.1 SKP-LDA 实验结果及分析

2.5.1.1 实验数据采集及预处理

为了评估所提出 SKP-LDA 算法的性能，本节使用从新浪微博上采集的三个主题评论作为数据集，共计 5048 条，三个数据集主题分别为 Online shopping、Fast food 和 Sharing bicycle。评论中好评的语句为正极数据，差评语句为负极数据，经过整理得到正负相等，且具有情感极性的语料库，共 5048 条测试集。数据集的构成见表 2-1。

表 2-1 数据集及极性构成 （条）

数据集	正极	负极	总数
Online shopping	841	841	1682
Fast food	905	905	1810
Sharing bicycle	778	778	1556
总数	2524	2524	5048

由于这些评论数据本身并没有显示出它们的情感极性，因此，首先对这三个主题的微博评论进行“情感极性”的人工标注。由于本节中的主题数 T 是确定的，实验中关于 LDA 的相关参数统一设置为 $\alpha=0.5$，$\beta=0.01$ 的经验值，这是通

过算法1000次迭代，20次实验取得的平均值。每个主题展示前30个词语，然后对每个主题的微博评论进行情感分析和聚类。

2.5.1.2 实验环境搭建

本节提出的SKP-LDA算法采用Python3.6软件编程实现，CPU为Intel Core I5-7200U@2.50GHz，内存为8.00GB。在操作系统为Windows 7环境下，对SKP-LDA算法的聚类质量进行了测试。为了验证本节方法的有效性，我们将SKP-LDA实验结果与JST、LSM、LTM和ELDA在准确率、精确率、召回率和F值多项指标上进行了比较。

2.5.1.3 评价指标

本实验采用F_1值和准确率两个指标来衡量聚类算法的有效性。其中，F_1值又取决于精确率和召回率。假设P_r、R_e分别代表精确率和召回率，则计算公式如下：

$$P_r = \frac{n_{ij}}{n_j},\ R_e = \frac{n_{ij}}{n_i} \tag{2-19}$$

式中，n_j为识别出的个体j的总数；n_i为测试集中存在的个体i的总数；n_{ij}为正确识别的个体总数。

F_1值（F1-measure）公式计算如下：

$$F_1\text{值} = \frac{2 \times P_r \times R_e}{P_r + R_e} \tag{2-20}$$

准确率是指在一定实验条件下多次测定的平均值与真值相符合的程度。准确率评价指标包括正面准确率A_{pos}和负面准确率A_{neg}。

$$A_{pos} = \frac{R_{pos}}{N_{pos}},\ A_{neg} = \frac{R_{neg}}{N_{neg}} \tag{2-21}$$

式中，N_{pos}为测试集中正面极性记录数；N_{neg}为测试集中负面极性记录数；R_{pos}为准确识别正面极性个数；R_{neg}为准确识别负面极性个数。

本实验首先确定三个数据集的最优主题特征词数，然后分别在最优主题词下，对比ELDA算法及其他各算法的性能，并对实验结果进行分析。本节模型的核心改进是在词汇选择主题时，在词汇中加入情感词袋以便进行情感极性的判断。

2.5.1.4 最优主题特征词数测试

本实验寻找SKP-LDA聚类最优时的主题特征词数。主题特征词数利用准确率和F_1值指标进行选取，两个指标的综合值越高则表示越接近真实语言情况，此时聚类效果越好。本实验在迭代次数为200、500和1000时进行自身算法对比，目的是为了寻找自身最优，确保在自身最优的情况下与其他算法对比。

如图2-12所示，数据集Online shopping中，当迭代次数分别为200、500和

1000 时，可以看出主题词均在 $K=15$ 时聚类准确率最高；这就说明数据集 Online shopping 的最优主题特征词数为 15，记为 Top15。

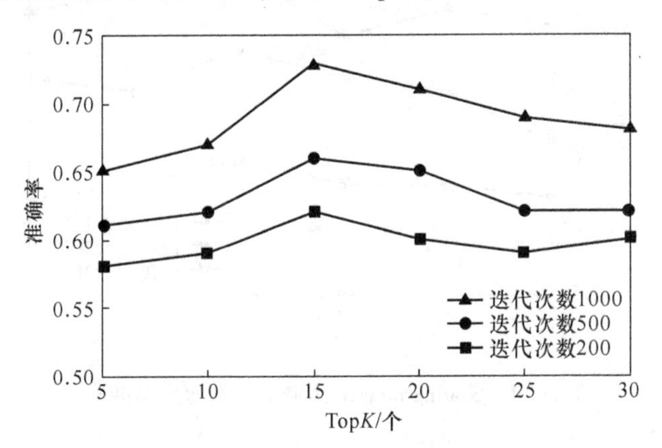

图 2-12 Online shopping 主题下的微博聚类准确率

如图 2-13 所示，数据集 Fast food 中，当迭代次数分别为 200、500 和 1000 时，可以看出主题词均在 $K=10$ 时聚类准确率最高；这就说明数据集 Fast food 的最优主题特征词数为 10，记为 Top10。

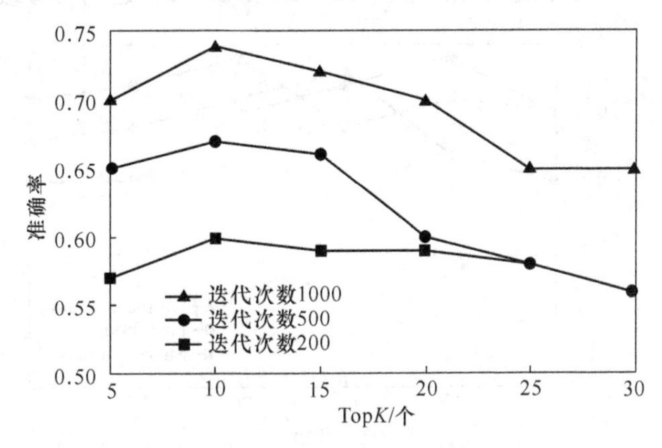

图 2-13 Fast food 主题下的微博聚类准确率

如图 2-14 所示，数据集 Sharing bicycle 中，当迭代次数分别为 200、500 和 1000 时，可以看出主题词均 $K=20$ 时聚类准确率最高；这就说明数据集 Sharing bicycle 的最优主题特征词数为 20，记为 Top20。

如图 2-12~图 2-14 所示，三个不同数据集分别在不同的主题特征词数达到最高准确率，这是因为主题特征词代表着主题的特征。当特征维数较小时，将难以分辨主题特征；当特征维数增加时，主题噪声会对实验结果产生干扰，从而降低聚类效果，不同数据集的自身最优主题特征词数是不一样的。

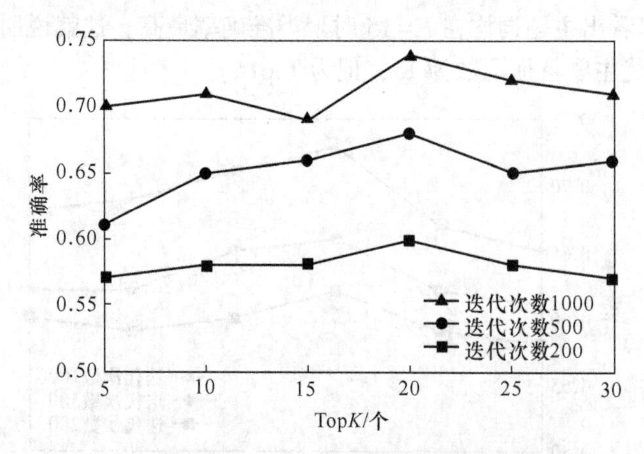

图 2-14 Sharing bicycle 主题下的微博聚类准确率

如图 2-15 所示，三个数据集 Online shopping、Fast food 和 Sharing bicycle 分别在 K=15、10 和 20 时，F_1 值最高，这与图 2-12~图 2-14 的实验结果有很好的对应。因为准确率和 F_1 值都属于聚类评价指标，而且值越高代表聚类效果越好。所以综合准确率和 F_1 值两个指标，确定数据集 Online shopping、Fast food 和 Sharing bicycle 分别在主题特征词数为 15、10 和 20 时，达到自身最优聚类效果。

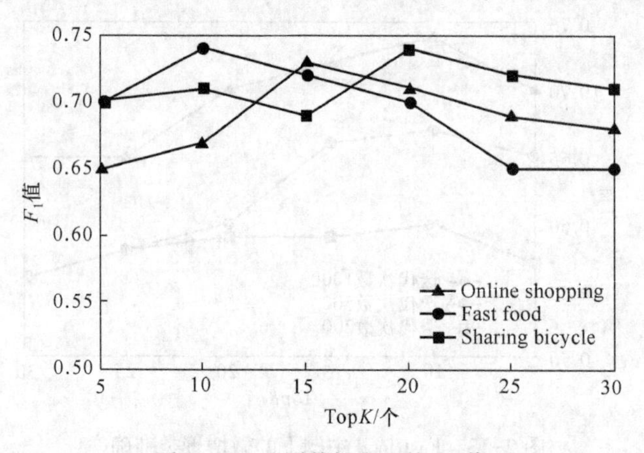

图 2-15 不同数据集下的 F_1 值

图 2-12~图 2-15 中的各数据集主题特征词数在 10~20 时，分别取得了较好的聚类效果，之后随着主题特征词数的增多又有所下降。这是因为主题特征词数增多则主题特征也在增多，当特征维数增加时，主题噪声会对实验结果产生干扰，从而降低了聚类效果。以上实验表明，数据集 Online shopping 在 Top15、Fast food 在 Top10 和 Sharing bicycle 在 Top20 时，分别达到自身最优聚类效果。

2.5.1.5 准确率测试

本节主要对比不同数据集下基准算法 ELDA 和 LTM 的准确率。由上节实验结果，本实验分别在 $K=15$、$K=10$ 和 $K=20$ 时，在数据集 Online shopping、Fast food 和 Sharing bicycle 上进行实验。

由图 2-16~图 2-18 可以看出，针对三个不同数据集 Online shopping、Fast food 和 Sharing bicycle，本实验分别在不同主题词 Top15、Top10 和 Top20 下进行对比实验，对比的是正极和负极情感评论的聚类准确率。实验结果表明，本节算法较 ELDA、LTM 算法都有提升，在数据集 Sharing bicycle 上，SKP-LDA 算法较 ELDA 算法有明显的优势；在数据集 Online shopping 上，可以看出，SKP-LDA 算法较 LTM 算法的准确率有较大的提升。平均较 ELDA 算法正极情感聚类准确率提高 3.33%，负极情感聚类准确率提高 2.67%，较 LTM 算法正极情感聚类准确率提高 6.33%，负极情感聚类准确率提高 7.67%。

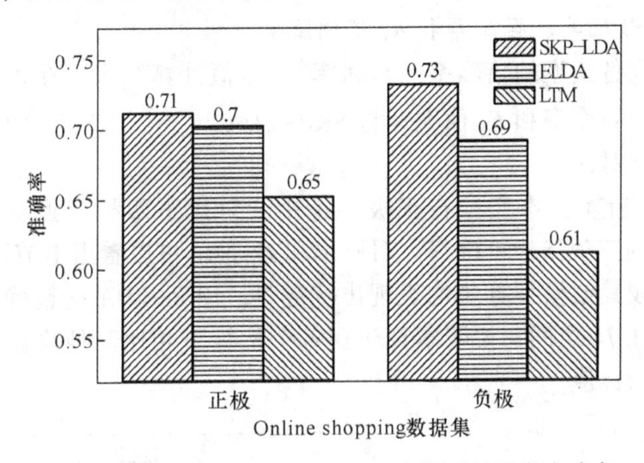

图 2-16 $K=15$ 时 Online shopping 主题下的聚类准确率

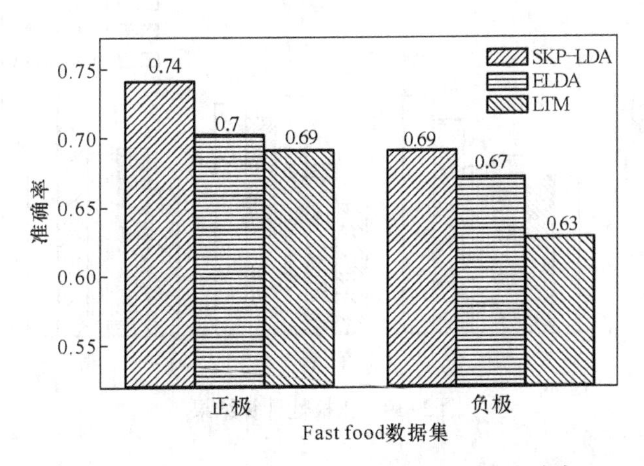

图 2-17 $K=10$ 时 Fast food 主题下的聚类准确率

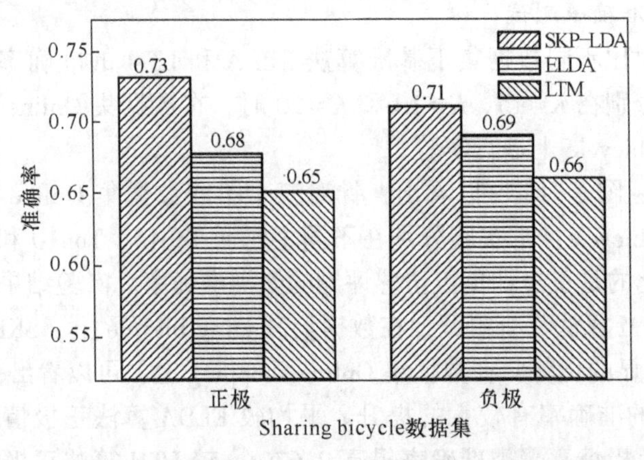

图 2-18 $K=20$ 时 Sharing bicycle 主题下的聚类准确率

2.5.1.6 精确率、召回率和 F_1 值测试

本实验对比各模型的精确率、召回率和 F_1 值计算结果。在正负极情感的三项指标精确率、召回率和 F_1 值上，将 SKP-LDA 与 JST、LSM、LTM 和 ELDA 四种模型算法进行对比。

如图 2-19 所示，本实验在正极评论中，对比了四种模型算法 JST、LSM、LTM 和 ELDA 的三项指标精确率、召回率和 F_1 值，可以看出本节算法 SKP-LDA 在三项指标上较其他模型算法均表现出优越性。SKP-LDA 的精确率、召回率和 F_1 值在 0.73~0.74 之间，说明本算法在各个指标下相比其他模型具有较强的稳定性和较高的指标值。

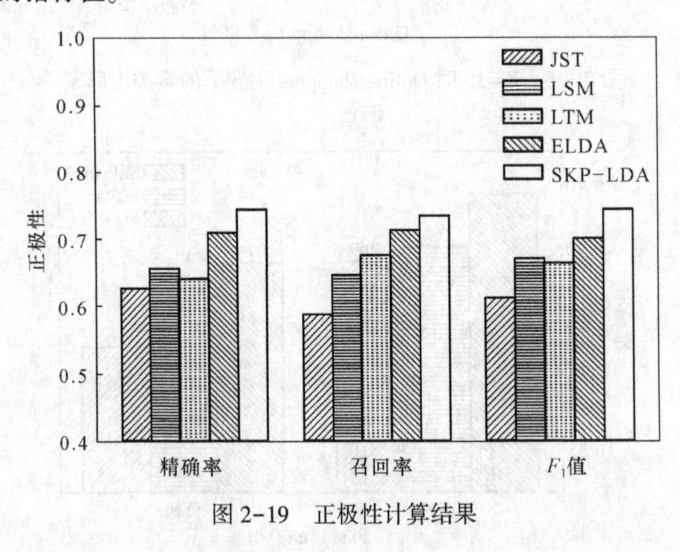

图 2-19 正极性计算结果

如图 2-20 所示，本实验在负极评论中，对比了四种模型算法 JST、LSM、

LTM 和 ELDA 的三项指标精确率、召回率和 F_1 值，可以看出本节算法 SKP-LDA 在三项指标上均较其他模型表现出优越性。尤其是对比 LTM，在召回率和 F_1 值指标上，SKP-LDA 表现出明显优势；对比 ELDA，在召回率指标上，也可以体现出优势。

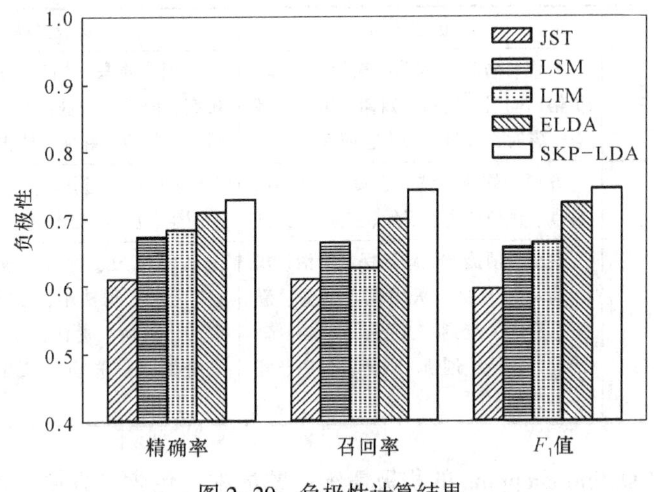

图 2-20 负极性计算结果

如图 2-19 和图 2-20 所示，SKP-LDA 较其他模型的指标值均有所提升，实验表明了本算法的优越性。这是因为 SKP-LDA 在 ELDA 原有的基础上，添加了本节定义的情感词共现词袋 $F(ST)$ 和 Top30 主题特征词集 T_j，从而可以在确保提取正确知识的前提下，进行情感分析。

同时，在实验过程中本节提出的 SKP-LDA 也暴露了它的不足。本节采用 K-means 算法实现主题二次聚类，由于在知识提取上比较费时间，同时又加入情感词袋标识情感极性；该算法每次都要比较新形成的簇和其他簇的相似度，虽然聚类效果良好，但时间复杂度较高。当微博数据集中的数据量较大时，效果不太理想。

下面将 SKP-LDA、ELDA 和 LTM 在精确率、召回率和 F_1 值指标下的数据进行对比实验，三种模型的极性平均值对比结果见表 2-2。

表 2-2 三种模型极性的平均值比较平均结果（指标值）

模 型	正 极			负 极		
	精确率	召回率	F_1 值	精确率	召回率	F_1 值
LTM	0.635	0.664	0.649	0.683	0.612	0.647
ELDA	0.695	0.701	0.698	0.715	0.684	0.699
SKP-LDA	0.735	0.728	0.731	0.721	0.747	0.734

注：正极和负极的最高指标为 1。

根据上述实验，SKP-LDA 在三个数据集的主题词分析结果见表 2-3。在数据集 Online shopping 中，展示出前 15 个单词 Top15；在数据集 Fast food 中，展示出前 10 个单词 Top10；在数据集 Sharing bicycle 中，展示出前 20 个单词 Top20。

表 2-3 各数据集主题词

数据集	正极主题词	负极主题词
Online shopping（Top15）	方便、省事、网购、简单、齐全、价格、购买、实物、谢谢、可以、满意、省时、大量、安全、便宜	虚拟、质量、辐射、退货、不实用、疾病、商品、苦恼、收获慢、风险、售后、不舒服、麻烦、功能、态度
Fast food（Top10）	方便、炸鸡、诱人、食欲、快餐、易食、供应能量、汉堡、美味、欢迎	营养失衡、过量、热量、人工、肥胖、不卫生、反胃、工作忙、油腻、不吸收
Sharing bicycle（Top20）	共享、便捷、低碳环保、生活、操作简单、健身、费用低、享受、新鲜、幸福、交通、文明、实体经济、治理、骑行、创新、典范、健康、竞争、公益	乱停乱放、押金、毁坏、独用、利益、恶性、退费难、影响、天气、管理混乱、占用、责任、社会环境、泛滥、安全隐患、失窃、二维码、技术、监管、打击

在数据集 Online shopping 的积极情感主题词中，包含“方便”“省事”“满意”等积极情感极性较强的词语，从“网购”“购买”“价格”“实物”等可以看出，这可能是一个网上购物的话题，用户应该是表达在网上买到心仪的物品，因此表达出积极情感。数据集 Online shopping 的消极情感主题词中出现的“不实用”“退货”“风险”等词较明显地展示了用户消极的情感，“虚拟”“辐射”“疾病”“苦恼”等词表达了用户对经常使用手机、电脑购物可能会带来辐射的担忧。

从数据集 Fast food 的积极情感主题词可以看出：“诱人”“易食”“美味”等词具有较强的积极情感色彩，“炸鸡”“汉堡”“快餐”等词可能说明用户正在谈论快餐饮食，对快餐饮食表示了支持。数据集 Fast food 消极情感主题词中的“肥胖”“不卫生”“营养失衡”“反胃”具有较强的消极情感色彩，用户对此表达了自己的不满。

数据集 Sharing bicycle 的积极情感主题词中，出现了“便捷”“享受”“健康”“低碳环保”“创新”，这些词具有较强的积极情感极性，“共享”“骑行”“交通”“文明”等向我们展示了共享骑行的场景，表示用户可能是在使用共享单车。数据集 Sharing bicycle 的消极情感主题词中“毁坏”“恶性”“泛滥”“管理混乱”具有较强消极情感极性，从“乱停乱放”“占用”“失窃”等词可以看出，该主题应该是对于共享单车乱停乱放、私自占用和管理不力的抱怨。

从上述实验结果分析可以得出，SKP-LDA 可以较准确地提取出微博的主题，挖掘短文本潜在的语义信息和用户的情感，对微博评论分析有着重要的指导意义。实验结果表明，SKP-LDA 在极性判断的准确率上，较 JST、LSM、LTM 和 ELDA 都有所提高；同时，关键词数在 Top10～Top20 的时候，准确率、精确率、

召回率和 F_1 值多项指标均显示出比 JST、LSM、LTM 和 ELDA 更优的聚类效果。

2.5.2 MCCWSFW 实验结果及分析

2.5.2.1 实验数据采集及预处理

MCCWSFW 算法从情感主题特征词数对指标值的影响，不同数据集和不同算法下的对比实验三方面，与 JST、LSM、LTM、WLDA 算法进行对比分析。实验首先确定 MCCWSFW 算法在三个数据集上的最优情感主题特征词数，然后分别在自身最优情况下进行对比实验，并对实验结果进行分析。

为了评估 MCCWSFW 算法的性能，本实验对 2018 年 10 月的 52 个微博主题评论进行爬虫，然后选取“国庆期间国内旅游乱象”“北大第一医院医生被打事件”“教师体罚学生被送派出所”三个微博主题一周内的评论数据 6557 条进行测试，其基本信息见表 2-4。

表 2-4 数据集构成 （条）

主 题	内 容	数 量
1	国庆期间国内旅游乱象	1819
2	北大第一医院医生被打事件	2973
3	教师体罚学生被送派出所	1765

2.5.2.2 实验环境搭建

MCCWSFW 算法采用 Python3.6 软件编程实现，CPU 为 Intel Core I5-7200U @2.50 GHz，内存为 8.00GB。在操作系统 Windows 7 环境下，对 MCCWSFW 算法的聚类效果进行了测试。

2.5.2.3 评价指标

为了验证 MCCWSFW 算法的聚类效果，本实验采用准确率（Accuracy）、召回率（Recall）和 F_1 值（F_1-measure）来衡量聚类算法的有效性。具体计算公式如下：

$$\text{准确率} = \frac{\text{正确识别的微博评论情感个数}}{\text{识别出的微博评论的总数}\ N} \tag{2-22}$$

$$\text{召回率} = \frac{\text{正确识别的微博评论情感个数}}{\text{测试集中微博评论情感的总数}\ n} \tag{2-23}$$

$$F_1\text{值} = \frac{2 \times Accuracy \times Recall}{Accuracy + Recall} \tag{2-24}$$

2.5.2.4 情感主题特征词维度测试

由于主题数对特征词的提取有着至关重要的影响，因此确定一个聚类最优时的主题数就十分重要。下面通过设置不同的情感主题特征词数，在聚类指标准确率、召回率和 F_1 值下，进行自身算法对比，进一步确保在自身最优的情况下与其他算法对比，如图 2-21～图 2-23 所示。

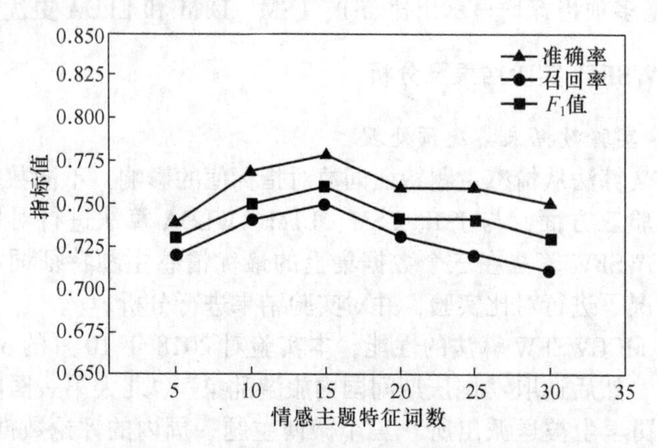

图 2-21 主题 1 最优情感主题特征词数

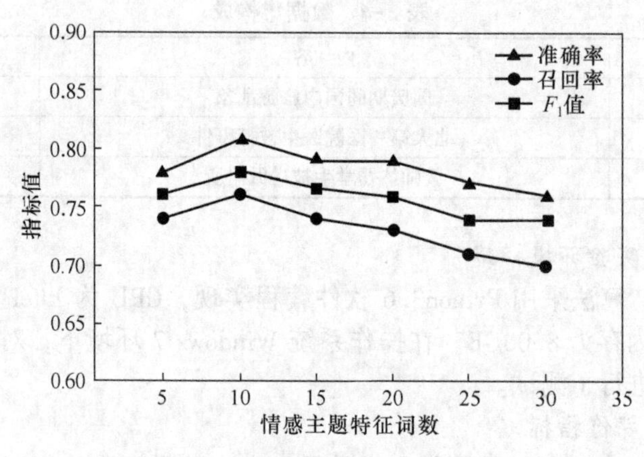

图 2-22 主题 2 最优情感主题特征词数

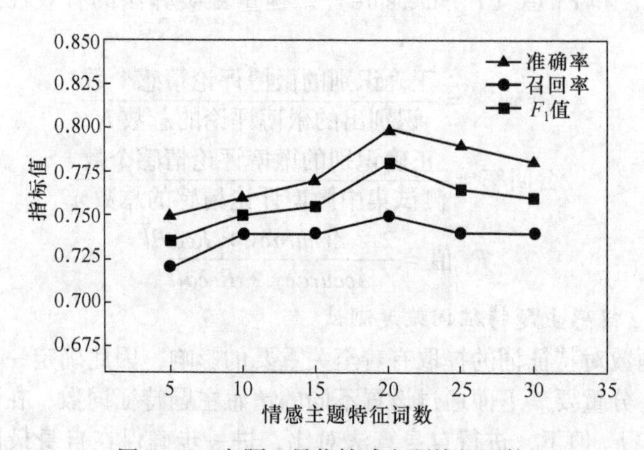

图 2-23 主题 3 最优情感主题特征词数

由图 2-21 可以看出，在主题 1 中，情感主题特征词数为 15 时，F_1 值达到最好效果，则主题 1 最优情感主题特征词数为 15。

由图 2-22 可以看出，在主题 2 中，情感主题特征词数为 10 时，F_1 值达到最好效果，则主题 1 最优情感主题特征词数为 10。

由图 2-23 可以看出，在主题 3 中，情感主题特征词数为 20 时，F_1 值达到最好效果，则主题 1 最优情感主题特征词数为 20。

综上所述，各数据集情感主题特征词数在 10~20 时，分别取得了较好的聚类效果。这是因为情感主题特征词代表着主题的特征，当特征维数较小时，将难以分辨主题特征；之后随着情感主题特征词数的增多又有所下降。这是因为主题特征词数增多则主题特征也在增多，当特征维数增加时，主题噪声会对实验结果产生干扰，从而降低了聚类效果。以上实验表明，在主题 1、主题 2 和主题 3 的情感主题特征词数分别为 15、10、20 时，分别达到自身最优聚类效果。

2.5.2.5 准确率、召回率和 F_1 值测试

本节设计了不同数据集下的准确率对比实验，以及在准确率、召回率和 F_1 值上，将 MCCWSFW 算法分别与 JST、LSM、LTM 和 WLDA 算法进行对比。

首先在主题 1、主题 2 和主题 3 的情感主题特征词数分别为 15、10、20 时，将 MCCWSFW 算法分别与 JST、LSM、LTM、WLDA 对比情感分类准确率，如图 2-24 所示。

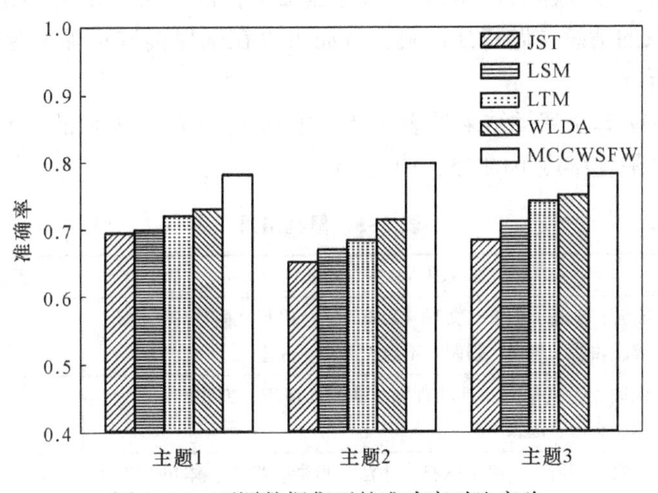

图 2-24 不同数据集下的准确率对比实验

然后在准确率、召回率和 F_1 值上，将 MCCWSFW 算法分别与 JST、LSM、LTM 和 WLDA 算法进行对比，如图 2-25 所示。

实验结果表明，MCCWSFW 算法准确率较 WLDA、LTM、LSM 和 JST 算法都有提升。在主题 2 上，MCCWSFW 算法较 WLDA 和 LTM 算法有明显的优势，准

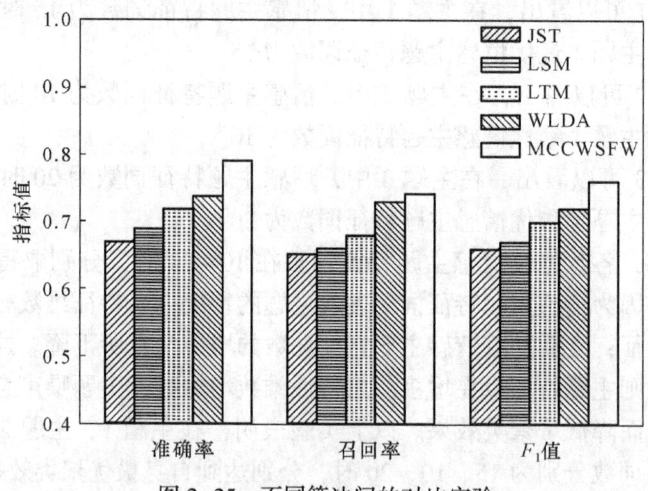

图 2-25　不同算法间的对比实验

确率分别提高 8%和 11%；在主题 1 和主题 3 上，可以看出，MCCWSFW 算法较其他算法的准确率均有提升，平均较 WLDA 算法提高 5.33%，较 LTM 算法提高 7%，较 LSM 算法提高 8.6%，较 JST 算法提高 10.7%。

图 2-25 中，MCCWSFW 算法较其他模型的指标值均有所提升，具有一定的优越性。这是因为该算法在 WLDA 原有基础上，添加文中定义的情感主题词袋 $F(ST)$ 和加权的情感主题特征词集，从而可以在确保提取正确主题特征前提下，进行情感分析。

MCCWSFW 算法聚类结果见表 2-5，主题 1、2 和 3 加权的情感主题特征词数分别为自身最优维度下的 15、10 和 20。

表 2-5　聚类结果　（个）

主题	加权的情感主题特征词	情感主题特征词数
1	旅游、乱写、倡议、文明、素质、绿色出行、假特产、控诉、攀爬、收费、垃圾、强制、不当、消费、古迹	15
2	医闹、谴责暴力、呼吁理性、寒心、情理、剖腹产、指标、法律、身份、医患关系	10
3	警察、副所长、滥用职权、违法、指责、教师、体罚、教育尺度、监督、权利、公信力、责任、处罚、质疑、力度、父亲、不作为、公民、自觉、尊严	20

聚类结果表明，主题 1 关于游客不文明行为的评论居多，且评论中呼吁游客文明旅游、绿色出行。主题 2 的评论质疑剖腹产指标的合理性，呼吁理性健康的医患关系。主题 3 的评论指责涉事副所长滥用职权，注重对公民权利的保障，谨

慎行使自己的职权，并认为教师的教育尺度越来越难以把握，维护教师尊严很有必要。由此可见，MCCWSFW 算法对网络舆情有一定指导作用。

2.5.2.6 时间效率测试

在实验过程中 MCCWSFW 算法也暴露了它的不足（见表 2-6），在主题 1 和主题 3 中该算法平均执行时间较其他算法相差不大；但在主题 3 上，随着数据量的增加，MCCWSFW 算法平均执行时间较其他算法明显增多。这是因为 MCCWSFW 算法首先提取情感主题词，然后通过特征选择提取情感主题特征词，经过特征加权后再进行聚类。由于加入情感主题词袋来匹配情感信息需要时间，而且在获取主题情感特征上也比较费时间，虽然情感聚类效果良好，但时间复杂度较高，当微博数据集中的数据量较大时，效果不太理想。

表 2-6 20 次实验各个算法的平均执行时间 (s)

主题	JST	LSM	LTM	WLDA	MCCWSFW
1	2.087	1.683	1.982	1.925	2.033
2	2.782	2.571	2.638	2.536	3.190
3	1.961	1.965	1.864	1.865	1.912

2.6 本章小结

本章主要面向微博领域，研究如何利用传统 LDA 主题模型进行情感分析、语义分析和特征提取，并设计有效的情感和语义特征提取算法，以提高微博舆情分析的聚类效果和准确率。具体来说，又分为研究如何优化 LDA 在主题情感分析和语义提取两方面的能力，以提高 LDA 的情感分析聚类效果；研究如何充分考虑主题内部词之间的相关度，以提高对微博评论情感分析的准确性。本章研究成果主要表现在如下两个方面：

(1) 提出了基于情感词共现和知识对特征提取的 LDA 短文本聚类算法 SKP-LDA。首先定义了情感词共现词袋，进行词性标注，赋予了微博短文本相应的情感极性；然后，分别通过设计主题特征词和主题关联词的知识对提取算法，形成了基于情感词的语义知识，提高了语义分析的能力；最后，把 LDA 主题模型一次聚类获得的 Top30 主题特征词集，作为 K-means 的初始聚类中心，采用 K-means 算法进行二次聚类，优化了聚类中心，提高了聚类精度和网络舆情分析的准确率。实验结果表明，SKP-LDA 算法在极性判断的准确率上，较 JST、LSM、LTM 和 ELDA 算法都有所提高，同时，关键词数在 Top10～Top20 的时候，准确率、精确率、召回率和 F_1 值多项指标均显示出比 JST、LSM、LTM 和 ELDA 算法更优的聚类效果。

(2) 提出了基于情感主题特征词加权的微博评论聚类算法 MCCWSFW。通过定义情感主题词袋，对微博评论中包含的情感信息特别加以利用；在此基础上，通过加权情感主题特征词，对微博评论之间的主题特征特别加以利用，以此提高表达能力强的主题特征权值，从而优化情感分析能力和聚类效果。实验结果表明，MCCWSFW 算法与 JST、LSM、LTM 和 WLDA 算法相比，在情感主题特征词维度、准确率、综合指标值和时间效率四个方面，提高了微博评论分析能力。

本章的研究已经取得了阶段性成果，完成了预期目标。但是，由于 LDA 主题模型技术的快速发展，还有一些问题有待改善和研究。

(1) 在后续的研究中，将在保证聚类精度的同时，进一步分析海量微博短文本所蕴含的深层情感和语义特征，挖掘微博短文本句子、篇章等语义结构信息，更好地提高微博短文本、微博评论的情感和语义分析效率，这对于网络舆情的应用和分析有着积极的意义。

(2) 如何改进 SKP-LDA、MCCWSFW 算法的推理机制，以提升算法的执行效率，也是未来探索的主要方向。

3 面向微博热点话题发现的BTM主题模型

新浪微博作为自媒体社交平台之一，用户以文字、图片、视频等多种形式发布信息，实现信息的实时共享。从微博平台上发布的这些短文本中挖掘深层语义信息，获取实时话题，对于舆情监控和分析有着非常重要的现实意义。本章就微博热点话题发现分析进行了深入研究，主要研究内容如下：

（1）分析了相关理论及技术，主要包括微博热点话题发现、全局向量模型（Global Vectors for Word Representation，GloVe）、词语游走距离（Word Mover's Distance，WMD）和K-means聚类。

（2）针对传统K-means算法聚类微博短文本时，热点话题发现效果不佳的问题，提出标题词和正文词、位置贡献的权重以及融合相似度的距离三个定义，进一步提出基于BTM & GloVe相似度线性融合的短文本聚类算法[130]（Short Text Clustering Algorithm based on BTM & GloVe Similarity Linear Fusion，BG & SLF-Kmeans）。该算法分别使用词对主题模型和GloVe词向量模型对微博短文本集建模；然后利用JS散度（Jensen - Shannon divergence，JS）计算基于主题的文本相似度，采用改进词权重的WMD距离IWMD（Improved Word Mover's Distance，IWMD）计算基于词向量的文本相似度；最后将线性融合的相似度作为距离函数实现K-means聚类，从而发现微博热点话题。

（3）针对传统方法微博热点话题发现质量欠佳的问题，提出一种基于IBBTM（Improved Bursty Biterm Topic Model）和Doc2Vec的微博短文本热点话题发现算法IBBTM & Doc。首先，利用GloVe对预处理后的微博短文本集建模，获得词向量，并将词对频数变化与词对中词之间语义相似度线性融合，代替突发概率作为BTM先验知识，提出一种融合语义相似度的IBBTM模型，进一步地，结合IBBTM建模后的分布概率，获得突发主题向量；然后，充分考虑文本语序信息，采用Doc2Vec建模，获得文本向量；最后，对突发主题向量与文本向量进行相似度计算，从而实现微博热点话题发现。

3.1 研究背景及意义

新浪微博因其话题内容广、传播速度快、实时性好、用户数量庞大等优势，已经成为传播市场经济、时事政治等资讯的重要平台[86]。作为中国最大的社交平台之一，小到个人的喜怒哀乐，大到国家的政治外交，每天都有数以千万计的信息发布。

近年来，基于主题模型的微博热点话题发现分析成为了社交媒体文本挖掘领域的研究热点。但传统的主题模型已不再适用，主要是因为微博文本相比于传统文本有其自身的特殊性[131]。

(1) 文体较短。微博文本大多是 140 字以内的短文本，而传统的主题模型 (如 PLSA、LDA 等) 仅适用于长文本；若利用传统的主题模型对短文本集建模，会造成严重的数据稀疏问题，使得挖掘到的特征词之间关联性较差，从而影响热点话题发现的效果。

(2) 语言表述不规范。社交媒体面向广大群体，微博的用词和语法格式没有统一标准，用户更趋向于使用网络热词、表情、符号等来表达自己的想法，这就导致微博中充斥着大量的噪声数据，给话题发现分析造成了一定的困难。

(3) 文本形式的特殊性。在形式上，微博文本与传统文本最大的不同在于，微博文本大多含有话题标签（位于微博文本最前面并用双“#”标识)，话题标签在社交媒体中主要用于组织话题讨论，因而话题标签中的词就能起到概括该微博内容的作用。

热点话题通常是指一些突发的公共事件和重要信息，能够引起公众的共鸣和激烈的讨论[132]。微博作为一种新兴的社交新闻媒体，其往往作为热点话题共享和传播的重要平台。对微博热点话题进行发现不仅有利于网民了解社会动态，而且有利于网络监管部门对网络舆情信息进行监控和引导[133]。但相对于博客、新闻等长文本信息，微博大多篇幅较短且特征稀疏，传统方法不能有效地对其进行建模发现热点话题[134]。因此，如何从微博短文本中高质量地进行热点话题挖掘，是目前研究中亟待解决的问题。

3.2 国内外研究现状

3.2.1 微博热点话题发现研究现状

短文本热点话题发现作为当前具有重要研究意义的课题，其关注度日益增加。传统主题模型对长文本的适用性较好，却不能很好地适用于微博短文本。2013 年，X. Yan 等[135]提出了适用于短文本的 BTM 主题模型。BTM 对文档中的所有词对进行建模，以增强主题学习。此外，BTM 利用整个语料库的聚合词共现模式发现主题，有效地缓解了数据稀疏问题。张佩瑶等[136]提出了一种基于词向量的微博热点话题识别方法，采用 Word2Vec 对 BTM 建模后主题词进行向量表示，进一步采用聚类算法实现微博热点话题发现。

近年来，有学者提出了建立双通道模型，从词粒度和文本粒度两个方面考虑，进一步解决短文本特征稀疏的问题，进而提高热点话题发现质量。陈凤等[137]提出了一种基于BTM和加权K-Means方法实现微博话题发现，采用BTM和对微博短文本建模，利用加权K-Means聚类算法获得热点话题。D. Wu等[138]提出了一种面向微博热点话题发现的BTM & GloVe相似度线性融合的短文本聚类算法，分别采用BTM和GloVe[139]对微博短文本集建模，从而发现微博热点话题。李慧等[140]提出了一种微博热点话题发现方法，分别采用BTM和VSM对特征词集建模，从而获得微博热点话题。L. Qiu等[141]提出了一种基于VSM与HMBTM的热点话题发现方法，分别采用VSM和改进后的HMBTM对语料库建模，并通过优化的单遍聚类算法实现热点话题发现。

双通道模型在热点话题发现上取得了较好的效果，但其在进行文本向量表示时，没有充分考虑文本语序的问题。基于此，Quoc Le等[142]提出了包含文本语序信息的Doc2Vec模型，相关学者将Doc2Vec应用到文本聚类和分类任务中。张卫卫等[143]分别采用LDA和Doc2Vec对语料库建模，训练主题向量和文本向量，利用K-means实现文本聚类。余本功等[144]对BTM和Doc2Vec生成的向量进行拼接，表示文本向量，最终实现文本分类。彭怀瑾等[145]使用改进的LF-LDA和Doc2Vec获得的主题向量和文本向量之间的相似度表示文本，充分考虑文本语义、词分布、句分布等多方面信息，在文本分类效果上有显著提高。饶毓和等[146]利用BTM和Doc2Vec构建文本特征向量，有效提升短文本区分能力，进而改善聚类效果。

上述方法有效提高了热点话题发现的质量，但其在突发话题发现效果上表现不够理想。因此，Yan等[147]提出了一种微博突发性话题发现的概率模型BBTM，将词对的突发性作为突发主题建模的先验知识，能够较高质量地发现微博中的突发话题。Z. Li等[148]提出了一种基于用户交互的突发主题模型（User Interaction based Bursty Topic Model，UIBTM），该模型在BBTM的基础上，对先验知识进行改进，利用喜欢微博内容的数量来丰富微博语义，实现热点话题发现。黄畅等[149]提出了一种基于改进BBTM的热点话题发现方法H-HBTM（Hot topic-Hot Biterm Topic Model，H-HBTM），该方法在获取突发话题时，对BBTM进行改进（改进后的模型命名为HBTM），首先利用微博的点赞数、转发数、评论数定义了传播值属性，然后量化词对的传播值作为突发主题建模的先验知识，实现微博突发话题发现。

综上所述，结合BBTM和Doc2Vec模型的优势，建立双通道模型，提出一种基于IBBTM和Doc2Vec的微博短文本热点话题发现算法IBBTM & Doc。针对BBTM先验知识中突发概率估计考虑不全面的问题，融合词对中词之间的语义相似度，提出一种IBBTM模型，以提高突发主题内部连贯性与突发话题发现质量；针对主题向量表示忽略分布概率，以及文本向量表示忽略文本语序信息的问题，融合 IBBTM 建模后的分布概率，提出一种新的突发主题向量表示方法，利用 Doc2Vec 建模，获得文本向量，以提高突发主题向量与文本向量相似度计算准确率，从而提高热点话题发现质量。

3.2.2 微博热点话题发现短文本聚类研究现状

与传统文本不同，微博大多篇幅较短且缺乏上下文信息[150]。因此，如何表示微博短文本，使其携带更多的语义信息，从而提高话题聚类的精度，是微博热点话题发现研究中亟待解决的问题。

传统的微博热点话题发现方法是先使用词频-逆文档频率[97]（Term Frequency-Inverse Document Frequency，TF-IDF）对微博短文本集进行特征提取，然后使用聚类算法进一步获得热点话题。针对短文本聚类的高维性和稀疏性问题，Y. Zheng 等[151]提出了一种面向短文本的热点话题抽取聚类方法，该方法使用 TF-IDF 生成文本的特征向量，再利用 K-means 聚类发现热点话题（下文将该文献提出的算法命名为 TF-IDF & K-means）；针对 IDF 无法动态变化的问题，Yan 等[152]提出了一种微博主题检测算法，该算法使用改进的 TF-IDF 进行特征提取，然后利用改进的 Single-Pass 聚类发现微博主题。

由于 TF-IDF 只是基于词频和逆文档频率对词进行统计，导致忽略了词的语义信息[153]。因此，为了使向量化后的文本蕴含语义信息，有学者提出将主题模型[154]应用到话题发现中。主题模型是基于聚类的统计模型，通过聚类文本集的隐含语义结构，得到若干组特征词集，然后从中提取出若干个主题，即热点话题。

针对微博篇幅短、结构复杂等特点，Sun 等[155]提出了两阶段聚类的微博热点检测算法，该算法先后使用概率潜在语义分析模型 PLSA 和 K-means 算法进行二次聚类，有效地发现了微博热点话题；周楠等[156]提出了面向舆情事件的子话题标签生成模型，该模型将 PLSA 引入背景语言模型[157]（PLSA with Background Language Model，PLSA-BLM），并结合关键词聚类，发现了事件内部子话题。Y. Chen 等[158]提出了基于改进 LDA 的微博热点话题检测模型，该模型结合了特征选择和文本聚类，能够自适应地识别主题数量，更准确地发现热点话题；针对跨文本集的话题发现模型[159]（cross-collection LDA，ccLDA）中全局话题与局部话题强制性对齐这一问题，X. Chen 等[160]提出了改进的跨文本集话题发现模型（Improved ccLDA，IccLDA），该模型在采样时就判断词语属于全局还是局部话题，从而降低词语的分散程度，实现了多数据源的热点话题检测。陈兴蜀等[161]提出了一种面向中英文混合文本热点话题发现的改进模型（Improved Chinese-English LDA，ICE-LDA），该模型采用话题向量化的方式，能不依赖先验话题对发现跨语言共现话题。

随后许多学者将 BTM 应用到话题发现短文本聚类中。针对微博短文本数据稀疏和表达多样的问题，J. Feng 等[162]提出了一种基于 BTM 的微博热点话题发现方法，该方法基于 BTM 提取高频词，形成高频词矩阵，再利用 VSM 降维突出主要特征，从而得到微博热点话题。考虑到 K-means 在处理密集型、主题文档差异明显的数据集时有较好的区分性这一优势，W. Li 等[163]提出了基于 BTM 和 K-means 的微博话题检测方法，该方法先使用 BTM 对微博短文本建模，再使用 K-means 进一步发现主题（下文将该文献提出的算法命名为 BTM & K-means）。

为了提高主题聚类的精度，有学者提出从文本语义和词频两个方面考虑。针对传统文本聚类算法忽略了文本隐含信息的问题，王少鹏等[164]提出分别计算基于 LDA 建模和 TF-IDF 特征选择对应的文本相似度，然后将两个相似度线性融合并进行 K-means 短文本聚类。针对传统方法对微博短文本建模效率和准确度低等问题，王亚民等[165]提出了一种基于 BTM 的微博舆情热点发现方法，该方法利用 BTM 和改进的 TF-IDF 分别对微博短文本建模，然后计算对应的文本相似度，最后将相似度线性融合后使用 K-means 聚类获得热点话题（下文将该文献提出的算法命名为 BTF & SLF-Kmeans）。

由于 TF-IDF 是基于统计的方法，且微博大多是短文本，所以该算法构建的文档-词向量矩阵存在较高的稀疏性，从而影响热点话题发现的质量[166]。2013 年 Google 公司开发了 Word2Vec 来训练词向量，把单词表示成固定维度的稠密向量，有一定的降维效果，它有连续词袋（Continuous Bag-of-Words，CBOW）和跳字（skip-gram）两种建模方式[167]。郭蓝天等[168]提出了一种基于 LDA 的话题发现方法，该方法引入 CBOW 对目标文本进行词向量化以有效降维，再利用 LDA 建模发现话题。T. Lu 等[169]提出了一种意图主题模型（Verb-Biterm Topic Model，V-BTM），该模型先使用 Word2Vec 向量化动词，再聚类动词以区分意图，然后利用 BTM 在没有动词的数据集上挖掘主题，该方法获得了更好的动词聚类效果且挖掘出了更多连贯的主题。

J. Pennington 等[139]认为 Word2Vec 只是在局部上下文窗口训练模型，很少使用语料中的统计信息。因此，在 2014 年提出了 GloVe 词向量模型，该模型首先同时结合了全局矩阵分解和局部上下文窗口的方法，训练出的词向量能够携带更多的语义信息；其次，GloVe 仅训练词共现矩阵中的非零元素，可以有效缓解短文本建模的稀疏性问题[151]。

对于词向量运用常用的距离公式，如 KL 散度（Kullback-Leibler divergence，KL）、JS 散度、余弦距离等，只能计算两个词向量之间的相似度，无法得出文本之间的相似度。M. Kusner 等[170]提出的 WMD 距离是将一篇短文本中的特征词向量全部流向另一篇短文本的特征词向量所经过的最短距离之和作为这两篇短文本的相似度。因此，WMD 可以用来计算词向量化后的文本相似度[171]。

综上所述，话题发现最重要的就是如何提高主题的聚类精度，以上文献从优化特征提取方式、运用模型降维、改进聚类算法、多阶段聚类等几个方面进行了尝试。近年来，越来越多的研究趋向于结合主题模型和词向量进行热点话题发现短文本聚类。

3.3　融合 Doc2Vec 和突发概率的 BTM 主题模型

本节结合 BBTM 和 Doc2Vec 模型的优势，建立双通道模型，提出一种基于 IBBTM 和 Doc2Vec 的微博短文本热点话题发现算法 IBBTM & Doc。针对 BBTM 先验知识中突发概率估计考虑不全面的问题，融合词对中词之间的语义相似度，提出一种 IBBTM 模型，以提高突发主题内部连贯性与突发话题发现质量；针对主题向量表示忽略分布概率，以及文本向量表示忽略文本语序信息的问题，融合 IBBTM 建模后的分布概率，提出一种新的突发主题向量表示方法；利用 Doc2Vec 建模，获得文本向量，以提高突发主题向量与文本向量相似度计算准确率，从而提高热点话题发现质量。

3.3.1　问题描述

BBTM 将词对的突发概率作为先验知识，进行突发话题的发现，其先验知识只考虑了文本中词对的频数变化，却忽略了词对中词之间的语义相似度。因此，将融合语义相似度的词对突发概率作如下定义。

定义 3-1　融合语义相似度的词对突发概率。假设 $b_i = (w_{i,1},\ w_{i,2})$ 为微博短文本进行特征词提取后由词 $w_{i,1}$ 和词 $w_{i,2}$ 组成的词对，t 为时间片，则融合语义相似度的词对突发概率 $\eta_{b_i,t}$ 的计算公式如下：

$$\eta_{b_i,t} = \lambda \times \frac{(c_{b_i,t} - c_{b_i,\ avg} - \xi)_+}{c_{b_i,t}} + (1 - \lambda) \times \frac{\boldsymbol{w}_{i,1} \cdot \boldsymbol{w}_{i,2}}{\|\boldsymbol{w}_{i,1}\| \|\boldsymbol{w}_{i,2}\|} \tag{3-1}$$

式中，$c_{b_i,t}$ 为词对 b_i 在时间片 t 上出现的总次数，由于 $c_{b_i,\ avg}$ 不能直接得到，用词对 b_i 在 S 个时间片上出现总次数的均值来表示；ξ 为用于过滤低频词对；$(x)_+ = \max(x,\ \delta)$；δ 为一个很小的正数，用来避免概率为 0；λ 为融合系数，且 $0 < \lambda < 1$，融合系数 λ 的取值由实验效果确定。

$c_{b_i,t}$ 和 $c_{b_i,avg}$ 的计算公式如下：

$$c_{b_i,t} = \sum_{j=1}^{|M_t|} c_{b_i,j,t} \tag{3-2}$$

$$c_{b_i,avg} = \frac{\sum_{s=1}^{S} c_{b_i,t-s+1}}{S} \tag{3-3}$$

式中，$|M_t|$ 为时间片 t 上的短文本数量；j 为时间片 t 上第 j 条短文本；$c_{b_i,j,t}$ 为时

间片 t 上词对 b_i 在第 j 条短文本中出现的次数；S 为时间片的数量。

例 3-1 “假设经微博短文本预处理后，有300篇微博短文本，划分为5个时间片，第5个时间片上有60篇微博短文本，其中，‘七夕’与‘情人节’两个词汇组成词对 b，词对 b 平均出现40次；在第5个时间片上词对 b 出现次数为100次，假设词对 b 中‘七夕’与‘情人节’两词之间语义相似度为0.72，融合系数为0.5。”则在第5个时间片上，词对 b 融合语义相似度的词对突发概率为：

$\eta_{b,5} = 0.5 \times 0.72 + 0.5 \times \dfrac{100 - 40}{100} = 0.66$。

主题向量通常采用主题词向量直接相加取均值来表示，容易丢失主题信息，因此，将融合分布概率的突发主题向量作如下定义。

定义 3-2 融合分布概率的突发主题向量。假设采用IBBTM主题模型建模后，得到 $K = \{k_1, k_2, \cdots, k_K\}$ 个主题，每个主题保留前 n 个主题词，则融合分布概率的突发主题向量 $\boldsymbol{k}_i$ 表示为：

$$\boldsymbol{k}_i = \sum_{m=1}^{n} \boldsymbol{w}_m \times \phi_{k_i, w_m} \tag{3-4}$$

式中，$\boldsymbol{k}_i$ 为第 i 个主题的融合分布概率的突发主题向量；$\boldsymbol{w}_m$ 为主题下第 m 个主题词的词向量；ϕ_{k_i, w_m} 为主题下第 m 个主题词的分布概率。

例 3-2 “假设采用IBBTM建模后，得到某个突发主题 k 为‘七夕快乐’‘七夕’和‘快乐’的分布概率分别为0.05、0.02；采用GloVe建模后，得到‘七夕’和‘快乐’的词向量分别为 $\boldsymbol{w}_1$、$\boldsymbol{w}_2$。”则融合分布概率的突发主题向量 $\boldsymbol{k}$ 表示为：$\boldsymbol{k} = 0.05 \times \boldsymbol{w}_1 + 0.02 \times \boldsymbol{w}_2$。

3.3.2 IBBTM & Doc 算法设计

基于IBBTM和Doc2Vec的微博短文本热点话题发现算法IBBTM & Doc流程如图3-1所示。首先，采集微博数据并进行文本预处理；其次，分别采用IBBTM和Doc2Vec对处理后的短文本集建模，得到突发主题向量和文本向量；再次，采用余弦相似度计算方法为每篇微博短文本寻找最佳主题；最后，统计每个主题下的微博短文本数量，从而实现微博热点话题的发现。

3.3.2.1 微博短文本预处理

微博短文本的预处理工作主要包括划分时间片、微博短文本过滤、分词及词性标注、去停用词四个部分，具体流程如图3-2所示。首先，将采集到的微博短文本集按照发布日期划分至相应的时间片中；其次，进行短文本过滤，删除少于10个字的微博超短文本和表情符、链接、标记性符号等无用信息；再次，进行分词和词性标注，保留名词、动词等话题性较大的词汇；最后，对微博短文本集进行去停用词处理，删除诸如“不”“是”“呢”等无意义的词汇。

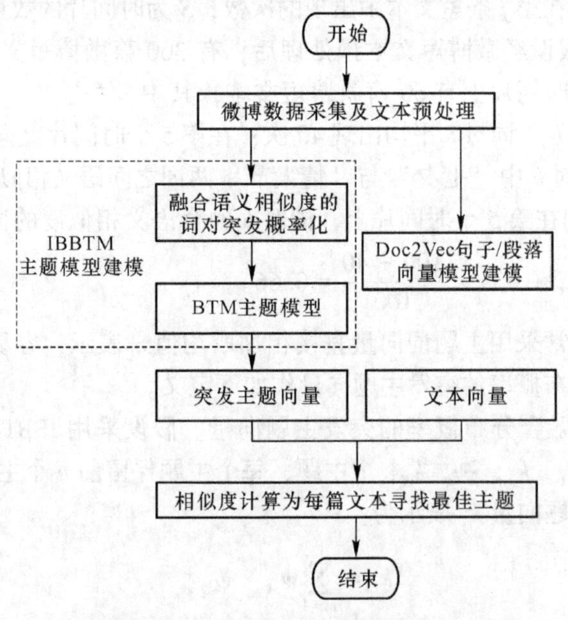

图 3-1 IBBTM & Doc 算法流程图

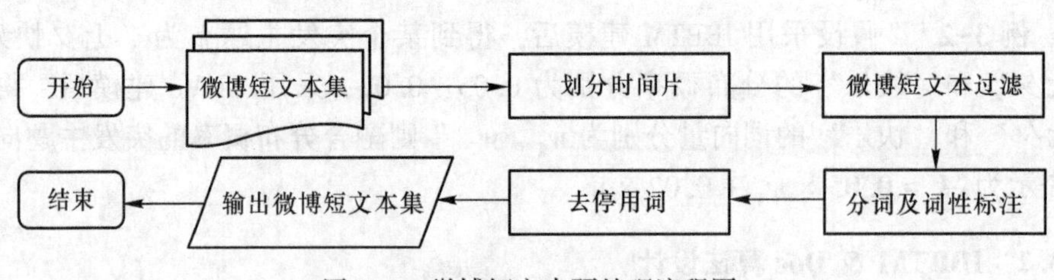

图 3-2 微博短文本预处理流程图

3.3.2.2 IBBTM 主题模型建模

GloVe 词向量模型融合了全局矩阵分解和局部上下文窗口的优势，训练出的词向量能够携带更多的语义信息。采用 GloVe 词向量模型对预处理后的微博短文集建模，得到词向量集 $\boldsymbol{v}=\{\boldsymbol{v}(w_1), \boldsymbol{v}(w_2), \cdots, \boldsymbol{v}(w_W)\}$。根据多次实验，设置参数 $vector\_size=300$、$window\_size=8$、$vocab\_min\_count=1$。

为更好地发现热点话题，使具有语义关系的双词共现，增强主题内部的语义关联，将融合语义相似度的词对突发概率作为 BBTM 的先验知识，改进后的 BBTM 称为 IBBTM。

由于主题数目 K 值的选取会直接影响 IBBTM 的建模结果，所以在对微博短文本集建模前需先确定最优突发主题数目 K。常用的主题模型评估指标“困惑度”已被证明与人类评估的相关性较小，因此，诸多方法采用主题连贯性指标来评估主题模型的优劣，使得与人类评价的相关性更强。基于以上考虑，采用 ACS

（Average Coherence Score）指标来确定最优的突发主题数目 K，ACS 值越大，表明提取的主题语义相关性越大，主题内聚性、质量越好，建模效果越好。ACS 的计算公式如下：

$$ACS = \frac{1}{K}\sum_{k=1}^{K} CS(z_k,\ V^{(z_k)}) \tag{3-5}$$

$$CS(z_k;\ V^{(z_k)}) = \sum_{i=2}^{M}\sum_{j=1}^{i-1} \lg \frac{D(v_i^{(z_k)},\ v_j^{(z_k)}) + 1}{D(v_j^{(z_k)})} \tag{3-6}$$

式中，K 为突发主题数目；z_k 为主题；$V^{(z_k)}$ 为主题 z 中概率最大的 M 个主题词构成的主题簇，$V^{(z_k)} = (v_1^{(z_k)},\ v_2^{(z_k)},\ \cdots,\ v_M^{(z_k)})$；$v_j^{(z_k)}$ 为主题簇中第 j 个话题词；$D(v_j^{(z_k)})$ 为包含 $v_j^{(z_k)}$ 的文本数目；$D(v_i^{(z_k)},\ v_j^{(z_k)})$ 为同时包含 $v_i^{(z_k)}$ 和 $v_j^{(z_k)}$ 的文本数目。

采用吉布斯采样方法对 IBBTM 主题模型中 θ 和 ϕ 进行推断，通过将马尔科夫链的规则应用到整个数据的联合概率上，获得条件概率[172]如下：

$$P(e_i = 0 \mid \boldsymbol{e}^{\neg i},\ \boldsymbol{z}^{\neg i},\ B,\ \alpha,\ \beta,\ \boldsymbol{\eta}) \propto (1 - \eta_{b_i}) \cdot \frac{(c_{0,w_{i,1}}^{\neg i} + \beta)(c_{0,w_{i,2}}^{\neg i} + \beta)}{\left(\sum_{w=1}^{W} c_{0,w}^{\neg i} + W\beta\right)\left(\sum_{w=1}^{W} c_{0,w}^{\neg i} + 1 + W\beta\right)} \tag{3-7}$$

$$P(e_i = 1,\ z_i = k \mid e^{\neg i},\ z^{\neg i},\ B,\ \alpha,\ \beta,\ \boldsymbol{\eta}) \propto \eta_{b_i} \cdot \frac{c_k^{\neg i} + \alpha}{\sum_{k'=1}^{K} c_{k'}^{\neg i} + K\alpha} \cdot \frac{(c_{k,w_{i,1}}^{\neg i} + \beta)(c_{k,w_{i,2}}^{\neg i} + \beta)}{\left(\sum_{w=1}^{W} c_{k,w}^{\neg i} + W\beta\right)\left(\sum_{w=1}^{W} c_{k,w}^{\neg i} + 1 + W\beta\right)} \tag{3-8}$$

式中，α，β 为超参数；$\boldsymbol{e} = \{e_i\}_{i=0}^{N_B}$，$\boldsymbol{z} = \{z_i\}_{i=0}^{N_B}$，$\boldsymbol{\eta} = \{\eta_b\}_{b=0}^{B}$；$c_{0,w}$ 为词 w 被分配给背景词分布的次数；$\sum_{w=1}^{W} c_{0,w}$ 为分配给背景词分布的总词数；c_k 为词对被分配给突发主题 k 的数量；$\sum_{w=1}^{W} c_k$ 为词对被分配给突发主题的总数；$c_{k,w}$ 为词 w 被分配给突发主题 k 的次数；$\sum_{w=1}^{W} c_{k,w}$ 为分配给突发主题的总词数；$\neg\ i$ 为词对 b_i 忽略不计；W 为词汇表大小。

确定主题数目 K 后，根据经验取 $\alpha = 50/K$，$\beta = 0.01$，推断出突发主题分布 θ_k 和突发主题-词分布 $\phi_{k,w}$：

$$\theta_k = \frac{c_k + \alpha}{\sum_{k'=1}^{K} c_{k'} + K\alpha} \tag{3-9}$$

$$\phi_{k,w} = \frac{c_{k,w} + \beta}{\sum_{w'=1}^{W} c_{k,w'} + W\beta} \tag{3-10}$$

在获得突发主题分布和突发主题-词分布之后，对于每个突发主题，选取其突发主题-词分布下 Top M 个特征词作为该主题的主题词，并计算得到突发主题向量集 $\boldsymbol{k} = \{\boldsymbol{v}(k_1), \boldsymbol{v}(k_2), \cdots, \boldsymbol{v}(k_K)\}$。

IBBTM 主题模型建模算法流程描述见算法 3-1。

算法 3-1 IBBTM 主题模型建模算法流程

输入：微博短文本集 $D = \{d_1, d_2, \cdots, d_n\}$、$vector\_size = 300$、$window\_size = 8$、$vocab\_min\_count = 1$、$S = 5$、$B$、$N_{iter} = 500$、$\alpha = 50/K$、$\beta = 0.01$、$M = 10$
输出：突发性主题向量集 $\boldsymbol{k} = \{\boldsymbol{v}(k_1), \boldsymbol{v}(k_2), \cdots, \boldsymbol{v}(k_K)\}$
步骤 1：基于 GloVe 模型获取向量集 $\boldsymbol{v} = \{\boldsymbol{v}(w_1), \boldsymbol{v}(w_2), \cdots, \boldsymbol{v}(w_W)\}$
步骤 2：根据公式（3-5）和公式（3-6）确定最佳主题数 K
步骤 3：根据公式（3-1）计算 biterms 融合语义关系的突发概率
步骤 4：随机初始化 $\boldsymbol{e}$ 和 z
步骤 5：for iter = 1 to $\mathrm{N_{iter}}$ do
步骤 6：for $\mathrm{b_i} \in \mathrm{B}$ do
步骤 7：根据公式（3-7）和公式（3-8）得出 e_i、k
步骤 8：if $\mathrm{e_i} = 0$ then
步骤 9：更新 $c_{0,w_{i,1}}$ 和 $c_{0,w_{i,2}}$
步骤 10：else
步骤 11：更新 c_k、$c_{k,w_{i,1}}$ 和 $c_{k,w_{i,2}}$
步骤 12：end for
步骤 13：end for
步骤 14：根据公式（3-9）和公式（3-10）计算突出主题分布 θ_k 和突发话题词分布 $\phi_{k,w}$
步骤 15：为每个突发主题选择特征词并根据公式（3-4）计算突发主题向量
步骤 16：输出主题向量集 $\boldsymbol{k} = \{\boldsymbol{v}(k_1), \boldsymbol{v}(k_2), \cdots, \boldsymbol{v}(k_K)\}$

IBBTM 主题模型的建模过程主要是利用吉布斯采样方法对 θ_k 和 $\varphi_{k,w}$ 进行迭代优化。在步骤 3 中，融合系数 λ 值采用 PMI 值指标确定。

3.3.2.3 Doc2Vec 模型建模

Doc2Vec 模型不用固定句子长度，接受不同长度的句子做训练样本，能够考虑文本问题，训练结果信息损失较小。Doc2Vec 模型包含两种训练方式，一种是分布式记忆模型 PV-DM（ Distributed Memory Model of Paragraph Vectors），另一种是分布式词袋模型 PV-DBOW（ Distributed Bag of Words of Paragraph Vector），原论文作者认为两种模型结合使用效果更佳。因此，采用 PV-DM & PV-DBOW 结合的方式对微博短文本集 $D = \{d_1, d_2, \cdots, d_n\}$ 进行建模，得到文本向量集

$\boldsymbol{d} = \{\boldsymbol{v}(d_1), \boldsymbol{v}(d_2), \cdots, \boldsymbol{v}(d_n)\}$。根据经验，设置参数 *window* = 10、*min_count* = 1，每个模型的 *vector_size* = 150，两个模型结合后输出的 *vector_size* = 300。

3.3.2.4　微博热点话题发现

为确定每篇微博短文本是否为热点话题文本，首先，采用余弦相似度计算方法计算每篇微博短文本的文本向量与所有突发主题向量的相似度，并选择余弦值最大并且大于阈值 δ 时对应的突发主题作为该篇微博短文本的话题，无对应突发主题的微博短文本为非热点话题文本。然后，统计每个话题下的微博短文本数量，从而实现微博热点话题发现。突发主题向量与文本向量相似度计算流程如图 3-3 所示。

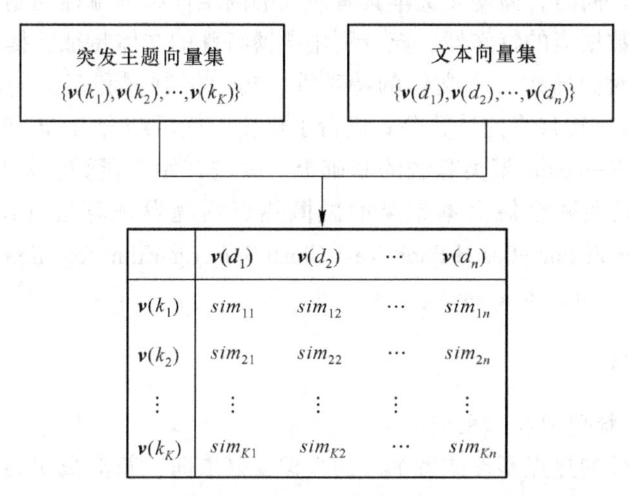

图 3-3　突发主题向量与文本向量相似度计算流程

图 3-3 中，通过计算每篇文本向量 $\boldsymbol{v}(d_i)$ 与每个突发主题向量 $\boldsymbol{v}(k_j)$ 之间的余弦相似度，即可确定该篇微博短文本是否为热点话题文本。

基于 IBBTM 和 Doc2Vec 的微博短文本热点话题发现算法 IBBTM & Doc 流程描述见算法 3-2。

算法 3-2　IBBTM & Doc 算法流程

输入：微博短文本集 $D = \{d_1, d_2, \cdots, d_n\}$、最佳主题数 K、最佳融合系数 λ、$\delta = 0.6$
输出：前 K 个微博热点话题
步骤 1：根据算法 3-1 获得突发主题向量集 $\boldsymbol{k} = \{\boldsymbol{v}(k_1), \boldsymbol{v}(k_2), \cdots, \boldsymbol{v}(k_K)\}$
步骤 2：采用 Doc2Vec 建模获得文本向量集 $\boldsymbol{d} = \{\boldsymbol{v}(d_1), \boldsymbol{v}(d_2), \cdots, \boldsymbol{v}(d_n)\}$
步骤 3：依次遍历文本向量集 $\boldsymbol{d}$ 中每个文本向量 $\boldsymbol{v}(d_i)$
步骤 4：依次遍历突发主题向量集 $\boldsymbol{k}$ 中每个突发主题向量 $\boldsymbol{v}(k_j)$
步骤 5：计算文本向量 $\boldsymbol{v}(d_i)$ 与突发主题向量 $\boldsymbol{v}(k_j)$ 的余弦相似度
步骤 6：选择余弦值最大并且大于阈值 δ 时对应的突发主题作为该篇微博短文本的话题
步骤 7：输出前 K 个微博热点话题

采用 IBBTM & Doc 算法对微博短文本集建模，能够实现热点话题发现。

3.4 面向微博热点话题发现短文本聚类的 BTM 主题模型

如何提高主题的聚类精度是话题发现研究中最为重要，也是最为关键的一步，若仅仅使用主题模型挖掘文本集中的主题，从主题-特征词集中提取的主题不够明确，导致主题挖掘的效果不佳。因此，目前越来越多的学者从语义和词频两个方面进行考虑，结合主题模型与词向量进行文本挖掘，从而提高主题-特征词集的准确度。同时，微博短文本具有极大的高维性和稀疏性问题，这就需要考虑微博短文本数据集的特殊性，充分利用微博特殊的文体特征，提高热点话题发现的效果。针对微博短文本文体的特殊性，提出标题词和正文词的定义，并对 WMD 距离中权重转移量的计算公式进行了优化；然后结合 BTM 和 GloVe 的建模优势，在传统 K-means 聚类算法的基础上，改进其距离函数，提出基于 BTM & GloVe 相似度线性融合短文本聚类的微博热点话题发现算法（BTM and GloVe Similarity Linear Fusion-Based Short Text Clustering Algorithm for Microblog Hot Topic Discovery，BG & SLF-Kmeans）。

3.4.1 问题描述

3.4.1.1 标题词和正文词

基于国内外的热点事件或者个人的兴趣爱好取向，新浪微博会形成相关的专题页面，并且该专题页面会自动收录与专题内容相关联的微博，这些微博通常以“#话题词#”的形式发布，而双“#”之间的话题词就表示该条微博的话题。在一定时间内，热度较高的那些微博话题会成为微博热点话题，并出现在新浪微博的热搜榜上，新浪微博热搜榜展现热度最高的前 50 个热点话题，且每分钟实时更新一次。

官方新闻媒体和新浪“大 V”发布的微博通常会以社会热点事件为背景，描述真实事件或阐述自己的观点，这些微博的影响力更大，会带有话题标签，也更容易包含热点话题。因此，对这类微博短文本进行热点话题发现分析，具有重要的现实意义。

对于一篇微博短文本，位于微博文本最前面且用双#号（称为“话题标签”）标识的，就是该微博的话题，其余内容称为正文文本，话题能够起到简要概括该条微博主要内容的作用。因此，为达到区分标题内容和正文文本的目的，提出标题词和正文词的定义。

定义 3-3 标题词和正文词。对于任意一篇已经预处理后的微博短文本，通过判断每个词的列标号来区分标题词和正文词。假设前 10 个词为标题词，其余为正文词；若词 s 的列标号 $l_s < 10$，则 s 为标题词；否则，s 为正文词。

例 3-3 以下面这条微博短文本为例，分析如何区分标题词和正文词。

“#银联就闪付存在隔空盗刷风险道歉，将进一步优化赔偿机制# 315 晚会就闪付功能存在隔空盗刷的风险对广大消费者进行消费预警……”

预处理后的微博短文本为：“银联/闪付/存在/隔空盗刷/风险/道歉/优化/赔偿/机制/315 晚会/闪付/功能/存在/隔空盗刷/风险/消费者/消费/预警”。

按照定义 3-3，使用词的列标号进行判断，则从“银联”到“315 晚会”这前 10 个词为标题词，从“闪付”到“预警”为正文词。

明显地，该微博实际上的标题只到“机制”一词，即前 9 个词为实际上的标题词，这一现象说明根据词的列标号判断与实际情况或许不完全一致。由于本数据集是新闻类的微博文本，其标题普遍较长，大多为 10 个词。尽管部分微博也同样存在这种判断与实际不一致的情况，但为了方便统一计算，本节简单地将标题词定义为前 10 个词。

3.4.1.2 位置贡献的权重

WMD 距离是一种将陆地移动距离[173]（Earth Mover's Distance，EMD）和词向量结合起来的文本相似度计算方法。WMD 距离的核心思想是：将一篇短文本的特征词向量全部流向另一篇短文本的特征词向量，所经过的最短距离之和作为这两个短文本之间的相似度。

例 3-4 计算“张老师在教室里接待家长”和“班主任与学生家长在班级里见面”这两篇短文本之间的相似度。

当特征词“张老师”流向“班主任”、“教室”流向“班级”、“接待”流向“见面”和“家长”流向“学生家长”时，所有词向量经过的距离最短。因此，WMD 会将该距离作为这两篇短文本之间的相似度，其示意图如图 3-4 所示。

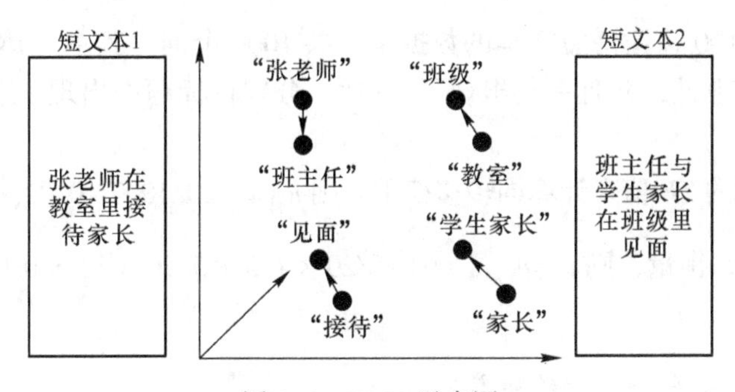

图 3-4 WMD 示意图

WMD 距离实质上是一个线性规划问题：在两篇短文本预处理之后，按照一定的约束条件，将短文本 1 中的所有词强制性地以不同的权重分配给短文本 2 中的所有词，计算这一转移过程的最小累计成本。

传统的 WMD 距离在计算词的权重转移量时，仅仅使用词频（即 *TF* 值）来衡量。然而，在实际情况中，有一些词虽然出现频率很高，但对于话题发现的贡献度不大，仅仅统计词的 *TF* 值，难以准确地体现词的差异性，所以，这种计算方法相对比较粗糙；此外，标题词和正文词对于话题发现的重要程度不一样，所以，在计算权重转移量时，还应该把词的位置因素也考虑进去，提出了位置贡献的权重这一定义。

定义 3-4　位置贡献的权重。使用词的 *TF-IDF* 值来计算词的权重转移量，并且设定标题词的位置贡献 $\gamma_1 = 1.5$，正文词的位置贡献 $\gamma_2 = 1$，考虑到有的词可能既是标题词又是正文词，故分别计算了该词属于标题词和正文词的比重。位置贡献的权重计算公式如下：

$$w\_pc_s = \left(\frac{c_{s\_title}}{c_s} \times \gamma_1 + \frac{c_{s\_body}}{c_s} \times \gamma_2\right) \times tf_s \times idf_s \tag{3-11}$$

式中，c_s 为词 s 出现的总次数；c_{s_title} 为词 s 是标题词的次数；c_{s_body} 为词 s 是正文词的次数，且 $c_{s\_title} + c_{s\_body} = c_s$；$tf_s$ 和 idf_s 的计算公式如下[174]：

$$tf_s = \frac{c_s}{\sum_{t=1}^{G} c_t} \tag{3-12}$$

$$idf_s = \lg \frac{|D|}{1 + |\{i:\ s \in d_i\}|} \tag{3-13}$$

式中，G 为词汇表大小；$|D|$ 为短文集合的文本数；$|\{i:\ s \in d_i\}|$ 为包含词 s 的文本数。

例 3-5　以如下数据为例，分析原始的词转移权重和位置贡献的权重如何计算。

“假设有 100 篇微博短文本的数据集，共 1000 个词，其中‘爆炸’一词在 9 篇短文本中出现过，并且一共出现了 20 次，分别在标题中出现 15 次、正文中出现 5 次”。

若使用词的 *TF* 值来计算词转移权重，则 $w_{爆炸} = 20/1000 = 0.02$；若使用基于位置贡献的权重来衡量，则 $w\_pc_{爆炸} = (15/20 \times 1.5 + 5/20 \times 1) \times 0.02 \times \lg \frac{100}{1+9} = 0.0275$。

3.4.1.3　融合相似度的距离

对聚类算法而言，精确地计算出簇中的其余文本与各个聚簇中心之间的相似度，从而判断每条文本所属的簇是非常重要的一步，所以，距离函数的选取对聚类结果的优劣起着举足轻重的作用。为了优化传统 K-means 算法的距离函数，提出融合相似度的距离这一定义。

定义 3-5　融合相似度的距离。给定基于 BTM 主题建模和 JS 散度的文本相

似度 $Dis_{\mathrm{BTM}}(d_i,\ c_e)$，以及基于 GloVe 词向量建模和 IWMD 距离的文本相似度 $Dis_{\mathrm{GloVe}}(d_i,\ c_e)$，则融合相似度的距离如下：

$$Dis(d_i,\ c_e) = \lambda \cdot Dis_{\mathrm{BTM}}(d_i,\ c_e) + (1-\lambda) \cdot Dis_{\mathrm{GloVe}}(d_i,\ c_e)$$
$$i = 1,\ 2,\ \cdots,\ n;\ e = 1,\ 2,\ \cdots,\ K \tag{3-14}$$

式中，d_i 为数据集 $D = \{d_1,\ d_2,\ \cdots,\ d_n\}$ 中的文本；c_e 为聚簇中心；K 为聚簇个数；λ 为融合系数且 $0 < \lambda < 1$，λ 的取值由聚类效果确定。

例 3-6　以下面的数据为例，分析如何计算融合相似度的距离。

假设基于 BTM 主题建模和 JS 散度的文本相似度 $Dis_{\mathrm{BTM}}(d_i,\ c_e) = 0.76$，基于 GloVe 词向量建模及 IWMD 距离的文本相似度 $Dis_{\mathrm{GloVe}}(d_i,\ c_e) = 0.64$，融合系数 $\lambda = 0.7$。

使用融合相似度的距离来计算，则 $Dis(d_i,\ c_e) = 0.7 \times 0.76 + 0.3 \times 0.64 = 0.724$。

3.4.1.4　K-means 聚类

K-means 是一种基于划分的聚类算法，其算法主要原理如下[175]：

(1) 在数据集中随机选择 K 个对象，作为 K 个初始聚簇中心。

(2) 计算其他对象与各个簇中心的欧式距离，并将其分配给最相似的簇。

(3) 第一次迭代之后，计算每个簇内对象的均值，将更新后的均值作为新的簇中心，再计算欧式距离重新分配对象。

(4) 反复迭代，直至聚类中心收敛。在判断聚类中心是否收敛时，算法中使用误差平方和[176] (Sum of Squares for Error，SSE) 作为准则函数。

K-means 聚类算法流程图如图 3-5 所示。

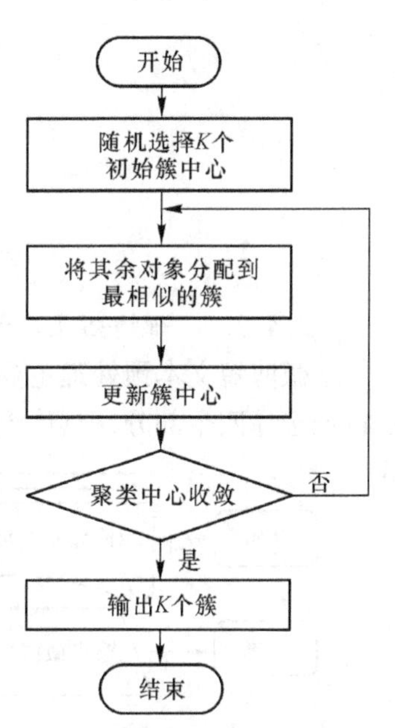

图 3-5　K-means 聚类算法流程图

3.4.2　BG & SLF-Kmeans 算法设计

针对 K-means 的距离函数会影响聚类精度这一问题，提出一种基于 BTM & GloVe 相似度线性融合的短文本聚类算法 BG & SLF-Kmeans，并应用到微博热点话题发现中。首先，采集微博数据并进行文本预处理；其次，分别使用 BTM 和 GloVe 对预处理后的微博短文本集建模；继而，文本表示后使用 JS 散度计算 BTM 主题建模后的文本相似度，采用 IWMD 距离计算 GloVe 词向量建模后的文本相似度；最后，将融合相似度的距离应用到 K-means 聚类中，提高聚类精度，从而提高热点话题发现质量。基于 BTM & GloVe 相似度线性融合的短文本聚类算法 BG & SLF-Kmeans 流程图如图 3-6 所示。

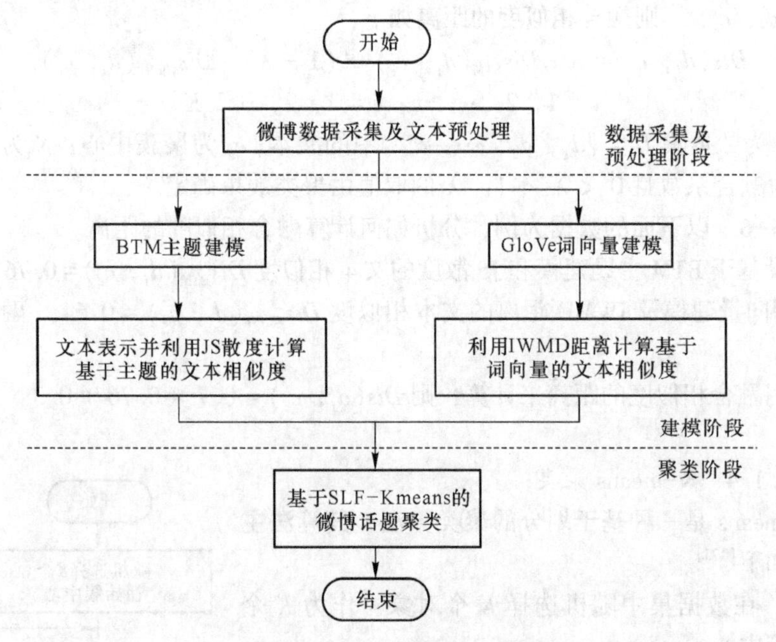

图 3-6 BG & SLF-Kmeans 流程图

3.4.2.1 微博短文本预处理

微博短文本预处理主要包括微博短文本过滤、分词及词性标注、去停用词和特征选择四个部分，具体流程如图 3-7 所示。

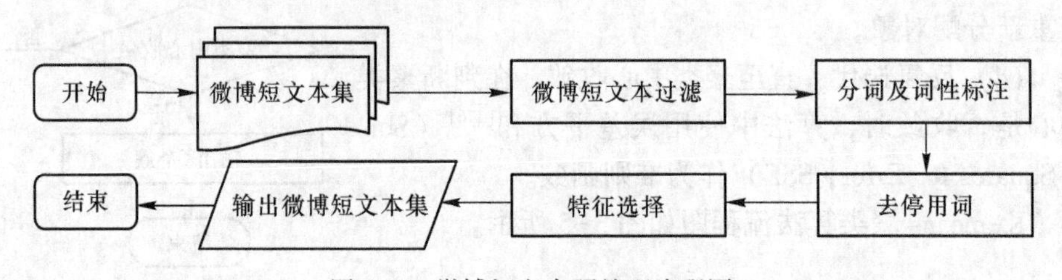

图 3-7 微博短文本预处理流程图

(1) 微博短文本过滤。获取微博短文本集之后，首先删除表情符、链接、标记性符号等无用信息，如“戳图↓了解”“更多>>>”等，这些无用信息会对之后的文本分析造成很大的干扰。其次，删除少于 10 个字的超短微博，这些超短微博一般只是用户表达情绪，而不是描述一个热点话题。最后，去除数据集中所有的标点符号。

(2) 分词及词性标注。分词是指将文本按一定规范，切分成单独的词，常用的分词工具有 ICTCLAS（NLPIR）、Jieba 等。在分词之前根据数据集的特殊性，添加用户自定义词典（一般包括网络新词、专业术语、人名、地名等），这样可以提高分词的准确性。

（3）去停用词。分词之后，文本数据集就变成了词的集合，然而有些词没有实际含义，只是句子的连接成分，或者只起到表达情感的作用，如“的”“啊”“呀”等词。如果保留这些词，不仅会造成数据集的高维性，影响最终短文本聚类的效果，而且会增加算法的运行成本。因此，需要对这些词集进行去停用词处理，常用的停用词表有《哈工大停用词表》《百度停用词表》等。

（4）特征选择。不同词性的词包含的信息量也不同，由于研究的是热点话题发现，有些词性的词话题性较小，如形容词、副词等，为了提高算法运行效率，实验数据仅保留名词和动词，其余词性的词都作为无用词过滤。

3.4.2.2　基于BTM主题建模的文本相似性度量

基于BTM主题建模的文本相似性度量分为两个部分，首先，使用困惑度确定最优的主题数K，然后对预处理后的微博短文本集进行BTM主题建模，根据建模结果进行文本表示；其次，使用JS散度计算文本相似度。

由于主题数K值的选取会影响BTM的建模结果，所以在建模之前需要先确定能够使建模结果最优的主题数K。使用困惑度可以确定最优K值，困惑度用来评价模型的泛化能力，困惑度值越小表明建模效果越好。困惑度计算公式如下[177]：

$$Perplexity = \exp\left[-\frac{\sum \ln p(b)}{|B|}\right] \tag{3-15}$$

式中，$|B|$为词对总数；$p(b)$为词对b的联合概率，公式如下[134]：

$$p(b) = \sum_z p(z)p(w_i|z)p(w_j|z) = \sum_z \theta_z \phi_{i|z}\phi_{j|z} \tag{3-16}$$

式中，$p(z)$为主题z的概率分布，$p(z)=\theta_z$；$p(w_i|z)$为主题z-特征词w_i的概率分布，$p(w_i|z)=\phi_{i|z}$；$p(w_j|z)$为主题z-特征词w_j的概率分布，$p(w_j|z)=\phi_{j|z}$。

BTM建模完成后，对于每一篇文档，选取其文档-主题概率分布$p(z|d)$中最大概率主题下的主题-词分布$p(w|z)$中概率前6个特征词，作为该文档的特征词，这样可以在保留文档语义的基础上降维[178]。文档d_i基于BTM主题建模的文档向量就可以用一个主题后验分布向量来表示[134]：

$$\boldsymbol{d}_{i\_BTM} = \{p(z_1|d_i),\ p(z_2|d_i),\ \cdots,\ p(z_K|d_i)\} \tag{3-17}$$

要计算两篇文档d_i和d_j之间的相似度就转化为计算$\boldsymbol{d}_{i_\mathrm{BTM}}$和$\boldsymbol{d}_{j_\mathrm{BTM}}$这两个文档-主题向量之间的相似度，使用常用的文本相似度衡量指标——JS散度来计算。基于BTM主题建模和JS散度的文本相似度计算公式如下：

$$\begin{aligned} Dis(d_{i\_\mathrm{BTM}},\ d_{j\_\mathrm{BTM}}) &= Dis_{\mathrm{BTM}}(d_i,\ d_j) = Dis_{\mathrm{JS}}(d_i,\ d_j) \\ &= \frac{Dis_{\mathrm{KL}}\left(d_i \middle\| \frac{d_i+d_j}{2}\right) + Dis_{\mathrm{KL}}\left(d_j \middle\| \frac{d_i+d_j}{2}\right)}{2} \end{aligned} \tag{3-18}$$

其中，KL 散度的计算公式如下：

$$Dis_{\mathrm{KL}}(p \parallel q) = \sum_{h=1}^{6} p_h \ln \frac{p_h}{q_h} \tag{3-19}$$

式中，p、q 为两个概率分布，和是前 6 个特征词的概率分布。

通过吉布斯抽样，对整个数据联合概率应用链式规则，得到条件概率如下：

$$P(z|z_{-b}, B, \alpha, \beta) \propto (n_z + \alpha)\frac{(n_{w_i|z} + \beta)(n_{w_j|z} + \beta)}{\left(\sum_w n_{w|z} + G\beta\right)^2} \tag{3-20}$$

式中，n_z 为词对 b 被分配给主题 z 的次数；z_{-b} 为除词对 b 以外所有其他词对的主题分布；$n_{w|z}$ 为特征词 w 被分配给主题 z 的次数；G 为词汇表大小。

确定主题数目 K 后，根据经验取 $\alpha = 50/K$，$\beta = 0.01$，最终能够估计出主题分布 θ_z 和主题-词分布 $\phi_{w|z}$：

$$\theta_z = \frac{n_z + \alpha}{|B| + K\alpha} \tag{3-21}$$

$$\phi_{w|z} = \frac{n_{w|z} + \beta}{\sum_w n_{w|z} + G\beta} \tag{3-22}$$

根据 BTM 建模得到的主题分布，能够看出某一数据集大致包含了几个主题，再根据主题-词分布，就可以推断出每个主题描述了什么事件。

基于 BTM 主题建模和 JS 散度的文本相似性度量（BTM & JS-TSM）算法流程描述见算法 3-3。

算法 3-3　BTM & JS-TSM 算法流程

输入：微博短文本集 $D = \{d_1, d_2, \cdots, d_n\}$，超参数 α 和 β
输出：基于主题的文本相似度 $Dis_{\mathrm{BTM}}(d_i, d_j)$
步骤 1：根据困惑度确定最优主题数目 K 值
步骤 2：为所有的词对随机分配初始主题
步骤 3：for $d_i \in D$ do
步骤 4：for $b \in B$ do
步骤 5：根据公式（3-20）为每一个词对分配主题 z_b
步骤 5：更新 n_z、$n_{w_i|z}$ 和 $n_{w_j|z}$
步骤 6：根据公式（3-21）和公式（3-22）计算主题分布 θ_z 和主题-词分布 $\phi_{w|z}$
步骤 7：根据公式（3-17）为每篇文档选取特征词并对文本进行向量化表示
步骤 8：根据公式（3-18）计算基于主题的文本相似度 $Dis_{\mathrm{BTM}}(d_i, d_j)$ 并输出

BTM & JS-TSM 算法最终输出基于主题的文本相似度，并成为后续聚类算法中距离函数的一部分。

3.4.2.3 基于GloVe词向量建模的文本相似性度量

词向量主要有两大类：一类依赖矩阵分解[179]，如潜在语义分析[180]（Latent Semantic Analysis，LSA）等，利用词共现矩阵获取单词之间的相似度，但无法解决一词多义问题；另一类基于浅层窗口[181]，如skip-gram和CBOW等，扫描语料库的上下文窗口，没有利用全局统计信息。

J. Pennington等人提出的GloVe是一个全局对数回归模型，结合了全局矩阵分解和局部上下文窗口的优势，通过训练词共现矩阵中的非零元素，产生有意义子结构的向量空间，利用词向量的维度差异来表示单词在语义上的相似程度[182]。

GloVe模型使用单词的共现比率而不是概率本身来学习单词之间的语义相似度。GloVe构造一个词共现矩阵$\boldsymbol{X}$，第i行第j列的值X_{ij}为单词j和i在整个语料库中的共现次数，单词j在i上下文中出现的概率P_{ij}表示为[183]：

$$P_{ij} = P(\boldsymbol{w}_j / \boldsymbol{w}_i) = \frac{X_{ij}}{X_i} \tag{3-23}$$

式中，$\boldsymbol{w}_i$、$\boldsymbol{w}_j$为词i和j的词向量；X_i为任意词出现在词i上下文中的次数，计算方式如下[184]：

$$X_i = \sum_u X_{iu} \tag{3-24}$$

给定任意词u，通过计算P_{iu}/P_{ju}即可判断词u和i、j的相关性。若P_{iu}/P_{ju}的值大于1，则词u和i的相关性更大；反之，则表明u和j的相关性更大。

为去除噪声数据，构造函数时引入权重方程$f(X_{ij})$，构造的损失函数如下[185]：

$$J = \sum_{i,j=1}^{V} f(X_{ij}) (\boldsymbol{w}_i^T \tilde{\boldsymbol{w}}_j + b_i + \tilde{b}_j - \lg(X_{ij}))^2 \tag{3-25}$$

式中，V为词汇表大小；$\boldsymbol{w}_i^T$为词i词向量的转置；$\tilde{\boldsymbol{w}}_j$为j作为context中心词时的词向量；b_i、$\tilde{b}_j$为用来保证方程对称性两个词向量的偏移量。

加权函数$f(x)$定义如下[186]：

$$f(x) = \begin{cases} (x/x_{\max})^{\alpha} & 当\ x < x_{\max}\ 时 \\ 1 & 其他 \end{cases} \tag{3-26}$$

本书中给出的参数取值为：$x_{\max} = 100$，$\alpha = 3/4$。

基于GloVe词向量建模的文本相似性度量分为对预处理后的微博短文本集进行GloVe词向量建模、使用IWMD距离计算文本相似度两部分。

GloVe模型根据上下文窗口统计目标词v_s与上下文词$\tilde{v}_t$在整个语料库中的共现次数，从而构造词共现矩阵$\boldsymbol{X}_{st}$。由于源码使用的数据集是英文数据集，针对微博中文短文本集的特殊性，设置参数*vector_size*=300，*window_size*=8。

GloVe词向量建模之后，使用IWMD距离计算文本相似度，短文本d_i和d_j基于GloVe词向量建模及IWMD距离的文本相似度计算公式如下：

$$Dis_{\mathrm{GloVe}}(d_i,\ d_j) = Dis_{\mathrm{IWMD}}(d_i,\ d_j) = \min_{T \geqslant 0} \sum_{s,t=1}^{G} \boldsymbol{T}_{st} c(s,\ t) \tag{3-27}$$

式中，$\boldsymbol{T}_{st}$ 为 G 阶权重转移矩阵；$T_{ij} \geqslant 0$ 为 d_i 中有多少权重的词 s 转移到 d_j 中的词 t，文本 d_i 要完全转移为 d_j，则词 s 的整个传出流应等于 w_pc_s，即 $\sum_t \boldsymbol{T}_{st} = w\_pc_s$，权重转移量 w_pc_s 根据公式（3-11）来计算，词 t 的整个传入流应等于 w_pc_t，即 $\sum_s \boldsymbol{T}_{st} = w\_pc_t$；$\sum_{s,t}^{G} \boldsymbol{T}_{st} c(s,\ t)$ 为两篇文档之间的距离就是将 d_i 中的所有词转移到 d_j 所需的最小（加权）累计成本；$c(s,\ t)$ 为词转换代价，表示 d_i 中词 s 转移到 d_j 中词 t 的转换代价。

在约束条件下，d_i 转移到 d_j 的最小累计成本由 $\min_{T \geqslant 0} \sum_{s,t=1}^{G} \boldsymbol{T}_{st} c(s,\ t)$ 线性规划得到，并服从以下两个条件：

$$\sum_{t=1}^{G} \boldsymbol{T}_{st} = w\_pc_s,\ \forall s \in \{1,\ \cdots,\ G\} \tag{3-28}$$

$$\sum_{s=1}^{G} \boldsymbol{T}_{st} = w\_pc_t,\ \forall t \in \{1,\ \cdots,\ G\} \tag{3-29}$$

公式（3-27）中，$c(s,\ t)$ 计算公式如下：

$$c(s,\ t) = \| \boldsymbol{v}_s - \boldsymbol{v}_t \|_2 \tag{3-30}$$

式中，$\boldsymbol{v}_s$、$\boldsymbol{v}_t$ 为词 s 和 t 的 GloVe 词向量。

基于 GloVe 词向量建模和 IWMD 距离的文本相似性度量算法（GloVe & IWMD-TSM）流程描述见算法 3-4。

算法 3-4 GloVe & IWMD-TSM 算法流程

输入：微博短文本集 $D = \{d_1,\ d_2,\ \cdots,\ d_n\}$，词向量维度 $vector\_size = 300$，上下文窗口大小 $window\_size = 8$

输出：基于词向量的文本相似度 $Dis_{\mathrm{GloVe}}(d_i,\ d_j)$

步骤 1：构造微博短文本集的词共现矩阵 $\boldsymbol{X}_{st}$

步骤 2：基于词共现矩阵 $\boldsymbol{X}_{st}$ 和 GloVe 建模得到词向量集 $\boldsymbol{V} = \{\boldsymbol{v}_1,\ \boldsymbol{v}_2,\ \cdots,\ \boldsymbol{v}_G\}$

步骤 3：For s = 1 to G do

步骤 4：根据 $l_s < 10$ 判断 s 是标题词还是正文词

步骤 5：更新 c_{s_title} 和 c_{s_body}

步骤 6：指定公式（3-11）为词的权重计算公式并计算权重转移量 w_pc_s

步骤 7：根据 $\sum_t \boldsymbol{T}_{st} = w\_pc_s$ 计算权重转移矩阵 $\boldsymbol{T}_{st}$

步骤 8：For $\boldsymbol{v}_s$，$\boldsymbol{v}_t \in \boldsymbol{V}$ do

步骤 9：根据公式（3-30）计算词转换代价 $c(s,\ t)$

步骤 10：根据公式（3-27）计算基于词向量的文本相似度 $Dis_{\mathrm{GloVe}}(d_i,\ d_j)$ 并输出

GloVe & IWMD-TSM 算法最终输出基于词向量的文本相似度，并成为后续聚

类算法中距离函数的另一部分。

3.4.2.4 基于 BTM & GloVe 相似度线性融合的短文本聚类

K-means 聚类算法的聚簇中心更新公式如下：

$$c_e = \frac{1}{n}\sum_{d_i \in C_e} d_i,\ e = 1,\ 2,\ \cdots,\ K \tag{3-31}$$

式中，n 为数据集的文本总数；d_i 为第 i 篇文档；C_e 为聚簇中心集合；K 为聚簇个数。

同时，融合相似度的距离对应的聚类准则函数如下：

$$\begin{aligned} E &= \sum_{e=1}^{K}\sum_{d_i \in C_e} Dis\,(d_i,\ c_e)^2 \\ &= \sum_{e=1}^{K}\sum_{d_i \in C_e}\left[\lambda \cdot Dis_{\mathrm{BTM}}(d_i,\ c_e) + (1-\lambda)\cdot Dis_{\mathrm{GloVe}}(d_i,\ c_e)\right]^2 \end{aligned} \tag{3-32}$$

BG & SLF-Kmeans 算法流程描述见算法 3-5。

算法 3-5 BG & SLF-Kmeans 算法流程

输入：微博短文本集 $D = \{d_1,\ d_2,\ \cdots,\ d_n\}$，最优主题数目 K，最优融合系数 λ

输出：K 个主题的特征词集

步骤 1：从数据集 $D = \{d_1,\ d_2,\ \cdots,\ d_n\}$ 中随机选择 K 个短文本作为初始聚簇中心 c_e，$e = 1,\ 2,\ \cdots,\ K$

步骤 2：指定公式（3-14）为距离函数

步骤 3：repeat

步骤 4：计算每个短文本 d_i 与聚簇中心 c_e 的距离 $Dis(d_i,\ c_e)$，将每个短文本分配到最相似的簇

步骤 5：根据公式（3-31）重新计算 K 个聚类中心 c_e

步骤 6：until 聚类准则函数公式（3-32）收敛

步骤 7：输出 K 个主题的特征词集，得到 K 个热点话题

自此，BG & SLF-Kmeans 算法输出 K 个主题的对应的特征词集，从主题-特征词集的概率分布中即可得到 K 个微博热点话题。

3.5 实验仿真

3.5.1 IBBTM & Doc 实验结果及分析

3.5.1.1 实验环境和数据集

实验是在 X64 的 PC 机上运行，操作系统为 Windows 10 专业版，处理器为 Intel（R）Core（TM）i7-6500U，IBBTM 和 GloVe 建模均在 Ubuntu 16.04 版本环境下运行，其他实验均采用 python 语言在 PyCharm 家庭版上运行，其中 python 版本为 3.5.2。

鉴于研究的是微博热点话题，目前，国内外均没有标准数据集，因此，通过 selenium+chromedriver 爬取实验数据，爬取了 2020 年 8 月份新浪微博名人堂媒体势力榜排名靠前的报纸、杂志、媒体网站等媒体发布的从 2020 年 8 月 21 日至 25 日的微博，共计 13275 条；每条微博数据由用户名、微博发布时间、微博内容、转发数、评论数和点赞数构成，经过微博短文本预处理，保留了 12435 条微博作为数据集。数据集按照微博发布时间以天为单位划分为 5 个时间片，其分布见表 3-1，部分实验数据见表 3-2。

表 3-1 数据集的时间数量分布

时间片	时 间	微博数量/条
1	2020 年 8 月 21 日	2640
2	2020 年 8 月 22 日	2191
3	2020 年 8 月 23 日	2149
4	2020 年 8 月 24 日	2656
5	2020 年 8 月 25 日	2799

表 3-2 实验数据（部分）

序号	原始微博短文本数据示例
1	【有点浪漫！长沙街头#心形红灯#】今日#七夕#，从昨晚起，湖南长沙街头多个红灯由圆形变成了心形。据了解，目前长沙司门口往北至五一广场，往西至湘江路口都有心形红灯，只有红灯“变形”，绿灯和黄灯还是圆形灯
2	【#世卫称希望新冠大流行两年内结束#】#关注新冠肺炎#当地时间 21 日，世卫组织总干事谭德塞表示，希望新冠肺炎大流行能在两年内结束，关键在于全球团结协作；疫苗问世前任何国家都无法安然无恙，仅靠疫苗也无法结束疫情，各国必须迅速发现和预防疫情，保证彼此安全。世卫官员表示，#全球已有超 8 万个新冠病毒基因序列#，病毒的大部分变异不会影响其传染性
3	#特朗普被正式提名为共和党总统候选人#【美国共和党正式提名特朗普为 2020 年总统候选人】当地时间 24 日，美国共和党全国代表大会在北卡罗来纳州夏洛特市举行，现任总统特朗普被正式提名为 2020 年美国大选共和党总统候选人。此外，美国副总统彭斯也在当天早些时候，被提名为共和党副总统候选人
4	【丽江永胜被抱走男孩在山洞内找到，2 名嫌犯被抓获】8 月 25 日 7 时，云南丽江被抱走男孩在永胜县永北镇大山上一山洞内找到，目前身体状况良好，2 名嫌犯被抓获。23 日，永胜 3 岁男童被一乘坐白色车辆的女子抱上车带走。#丽江被抱走男孩被解救#
5	【#心肺复苏纳入教育内容#】近日，中国红十字会总会和教育部联合印发通知，将学生健康知识、急救知识，特别是心肺复苏纳入教育内容。通知指出，学校红十字工作要把健康教育作为素质教育的重要内容，针对青少年生理、心理特点，积极开展红十字应急救护培训

续表 3-2

序号	原始微博短文本数据示例
6	【邮政投递员从业 19 年，今年亲手将北大录取通知书递给儿子】#邮政投递员将北大录取通知书递给儿子# 近日，湖北鄂州市邮政分公司投递员龙战军将北京大学录取通知书送到儿子手里。龙战军称，工作 19 年，每年为很多高考生送录取通知书，今年终于也能亲手为儿子送上

3.5.1.2 评价指标

为了验证提出的微博短文本热点话题发现算法的有效性，首先采用 ACS（Average Coherence Score，ACS）[187]、PMI - Score（Pointwise Mutual Information Score，PMI-Score）、NPMI-Score（Normalized Pointwise Mutual Information Score，NPMI-Score）[188]三个指标来评估提出的 IBBTM 主题模型的有效性，每个指标的值越大，表明主题越连贯，建模效果越好。然后采用精确率、召回率和 F_1 值三个指标来评估热点话题发现算法的质量，每个指标的值越大，表明热点话题发现质量越高。

PMI 值（PMI-Score）和 *NPMI* 值（NPMI-Score）的计算公式如下：

$$PMI\text{值} = \frac{1}{K} \times \frac{2}{M(M-1)} \sum_{k=1}^{K} \sum_{1 \leqslant i < j \leqslant M} \lg \frac{p(w_i, w_j) + \varepsilon}{p(w_i) \cdot p(w_j)} \tag{3-33}$$

$$NPMI\text{值} = \frac{1}{K} \times \frac{2}{M(M-1)} \sum_{k=1}^{K} \sum_{1 \leqslant i < j \leqslant M} \frac{\lg \frac{p(w_i, w_j) + \varepsilon}{p(w_i)p(w_j)}}{-\lg(p(w_i, w_j) + \varepsilon)} \tag{3-34}$$

式中，K 为突发主题数目；M 为每个主题中概率最大的主题词的数目；$P(w_i, w_j)$ 为某滑动窗口同时出现的词对 (w_i, w_j) 的联合概率分布；$P(w_i)$ 为某滑动窗口出现的边缘概率；ε 为常数，ε 取值 0.01，避免取值为 0。

精确率（Precision）、召回率（Recall）和 F_1 值（F_1-measure）的计算公式如下：

$$\text{精确率} = \frac{TP_i}{TP_i + FP_i} \tag{3-35}$$

$$\text{召回率} = \frac{TP_i}{TP_i + FN_i} \tag{3-36}$$

$$F_1\text{值} = \frac{2 \times \text{精确率} \times \text{召回率}}{\text{精确率} + \text{召回率}} \tag{3-37}$$

式中，TP_i 为将属于话题 i 的短文本正确识别为话题 i 的微博短文本数量；FP_i 为将不属于话题 i 的短文本错误识别为话题 i 的微博短文本数量；FN_i 为将属于话题 i 的短文本错误识别为非话题 i 的微博短文本数量。

3.5.1.3 最优融合系数 λ 值的确定

采用 *PMI* 值来确定最优融合系数 λ 值，由于预处理后的微博文本集较小，突发主题数目 *K* 随机选取 {4，6，8，10，12，14}，取 $\lambda = 0.1, 0.2, \cdots, 0.9$，通过计算 *PMI* 值确定融合系数 λ 的最优值。采用 IBBTM 模型对预处理后的微博短文本集建模，每个实验重复运行 10 次，取其 10 次实验结果的平均值作为不同 λ 取值对应的最终 *PMI* 值，实验结果如图 3-8 所示。

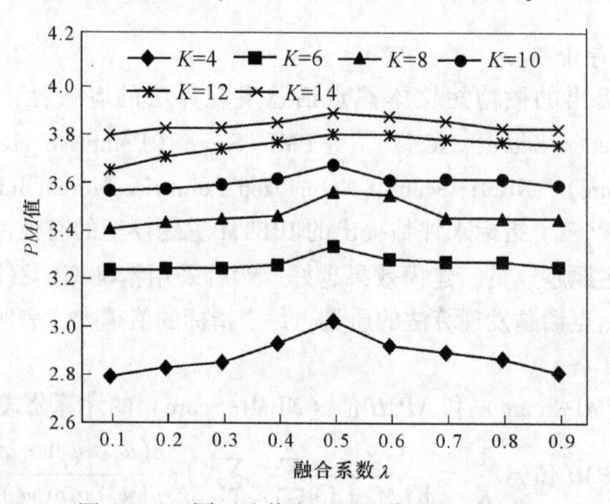

图 3-8 不同 λ 取值在不同 *K* 值下的 *PMI* 值

由图 3-8 的实验结果可知，在随机选取的突发主题数目 *K* 值下，融合系数 $\lambda = 0.5$ 时对应的 *PMI* 值明显大于 λ 等于其他值时对应的 *PMI* 值；表明当 $\lambda = 0.5$ 时 IBBTM 的建模效果最好，故取最优融合系数 $\lambda = 0.5$。

3.5.1.4 最优突发主题数目 *K* 值的确定

通过 3.5.1.3 中的实验可知，*PMI* 的值会随着突发主题数目 *K* 值的增大而增大，无法准确判断最优突发主题数目 *K* 值，故采用 *ACS* 来确定最优的突发主题数目 *K*。实验重复进行 10 次，取 10 次实验结果的平均值作为不同 *K* 值对应的 *ACS* 值，实验结果如图 3-9 所示。

由图 3-9 可以看出，当突发主题数目 $K = 11$ 时，IBBTM 建模的 *ACS* 值最大，表明此时 IBBTM 的建模效果最好。但当 $K = 12$ 时对应的 *ACS* 值小于 $K = 13$ 时对应的 *ACS* 值。为了更加准确地确定最优突发主题数目 *K*，采用 *NPMI* 值来进一步确定最优的突发主题数目 *K*，实验重复进行 10 次，取 10 次实验结果的平均值作为不同 *K* 值对应的 *NPMI* 值，实验结果如图 3-10 所示。

由图 3-10 可以看出，其实验结果和图 3-9 结果基本一致，在突发主题数目 $K = 12$ 时，可能是噪声词影响了主题连贯性。通过图 3-9 和图 3-10 可知，当突发主题数目 $K = 11$ 时，IBBTM 建模的 *ACS* 值和 *NPMI* 值均最大，故取最优突发主题数目 $K = 11$。

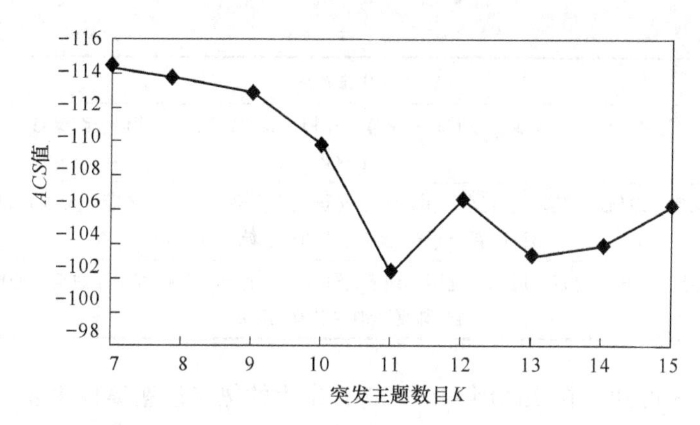

图 3-9 IBBTM 在不同 K 值下的 ACS 值（$M=10$）

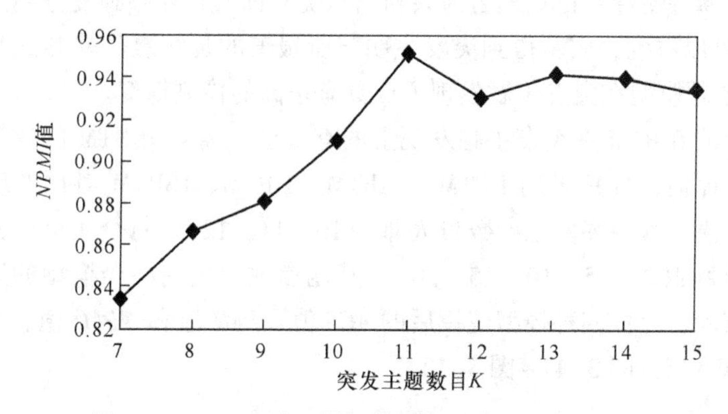

图 3-10 IBBTM 在不同 K 值下的 $NPMI$ 值（$M=10$）

3.5.1.5 IBBTM 有效性测试

在最优融合系数 $\lambda=0.5$、最优突发主题数目 $K=11$ 下，采用 IBBTM 主题模型进行实验，得到每个突发主题中概率前 6 的主题词，以及每个突发主题的概率。为了更直观地理解结果，根据实验数据还为每个突发主题展示了对应的微博短文本标题，实验结果见表 3-3。

表 3-3 IBBTM 建模结果（部分）

k	Top10 主题词	θ_k
1	病例、确诊、累计、新增、输入、出院、报告、死亡、医学观察、疑似病例 #新冠肺炎最新动态#	0.036
2	男孩、警方、丽江、云南、永胜县、解救、北镇、嫌疑人、山洞、找到 #丽江被抱走男孩被解救#	0.030
3	儿子、通知书、录取、投递员、邮政、考生、湖北、北京大学、鄂州、送到 #邮政投递员将北大录取通知书递给儿子#	0.029

续表 3-3

k	Top10 主题词	θ_k
4	七夕、红灯、长沙、心形、七夕节、礼物、表白、领证、情侣、红绿灯 #七夕#	0.023
5	特朗普、总统、候选人、提名、共和党、全国代表大会、行政、政府、美国共和党 #特朗普被正式提名为共和党总统候选人#	0.022
6	复苏、心肺、内容、通知、健康、纳入、知识、教育部、中国红十字总会、心脏 #心肺复苏纳入教育内容#	0.011

由表 3-3 可知，在 2020 年 8 月 25 日发生的热点话题事件主要有#新冠肺炎最新动态#、#丽江被抱走男孩被解救#、#邮政投递员将北大录取通知书送给儿子#、#七夕#、#特朗普被正式提名为共和党总统候选人#和#心肺复苏纳入教育内容#等。我们可以看到，实验得到突发主题与所报道的真实事件非常的吻合，这说明 IBBTM 主题模型在突发主题发现方面具有很高的检测精度。

为了测试 IBBTM 在突发主题发现上的有效性，需对 IBBTM 的建模能力进行主题连贯性评估，分别采用 BBTM、UIBTM、HBTM、IBBTM 对预处理后的微博短文本集建模，其中突发主题数目 K 取 {10，11，12}，每个主题中概率最大的主题词的数目 M 取 {5，10，15，20}，其他参数均使用各个模型的原文最优参数值进行实验，计算四种模型建模后的 *ACS* 值、*PMI* 值和 *NPMI* 值，建模结果见表 3-4 和表 3-5，图 3-11~图 3-13。

表 3-4　四种模型的 *ACS* 值结果比较

K	Top$M$	模型			
		BBTM	UIBTM	HBTM	IBBTM
10	5	−17.6638	−17.3642	−17.3828	−17.006
	10	−113.381	−111.484	−112.577	−109.83
	15	−291.207	−286.598	−290.832	−276.49
	20	−558.224	−536.81	−543.697	−531.03
11	5	−17.1415	−17.24	−17.1923	−16.771
	10	−110.089	−108.876	−109.826	−102.31
	15	−284.626	−280.488	−281.588	−273.53
	20	−539.458	−529.982	−536.7	−517.68
12	5	−17.2412	−17.8007	−17.3263	−17.084
	10	−111.869	−111.618	−110.14	−106.45
	15	−285.555	−284.19	−282.328	−277.45
	20	−538.668	−532.659	−537.988	−520.77

表 3-5 四种模型的 *PMI* 值比较

K	Top*M*	模型			
		BBTM	UIBTM	HBTM	IBBTM
10	5	3.5495	3.5642	3.5570	3.5731
	10	3.6209	3.6649	3.6393	3.6744
	15	3.7965	3.8256	3.8078	3.8368
	20	3.9037	3.9429	3.9243	3.9599
11	5	3.6030	3.6664	3.6212	3.6741
	10	3.7216	3.7653	3.7494	3.7767
	15	3.8236	3.8527	3.8472	3.8708
	20	3.9313	3.9598	3.9505	4.0870
12	5	3.6909	3.7361	3.7163	3.7851
	10	3.7569	3.7712	3.7682	3.8025
	15	3.9043	3.9429	3.9202	3.9584
	20	4.0316	4.1785	4.1067	4.2160

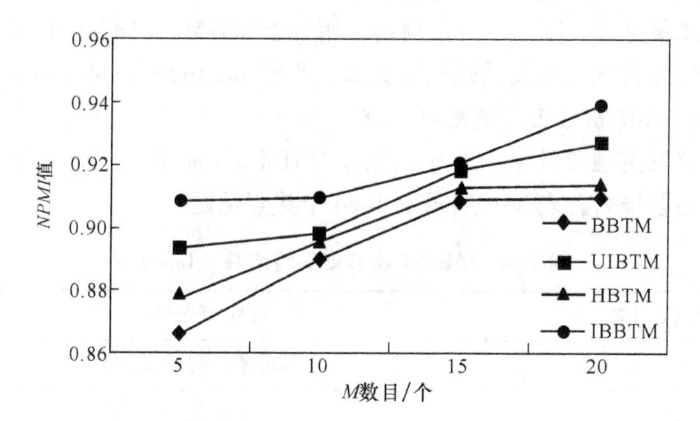

图 3-11 四种模型的 *NPMI* 值比较（*K*=10）

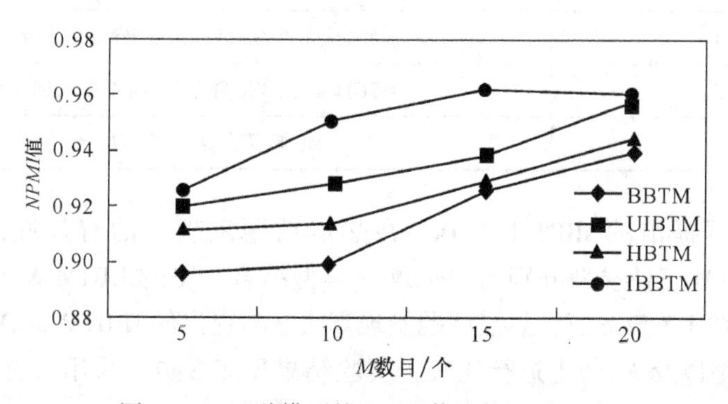

图 3-12 四种模型的 *NPMI* 值比较（*K*=11）

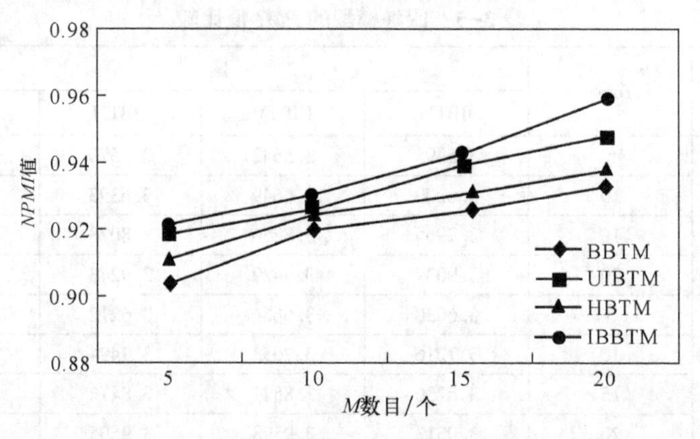

图 3-13 四种模型的 *NPMI* 值比较（K=12）

从表 3-4、表 3-5 和图 3-11~图 3-13 可以看出，在 K 取｛10，11，12｝、M 取｛5，10，15，20｝时，IBBTM 在 *ACS* 值、*PMI* 值和 *NPMI* 值三个指标上明显优于 BBTM、UIBTM 和 HBTM，表明采用 IBBTM 建模得到的主题内聚性、连贯性更好，建模效果更好。因此，可以判断，相对于 BBTM、UIBTM 和 HBTM 三种模型而言，IBBTM 得到的突发话题质量更高，验证了 IBBTM 模型的有效性。

3.5.1.6 IBBTM & Doc 有效性测试

在最优突发主题数目 K=11 下，采用 IBBTM & Doc 算法进行实验，得到微博短文本热点话题排名，表 3-6 展示了 Top6 个热点话题。

表 3-6 IBBTM & Doc 实验结果（Top6）

热点话题题排名	#热点话题标题#
1	#新冠肺炎最新动态#
2	#七夕#
3	#丽江被抱走男孩被解救#
4	#邮投员亲手将北大录取书递给儿子#
5	#特朗普被正式提名为共和党总统候选人#
6	#心肺复苏纳入教育内容#

为了测试提出的 IBBTM & Doc 在热点话题发现上的有效性，将 BBTM、UIBTM、HBTM 三种模型分别与 Doc2Vvc 模型结合，得到 BBTM & Doc、UIBTM & Doc 和 HBTM & Doc 三种热点话题发现算法。与提出的 IBBTM & Doc 算法在精确率、召回率以及 F_1 值上进行比较，实验结果见表 3-7。采用人工方法对数据集进行标记。

表 3-7 四种算法的整体实验结果对比（$M=10$）

算 法	精确率	召回率	F_1 值
BBTM & Doc	0.6807	0.6760	0.6783
UIBTM & Doc	0.6837	0.6768	0.6802
HBTM & Doc	0.6923	0.6854	0.6889
IBBTM & Doc	0.7185	0.7092	0.7138

从表 3-7 可以看出，提出的 IBBTM & Doc 算法的精确率、召回率与 F_1 值均高于 BBTM & Doc、UIBTM & Doc、HBTM & Doc 三种算法，能够更好地实现热点话题发现。因此，可以判断，相对于 BBTM & Doc、UIBTM & Doc、HBTM & Doc 三种热点话题发现算法，提出的 IBBTM & Doc 算法得到的热点话题质量更高，验证了本算法的有效性。

综上所述，相对于只考虑词对频数变化的 BBTM 模型、增加喜欢微博内容数量来丰富微博语义的 UIBTM 以及利用微博的点赞数、转发数、评论数重新定义传播值属性的 HBTM，提出的 IBBTM 主题模型充分考虑词对的频数变化和词之间语义相似度，能够提高突发话题的连贯性和发现质量。另外，通过与 Doc2Vec 模型结合，构建的 IBBTM & Doc 算法相对于 BBTM & Doc、UIBTM & Doc、HBTM & Doc 三种热点话题发现算法，能够更高质量地判断每条微博短文本的话题热度，从而实现热点话题发现。

3.5.2 BG & SLF-Kmeans 实验结果及分析

3.5.2.1 实验环境和数据集

实验是在 CPU 为 Intel（R）Core（TM）i5-5200U CPU@ 2.20GHz、内存为 8G、操作系统为 Windows 10 教育版以及 Ubuntu 15.10（BTM 和 GloVe 建模需在 Linux 环境下运行）、处理器基于 X64 的 PC 机上运行的，采集数据集的软件使用八爪鱼 V7.6.4 版本，实验使用 python 语言在 Anaconda3-5.2.0 的 Spyder 上进行编译。

针对新浪微博进行热点话题发现，选择官方新闻媒体和新浪“大 V”发布的微博作为数据集。众所周知，网络名人、新浪“大 V”以及官方新闻媒体所发布的微博一般更具有影响力并且更可能包含热点话题，同时也可以减少非热点话题微博数据对实验的影响。使用八爪鱼软件抓取从 2019 年 3 月 15 日至 2019 年 3 月 19 日网络名人、新浪“大 V”以及官方新闻媒体所发布的微博，经过文本预处理，保留了 10000 条微博作为数据集，其中 7000 条作为训练集，3000 条作为测试集。数据集的时间数量分布见表 3-8，实验数据（部分）如表 3-9 所示。

表 3-8　数据集的时间数量分布

时　间	微博数量/条
2019 年 3 月 15 日	2135
2019 年 3 月 16 日	2054
2019 年 3 月 17 日	1936
2019 年 3 月 18 日	1882
2019 年 3 月 19 日	1993

表 3-9　实验数据（部分）

序号	微博短文本
1	#315 晚会#医疗垃圾、辣条、骚扰电话、个人信息泄露、所谓的土鸡蛋、挂证、卫生用品问题、家电售后套路、电子烟、银联闪付、714 高炮真是触目惊心
2	#“闪付”遭盗刷，银联道歉并回应：是少数个案#银联已联合各商业银行建立了" 风险全额赔付" 保障机制，对于客户发生的盗刷风险损失，持卡人挂失前 72 小时内全额赔付，超过 72 小时经确认为盗刷损失的，也将获得全额赔付。如需关闭，持卡人可以联系发卡银行，通过客服电话或柜面方式关闭小额免密免签业务
3	#反转？实验学校事件调查结果：有人疑似制作虚假食材图片#实验学校食堂发霉、变质的食材照片或系人为造假，涉嫌犯罪线索移送公安机关

每条微博都被人工标注了所属的主题标号，据统计，数据集共有 12 个主题，按照主题包含的文本数量排序见表 3-10。

表 3-10　主题文本数量分布

主题标号	主　题	微博条数/条
1	315 晚会	1862
2	高铁救人却被索要医师证	1508
3	实验学校食材事件	1339
4	银联道歉	1156
5	云南小伙抢方向盘救 19 人	1063
6	2019 男篮世界杯分组抽签结果揭晓	1041
7	我国首座跨越地震活动断层跨海大桥正式通车	734
8	大湾区境外高端人才个税优惠政策出炉	587
9	中国法学会第八次全国会员代表大会在京开幕	488
10	宝马下调建议零售价	222

新浪微博每天有很多话题出现，但微博热搜榜只有前 50 名热点话题才可以

上榜。也就是说，无论当天的热点话题是大于 50 还是小于 50，新浪微博默认，前 50 个话题就是热点话题。使用训练集进行多次测试，统计每个主题对应的文本数量，取前 6 个作为热点话题，与表 3-10 中的排序结果最一致，最符合数据集的实际情况，故假定前 6 个话题为热点话题。

因此，根据表 3-10，数据集中包含的热点话题分别为“315 晚会”“高铁救人却被索要医师证”“实验学校食材事件”“银联道歉”“云南小伙抢方向盘救 19 人”和“2019 男篮世界杯分组抽签结果揭晓”。

3.5.2.2 最优参数的确定

最优参数选取的实验共包括两部分：最优主题数 K 值的选取和最优融合系数 λ 值的选取。

A 最优主题数 K 值的选取

计算 BTM 的模型困惑度，能够确定令其建模结果最优的主题数目 K 值。本实验参考表 3-10 中微博短文本数据集实际的主题数量情况；同时，对 K 取不同的区间范围进行多次测试。实际测试结果表明，当 K 取 [7, 16] 区间范围时，困惑度的变化趋势更为明显，因此，设置 $K=7, 8, \cdots, 16$ 进行实验，实验重复进行 10 次，取 10 次实验结果的平均值作为不同 K 值对应的困惑度，实验结果如图 3-14 所示。

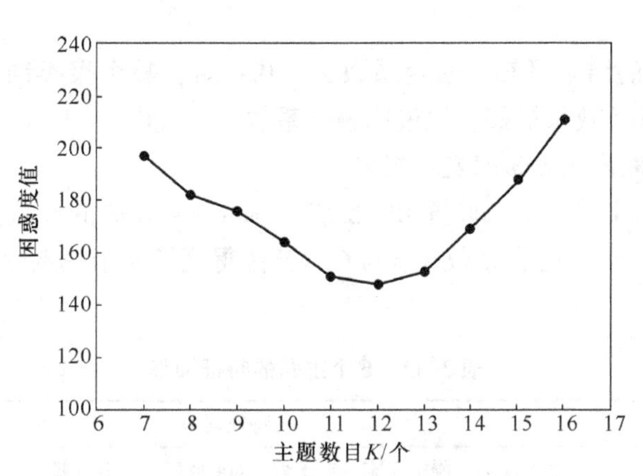

图 3-14 BTM 模型在不同主题数目下的困惑度值

由图 3-14 的实验结果可知，当主题数目 $K=12$ 时，BTM 的模型困惑度达到最小值，且距离 $K=12$ 越远的主题数，其对应的模型困惑度越大。该结果表明 $K=12$ 时，BTM 的建模效果最好；同时，此实验结果与表 3-10 中人工统计的数据集实际主题数量是相一致的，这也证明了使用困惑度值来确定最优主题数的科学性。因此，本实验选取最优主题数目 $K=12$。

B 最优融合系数 λ 值的选取

分别取 $\lambda = 0.1, 0.2, \cdots, 0.9$ 代入公式（3-4）中，得到微博热点话题后，再计算整个聚类结果的 F_1 值，F_1 值越高，表明话题的聚类效果越好，以此来确定融合系数 λ 的最优值。实验将 BG & SLF-Kmeans 算法重复运行 10 次，取其 10 次实验结果的平均值作为不同 λ 取值对应的整个聚类结果的 F_1 值，实验结果如图 3-15 所示。

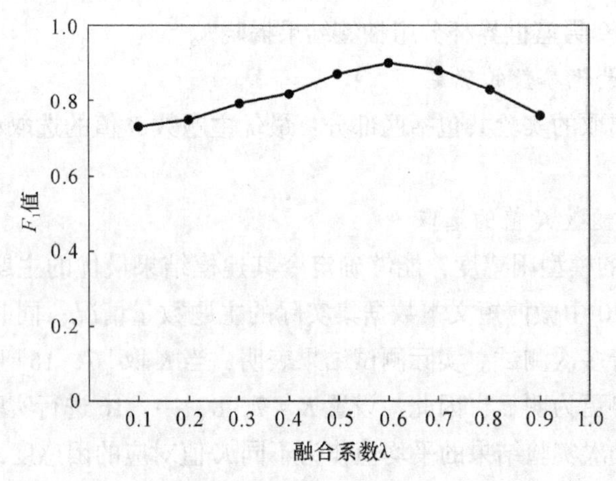

图 3-15 不同 λ 取值对应的 F_1 值

由图 3-15 的结果可知，融合系数 $\lambda = 0.6$ 时，整个聚类结果的 F_1 值最高，表明各话题的聚类效果最好，故最优融合系数 $\lambda = 0.6$。

3.5.2.3 微博热点话题发现测试

根据之前的实验结果，设置 BG & SLF-Kmeans 算法的参数分别为：最优主题数目 $K = 12$、最优融合系数 $\lambda = 0.6$，算法得到了 6 个热点话题的特征词集见表 3-11。

表 3-11 6 个主题的特征词集

主题标号	特征词集
1	315 晚会、隔空盗刷、电子烟、714 高炮、家电维修乱象、医疗垃圾
2	高铁救人、索要医师证、拍照存案、全程录像、南宁客运段、致歉
3	实验学校、食材、发霉、便血、假照、人为
4	银联、闪付、盗刷隐患、道歉、小额免密、全额赔付
5	云南、小伙、方向盘、司机、挽救、19 人
6	世界杯、男篮、抽签、结果、揭晓、仪式

由特征词集可以看出，本数据集大致有“315 晚会”“高铁救人却被索要医

师证”“实验学校食材事件”“银联道歉”“云南小伙抢方向盘救 19 人”和“2019 男篮世界杯分组抽签结果揭晓”。这 6 个微博热点话题。由此可见，BG & SLF-Kmeans 聚类得到的热点话题与人工标注的结果一致，证明了该方法的有效性。

3.5.2.4 聚类精度测试

由于本算法在聚类阶段选用的是 K-means，因此对比算法均选择包含 K-means 聚类的微博热点话题发现算法；同时，按照微博热点话题发现国内外研究的发展过程，选取词频结合聚类的方法、主题模型结合聚类的方法以及考虑主题模型和词频两个方面再结合聚类的方法作为对比算法。根据 BTF & SLF-Kmeans 算法所述，其算法的最优融合系数 $\lambda=0.7$，而本算法的最优融合系数 $\lambda=0.6$，故选取算法各自的最优参数值进行实验。对原数据集中的短文本进行了人工标注，并基于人工标注结果与四种算法聚类得到的结果进行比对。

为了验证 BG & SLF-Kmeans 算法在聚类精度上的优势，从纯度[189]（Purity，Pur）、F_1 值[190]（F_1-Measure，F_1）和标准化互信息[191]（Normalized Mutual information，NMI）三个方面进行聚类精度测试。

A 纯度测试

纯度表示正确聚类的短文本数占短文本集总数的比例，该指标可以从整体上评价聚类算法，其计算公式如下：

$$Purity(\Omega,\ D)=\frac{1}{n}\sum_{K}\max_{j}|C_k\cap d_j| \tag{3-38}$$

式中，$\Omega=\{c_1,\ c_2,\ \cdots,\ c_k\}$ 为聚簇集合；c_k 为第 k 个簇；$D=\{d_1,\ d_2,\ \cdots,\ d_j\}$ 为短文本集合；d_j 为第 j 篇文档；n 为微博短文本集总数；K 为聚簇个数；$\max_{j}|C_k\cap d_j|$ 为每个聚簇中数量最多的那一类别的文档数目。

四种算法得到的聚类结果的纯度 *Purity* 如图 3-16 所示。

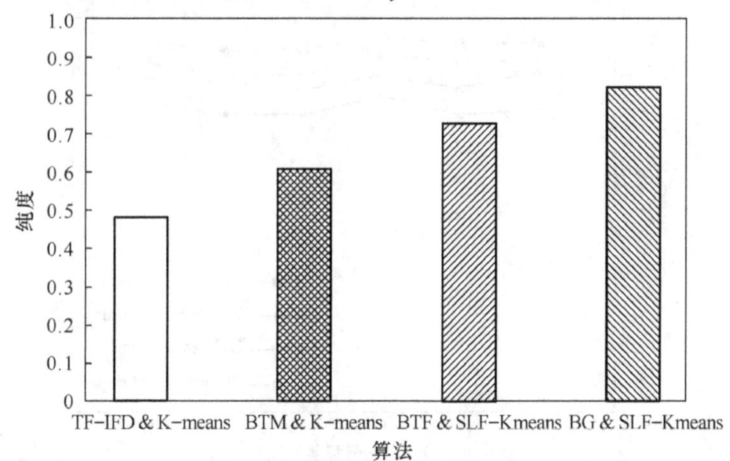

图 3-16 聚类结果的纯度对比

从图 3-16 可以看出，这四种算法的纯度依次逐渐升高，BG & SLF-Kmeans 算法的纯度最高。大体上可以判断，相比于其他三种算法而言，BG & SLF-Kmeans 算法正确地聚类了最多数量的短文本，初步验证了本算法的有效性。

B F_1 值测试

为了进一步评估某一指定聚簇的聚类效果，还将计算每一聚簇的精确率（Precision，P）、召回率（Recall，R）和 F_1 值。P 表示正确聚类的短文本数占该聚簇中短文本总数的比例，衡量的是算法的查准率，P 越大说明该聚簇的内聚性越好；R 表示同一主题的短文本被聚类到同一聚簇中的比例，衡量的是算法的查全率，R 越大说明该算法对同主题短文本的识别率越高；F_1 值是两者的调和平均值，只有当 P 和 R 都较高的情况下，聚类效果才更理想。P、R、F_1 值的计算公式如下：

$$P(i,\ j) = \frac{N_{ij}}{N_i} \tag{3-39}$$

$$R(i,\ j) = \frac{N_{ij}}{N_j} \tag{3-40}$$

$$F_1(i,\ j) = \frac{2 \times P(i,\ j) \times R(i,\ j)}{P(i,\ j) + R(i,\ j)} \tag{3-41}$$

式中，$P(i,\ j)$、$R(i,\ j)$ 和 $F_1(i,\ j)$ 为类 i 在类 j 中的精确率、召回率和 F_1 值；N_{ij} 为在原数据集中属于类 i 却在聚类结果中属于类 j 的短文本数；N_i，N_j 为微博短文本集中属于类 i 和类 j 的数量。

在确定最优融合系数 λ 时，需要计算整个聚类结果的 F_1 值，其公式如下：

$$F_1 = \frac{1}{n}\sum_{i=1}^{K} \max_j F_1(i,\ j) \tag{3-42}$$

为了进一步评估每个主题的聚类效果，实验计算了 6 个主题对应的精确率 P、召回率 R 和 F_1 值。不同主题的 P、R 和 F_1 值比较如图 3-17~图 3-19 所示。

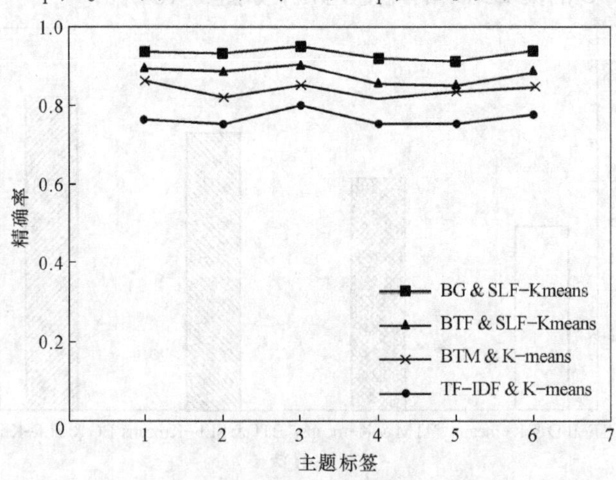

图 3-17 不同主题的精确率对比

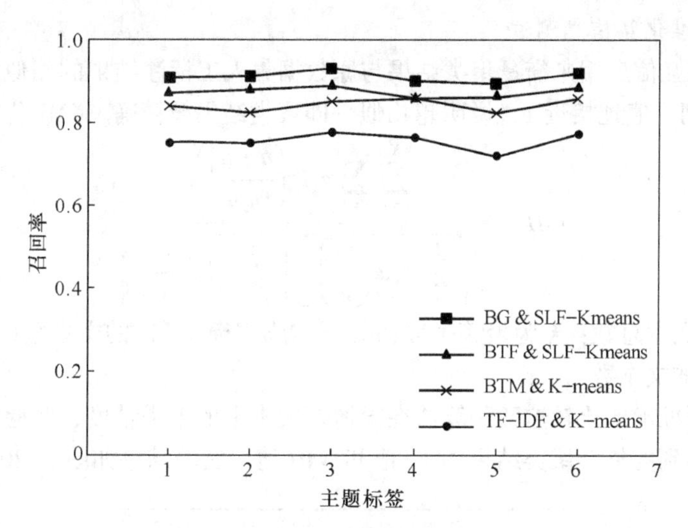

图 3-18 不同主题的召回率对比

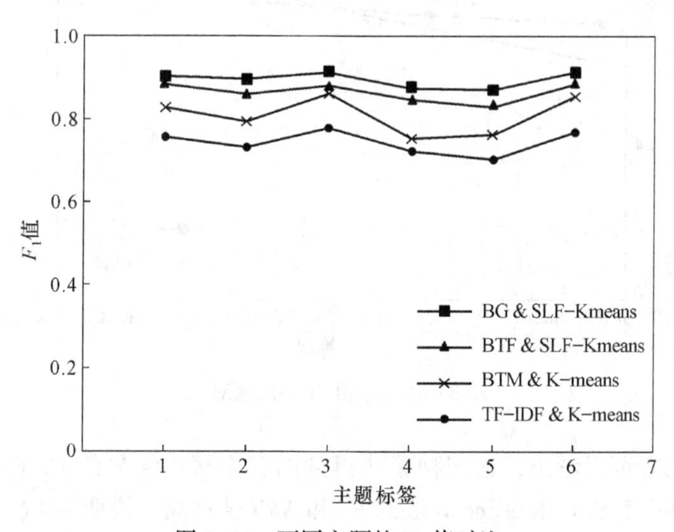

图 3-19 不同主题的 F_1 值对比

从图 3-17~图 3-19 可以看出，无论对于哪个主题，BG & SLF-Kmeans 算法对应的 P、R 和 F_1 值均高于其他三种算法，进一步验证了本算法在聚类精度上的准确性。在实验中，主题 1 和主题 5 的聚类效果稍差一些，主要是因为“315 晚会”和“银联道歉”这两个主题有先后联系，甚至内容有重复，所以在建模时会导致语义信息不明确，聚类出现错误的情况；在这两个主题上，BG & SLF-Kmeans 算法相比于其他算法获得了更好的聚类效果，说明基于位置贡献度的权重确实提高了词语的区分度，进一步提高了相似度计算的准确率。

C 标准化互信息测试

标准化互信息用来衡量聚类结果与原数据集人工标注结果的相似程度，其值在 0~1 之间，值越接近 1，说明越相似，即聚类结果越精确。NMI 公式如下：

$$NMI = \frac{\sum_{i=1}^{K}\sum_{j=1}^{K} n_{ij}\lg\left(\frac{n \cdot n_{ij}}{n_i n_j}\right)}{\sqrt{\left[\sum_{i=1}^{K} n_i \lg\left(\frac{n_i}{n}\right)\right]\left[\sum_{j=1}^{K} n_j \lg\left(\frac{n_j}{n}\right)\right]}} \tag{3-43}$$

式中，n 为文本总数；K 为聚簇个数；n_i，n_j 为属于簇 i 和 j 的文本数；n_{ij} 为同时属于簇 i 和 j 的文本数。

为了更准确地比较这四种算法在微博短文本上的聚类精度，实验计算了采用四种算法得到的整个聚类结果的 F_1 值和 NMI 值，实验结果如图 3-20 所示。

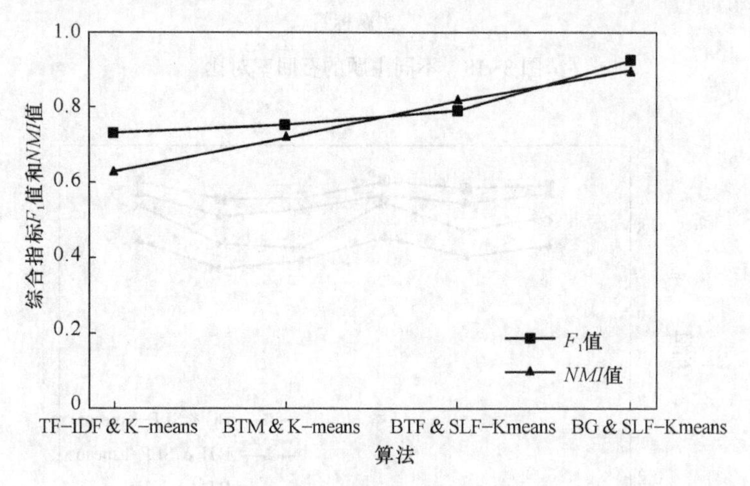

图 3-20 F_1 值和 NMI 值对比

从图 3-20 可以看出，这四种算法得到的整个聚类结果的 F_1 和 NMI 值依次逐渐升高，BG & SLF-Kmeans 算法的 F_1 和 NMI 值最高，说明 BG & SLF-Kmeans 算法基于整个聚类结果的精确率 P 和召回率 R 都达到了较好的水平，再次证明本算法提高了微博热点话题的聚类精度。

3.5.2.5 时间效率测试

相较于其他三种微博热点话题发现算法，尽管 BG & SLF-Kmeans 在聚类精度测试中获得了较好的效果，但在实验过程中，也发现了该算法的不足之处，即算法的运行时间较长。为了能够全面、客观地说明 BG & SLF-Kmeans 算法的优劣，本节进行四种微博热点话题发现算法的时间效率测试，将四种算法分别运行 10 次，并计算 10 次实验各算法的平均运行时间，实验结果见表 3-12。

表 3-12 10次实验各算法的平均运行时间

算 法	10次实验平均运行时间/s
TF-IDF & K-means	1.372
BTM & K-means	1.816
BTF & SLF-Kmeans	3.147
BG & SLF-Kmeans	4.623

由表3-12可知，后两种算法的运行时间明显要长于前两种算法，这是因为TF-IDF & K-means是特征提取结合聚类的方法、BTM & K-means是主题模型结合聚类的方法，简单来说，它们是两种常用算法的结合；而BTF & SLF-Kmeans是同时考虑特征提取和主题模型，然后再结合聚类的方法，BG & SLF-Kmeans是同时考虑词向量和主题模型，然后再结合聚类的方法，简单来说，它们是两种常用算法的线性融合，继而再进行聚类的方法。因此，后两种算法的运行时间会更长一些。此外，后两种算法的主要区别在于，BTF & SLF-Kmeans只是简单的TF-IDF算法进行特征提取；而BG & SLF-Kmeans要先使用GloVe词向量建模，再利用改进的WMD距离计算文本相似度，过程稍复杂，也更耗费时间。由此可见，若数据集的数量庞大，则在时间效率上，BG & SLF-Kmeans算法的劣势较为明显。

3.6 本章小结

本章主要面向微博领域，研究如何更精确地从大量微博短文本中获取热点话题，实现短文本聚类，研究成果主要表现在如下两方面：

（1）通过构建IBBTM与Doc2Vec双通道模型，提出了一种微博短文本热点话题发现算法IBBTM & Doc。首先，采用GloVe对预处理后的微博短文本集建模，获得词向量，用于计算融合语义相似度的词对突发概率；其次，提出了一种融合语义相似度的IBBTM模型，用于发现微博短文本突发主题，同时定义了融合分布概率的主题向量，更加准确地表示突发主题向量；再次，将Doc2Vec模型中PV-DM与PV-DBOW训练获取的向量进行拼接，用于表示文本向量；最后，采用余弦相似度计算方法为每篇微博短文本寻找最佳主题，统计每个主题下的微博短文本数量，从而实现微博热点话题发现。

（2）提出了基于BTM & GloVe相似度线性融合的短文本聚类算法BG & SLF-Kmeans。针对微博篇幅较短且有特殊文体特征的问题，提出了标题词和正文词的定义并设置了不同的词位置贡献度，突出了标题词在热点话题发现中的重要性；其次，为了更准确地体现词的差异性，改进了传统WMD距离中词的权重转移代价计算方法，提出了基于位置贡献度的权重；最后，针对传统 K-means 算法的距离函数在计算相似度时准确率不高、导致热点话题发现不准确的问题，结合了 BTM 和 GloVe 在处理短文本上的优势，提出了基于融合相似度的距离。

实验结果表明，提出的 IBBTM & Doc 算法与 BBTM & Doc、UIBTM & Doc 和 HBTM & Doc 算法相比，在精确率、召回率以及 F_1 值三个指标上，表现出更加理想的热点话题发现效果，有效地提高了微博短文本热点话题发现的质量。另外，在纯度、F_1 值和 *NMI* 值方面，BG & SLF-Kmeans 算法较其他三种算法具有更高的聚类精度，这证明 BG & SLF-Kmeans 算法有效地提高了微博热点话题发现的准确性。IBBTM 与 BBTM、UIBTM 和 HBTM 模型相比，在 *ACS* 值、*PMI* 值和 *NPMI* 值三个指标上表现出更佳的主题连贯性和突发主题发现效果。

本章的相关研究已经取得了阶段性成果，完成了预期的目标。但由于微博的快速发展，其数据具有时代性、新颖性及多样性，且主题模型也会有更好的改进与发展。因此，还有一些问题需要进行改善和研究。今后的研究工作将从以下两个方面进行：

（1）对于微博热点话题发现研究，在后续的工作中，可以充分利用能够体现该话题是热点话题的结构信息，如微博的转发数、评论数以及点赞数等，利用这些结构信息先删除一部分非热点话题文本以达到降维效果。

（2）微博包含的形式多种多样，包括文字、图片、视频等，仅从文本层面进行热点话题的发现分析，并未充分利用图片及视频信息，未来工作可以结合图片和视频来研究。

4 面向微博热点话题演化的 oBTM 主题模型

在线词对主题模型 oBTM 是 BTM 的在线形式，是一种基于离散时间的在线主题模型，BTM 是一种双词共现主题模型。

本章针对 oBTM 模型在对微博短文本建模时，导致新旧主题混合、冗余词概率相对较高的问题，本章提出文档-主题分布先验参数和主题强度排名两个定义，进一步提出基于话题标签和先验参数的 oBTM 模型[130]（Topic Labels and Prior Parameters oBTM，LPoBTM）。首先，根据有无话题标签区分微博数据集，并设置不同的文档-主题分布先验参数；其次，在前一时间片文档-主题概率分布的基础上，对所有主题进行强度排名，从而优化当前时间片主题-词分布先验参数的计算；最后，利用 LPoBTM 对微博短文本集建模，实现热点话题在内容和强度上的演化分析。

4.1 研究背景及意义

随着互联网的飞速发展，当今世界已经是网络化、信息化的时代。起初，只有极少数的信息编辑人员才被称为网络信息的生产者，大多数人只能阅读信息而无法生产信息。但随着 Web2.0 时代的到来，每一个人都可以是信息的生产者，同时，如新浪微博、百度贴吧、Twitter、Facebook 等网络社交媒体的大量出现，也为人们随时随地生产和获取信息提供了便捷。尤其是近年来 5G 网络的迅猛发展，信息的生产和获取已经成为人们不可或缺的日常生活行为。

对这些微博短文本进行热点话题发现研究，用户可以获得最新最热的话题，了解网络舆情及社会动态；对微博热点话题进行演化分析，可以较完整地描绘热点话题的演化趋势，网络监管部门也可以在舆论形成初期对负面信息的传播进行有效地干预和控制，对公共舆论加以掌握并正确引导[192]。

4.2 国内外研究现状

国内外研究现状主要包括两部分：微博热点话题发现和微博热点话题演化。

在发现热点话题之后，对某一特定话题进行演化分析具有现实意义。话题演化就是对带有时间戳的文本集进行建模，从中发现话题在一段时间内的变化情况。根据引入时间方式的不同，话题演化分为以下三种[193]：

(1) 先建模，然后再离散时间。即先对文本集建模，然后按照一定的时间粒度，将建模结果划分到不同的时间片中，最后根据时间片之间话题强度的变化得到话题演化情况。

(2) 将时间作为模型参数。如主题演化（Topic over Time，TOT）模型[194]，这种建模方式考虑了话题在时间上的延续性，有助于发现更明确的主题，同时，TOT 不需要选择时间粒度。但它无法建模在线文本，也无法对话题的内容演化情况进行分析。

(3) 先离散化时间，然后再对每个时间片中的文本集建模。如动态主题模型[195]（Dynamic Topic Model，DTM），DTM 按照一定的时间粒度，先将文档集离散到时间片中，然后通过建模发现每个时间片上主题的演化情况。该模型的不足之处在于当有新的文本数据出现时需要对整个数据集重新建模，因此，这种建模方式没有在线处理能力。

针对以上三种常用的话题演化方法，一些学者在此基础上进行了研究与优化。P. Plechac 等[196]对于四种不同语言的诗歌语料库进行 LDA 主题抽取，然后计算抽取出的主题与一些选定主题在诗学传统上的相似程度，最终确定该诗词具体的文学时代，挖掘了诗歌的主题演化轨迹。C. Jiang 等[197]首先使用 LDA 在不同的时间片内进行主题词抽取，然后通过主题过滤和评论权重两种方式，使得抽取的主题更趋于实际情况；根据主题间的相似性，有效地实现了产品在线评论的主题演化分析。X. Han 等[198]在 LDA 的基础上设计了一种改进的数据选择方法优化主题抽取，然后在不同的时期内对期刊进行 LDA 建模，最终生成了一个动态的期刊列表，实现了图书情报学的演化分析。

鉴于上述模型不能在线处理文本，Alsumait 等[199]提出的在线 LDA（On-Line LDA，oLDA）模型和 X. Yan 等[200]提出的 oBTM 模型，较好地解决了这一局限性，且 oLDA 适用于处理长文本集而 OBTM 更适用于短文本集。裴可锋等[201]提出了可变在线 LDA（Variable online LDA，VoLDA）模型，通过删除含旧主题的时间片、优化动态权重公式及先验参数，有效减少了新旧主题混合问题，提高了主题演化能力。蒋权等[202]设计了动态负载策略并优化了文档权值计算公式，提出了分布式 oLDA（Distribute online LDA，DoLDA）模型，缓解了 oLDA 效率低和发现新主题能力差的缺陷。余本功等[203]利用双通道模式对主题-词分布的遗传度进行优化，提出了基于双通道的 oLDA 模型，有效缓解了主题混合以及冗余词多的问题。H. Li 等[204]充分利用微博的文体特征，提出了基于话题标签的微博热点话题演化模型（Label online LDA，LoLDA），增强了模型演化主题的能力。

微博热点话题演化的国内外研究现状表明：目前话题演化更加趋向于使用 oLDA 和 oBTM 这两种主题模型处理在线文本，以上文献从优化先验参数的计算方法、考虑微博自身的文体特征等多个方面对oLDA模型进行优化，提高了oLDA主题演化的能力。根据对国内外研究现状的分析，现有文献尚未充分利用oBTM主题模型进行话题的演化研究。

4.3 融合话题标签和先验参数的oBTM主题模型

话题演化方面的研究大多是基于oLDA模型的改进和优化，提高其话题演化能力，目前尚未充分利用oBTM模型进行话题演化分析。与oLDA主题模型一样，传统oBTM模型的建模结果也存在新旧主题混合、主题-词分布中冗余词概率高的问题。本节针对微博短文本的文体特殊性，增加基于标签内容和基于微博内容的文档-主题分布先验参数的计算；同时，在原始主题-词分布的先验参数计算中增加前一时刻的主题强度排名，对oBTM进行优化，提出基于话题标签和先验参数的oBTM模型，并根据建模结果进行微博热点话题在内容和强度方面的演化分析。

4.3.1 问题描述

通过分析微博短文本的文体特征，提出文档-主题分布先验参数的定义，以保持文档的遗传性；同时，提出主题强度排名的定义，从而优化主题-特征词先验参数的计算公式。

4.3.1.1 微博热点话题演化

话题演化主要使用了话题检测与跟踪技术来实现，TDT是一种信息处理技术。它的主要技术包括：自动识别信息流的新话题和跟踪已知话题的后续报道[205]。

根据不同的应用需求，TDT技术分为以下五个子任务[196]。

（1）报道切分：对于连续不断的文本流数据，找到所有的报道“边界”，并分割为多个独立的报道。

（2）话题跟踪：将文本流分别与先前的话题相联系。

（3）话题检测：发现先前未知的话题。

（4）首次报道检测：发现首次讨论某个话题的报道。

（5）关联检测：判断某两个报道是否属于同一个话题。

4.3.1.2 文档-主题分布先验参数

传统oBTM建模得到的主题混合，新主题不易被发现，且没有充分利用话题标签，因此，本节提出文档-主题分布先验参数的定义。首先，根据话题标签，将数据集区分为带话题标签和不带话题标签的两类文本，并设置不同的主题分布；其次，考虑到文档也具有遗传性，即当前时间片中的文本也许会包含对前一时间片中所表述的事件的简要概括，所以，本节将前一时刻的文档-主题分布作为当前时刻文档-主题分布的 Dirchlet 先验参数，以此来保持文档的遗传性。

定义 4-1 文档-主题分布先验参数。假设 $t-1$ 时刻建模生成的基于标签的文档-主题分布为 θ_s^{t-1}，基于微博内容的文档-主题分布为 θ_r^{t-1}，则 t 时刻基于标签、微博内容的文档-主题分布的 Dirichlet 先验参数 α_s^t、α_r^t 计算公式如下：

$$\alpha_s^t = \theta_s^{t-1} \cdot H_s^{t-1} \tag{4-1}$$

$$\alpha_r^t = \theta_r^{t-1} \cdot H_r^{t-1} \tag{4-2}$$

式中，H_s^{t-1}、H_r^{t-1} 为 $t-1$ 时刻基于标签、微博内容的文档 d_m 通过信息熵公式求得的权重。

文档 d_m 的信息熵 $E(d_m)$ 和权重 H_m 计算公式如下[206]：

$$E(d_m) = -\sum_K \theta_{m,k} \cdot \mathrm{lb}\theta_{m,k} \tag{4-3}$$

$$H_m = 1 - \frac{E(d_m) - \min\{E(d_1), \cdots, E(d_M)\}}{\max\{E(d_1), \cdots, E(d_M)\} - \min\{E(d_1), \cdots, E(d_M)\}} \tag{4-4}$$

式中，K 为主题个数；M 为文档总数；$\theta_{m,k}$ 为文档 d_m 中主题 k 的概率，由 Gibbs 抽样得到的 $\theta_{s,k}$ 和 $\theta_{r,k}$ 决定，采样的条件概率如下[207]：

$$P(z_i = k \mid z_{-i}^t, B^t, \{\alpha_s^t, \alpha_r^t\}_{m=1}^M, \{\beta_k^t\}_{k=1}^K) \propto (n_{-i,k}^t + \alpha_s^t + \alpha_r^t) \times \frac{(n_{-i,w_i|k}^t + \beta_{k,w_i}^t)(n_{-i,w_j|k}^t + \beta_{k,w_j}^t)}{\left[\sum_{w=1}^{W}(n_{-i,w|k}^t + \beta_{k,w}^t)\right]^2} \tag{4-5}$$

基于标签、微博内容的文档-主题分布 $\theta_{s,k}$、$\theta_{r,k}$ 和主题-词分布 $\varphi_{k,w}$ 如下：

$$\theta_{s,k} = \frac{n_k + \alpha_s}{N_B + K\alpha_s} \tag{4-6}$$

$$\theta_{r,k} = \frac{n_k + \alpha_r}{N_B + K\alpha_r} \tag{4-7}$$

$$\varphi_{k,w} = \frac{n_{w|k} + \beta}{n_{\cdot|k} + W\beta} \tag{4-8}$$

式中，n_k 为主题 k 中词对的个数；$n_{w|k}$ 为词 w 赋给主题 k 的个数；$n_{\cdot|k}$ 为赋给主题 k 的总词数；W 为数据集的总词数。

4.3.1.3 *主题强度排名*

针对传统 oBTM 建模得到的主题-特征词中冗余词频率高、导致不能准确描述主题的问题，本节提出主题强度排名的定义；通过在原始主题-词分布先验参数的计算中增加 $t-1$ 时刻的主题强度排名，并借鉴 sigmod 函数，以此来优化先验参数 β 的计算方法。

定义 4-2 主题强度排名。通过计算 $t-1$ 时刻 K 个主题的主题强度，来对这

K个主题进行主题强度排名。$t-1$时刻主题k的强度排名记为$rank_k^{t-1}$，则$rank_k^{t-1}\in[1,K]$，主题强度T_k越大，则$rank_k^{t-1}$值越小。主题强度计算公式如下：

$$T_k=\frac{\sum_{m=1}^{M}H_m\cdot\theta_{m,k}}{\sum_{m=1}^{M}H_m} \tag{4-9}$$

借鉴sigmod函数，利用主题k的强度排名$rank_k^{t-1}$来计算$t-1$时刻主题k的主题遗传度H_k^{t-1}：

$$H_k^{t-1}=\frac{1}{1+e^{-\frac{1}{rank_k^{t-1}}}} \tag{4-10}$$

进一步地，改进的t时刻主题k-词分布的Dirichlet先验参数β_k^t的计算公式如下：

$$\beta_k^t=\varphi_k^{t-1}\cdot H_k^{t-1} \tag{4-11}$$

式中，φ_k^{t-1}为$t-1$时刻的主题k-词分布。

4.3.2 LPoBTM算法设计

针对微博短文本具有特殊的文体特征、传统oBTM主题模型建模得到的新旧主题混合且冗余词的频率较高、导致不能准确描述主题的问题，本节提出文档-主题分布先验参数和主题强度排名两个定义，以改进传统的oBTM模型，进一步提出基于话题标签和先验参数的在线词对主题模型LPoBTM，用来实现微博热点话题的演化分析。首先，采集微博文本集数据；其次，以一天为时间片切分数据集，并在每一个时间片内依据有无话题标签来区分语料库（划分为含标签和不含标签的两类数据集），再进行文本预处理；然后，利用LPoBTM建模；最后，根据建模结果实现微博热点话题在内容和强度上的演化分析。基于LPoBTM模型的微博热点话题演化算法流程如图4-1所示。

4.3.2.1 基于时间片及话题标签的微博短文本预处理

基于时间片及话题标签的微博短文本集预处理主要包括按时间片切分数据集、根据标签区分语料库和文本预处理三部分。其中，文本预处理又包括微博短文本过滤、分词及词性标注、去停用词和特征选择四部分。图4-2为LPoBTM主题建模。

4.3.2.2 LPoBTM主题建模

文献［194］提出的LoLDA模型是在oLDA的基础上，通过判断某条微博是否含有话题标签，然后对该微博的文档-主题分布θ_d进行不同赋值操作的一种主题演化模型。在使用LoLDA对微博短文本集建模之前，通过引入参数λ_d来判断一篇微博短文本是否含有话题标签“#”，并根据不同情况对θ_d进行相应的赋值

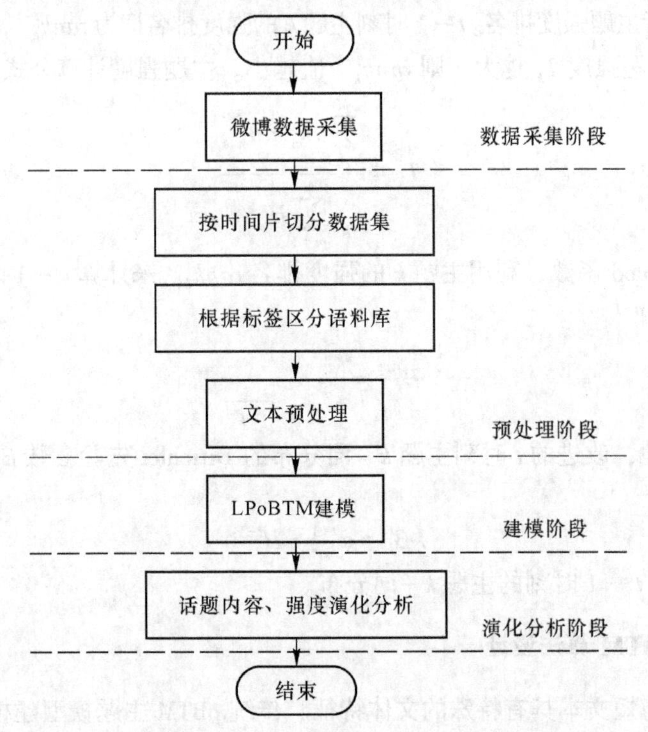

图 4-1 LPoBTM 模型的微博热点话题演化算法流程图

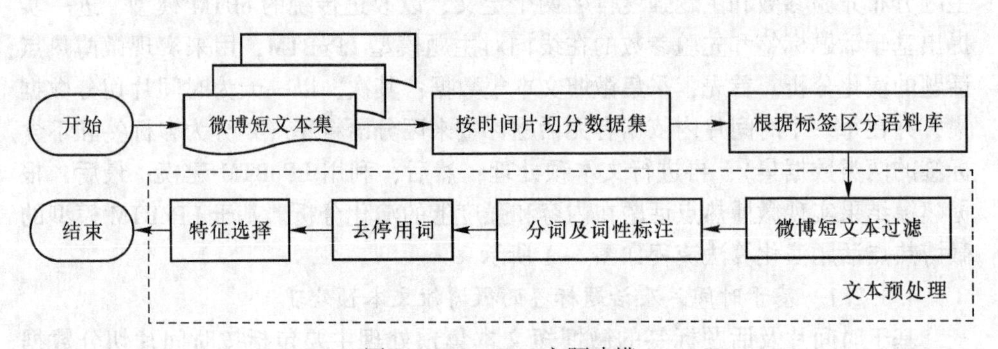

图 4-2 LPoBTM 主题建模

操作，具体公式如下：

$$\theta_d = \begin{cases} \theta_s, & \lambda_d = 0 \\ \theta_r, & \lambda_d = 1 \end{cases} \tag{4-12}$$

式中，$\lambda_d = 0$ 表示含标签，此时该微博的文档-主题分布 θ_d 由基于标签内容的文档-主题分布 θ_s 决定；相反，$\lambda_d = 1$ 表示不含标签，则 θ_d 由基于微博内容的文档-主题分布 θ_r 决定。

本节借鉴文献［194］中利用 λ_d 判断是否含有话题标签，并对 θ_d 进行不同赋值操作，以区分语料库的方法。同时，在oBTM主题模型的基础上，增加计算基于标签内容的文档-主题分布先验参数 α_s、基于微博内容的文档-主题分布先验参数 α_r，将前一时刻的文档-主题分布作为当前时刻文档-主题分布的 Dirchlet 先验参数，以此来保持文档的遗传性；其次，LPoBTM 模型还增加了主题强度排名，优化原始先验参数 β 的计算方法，以减少宽泛主题的出现概率，减少冗余词。LPoBTM 模型图如图 4-3 所示。

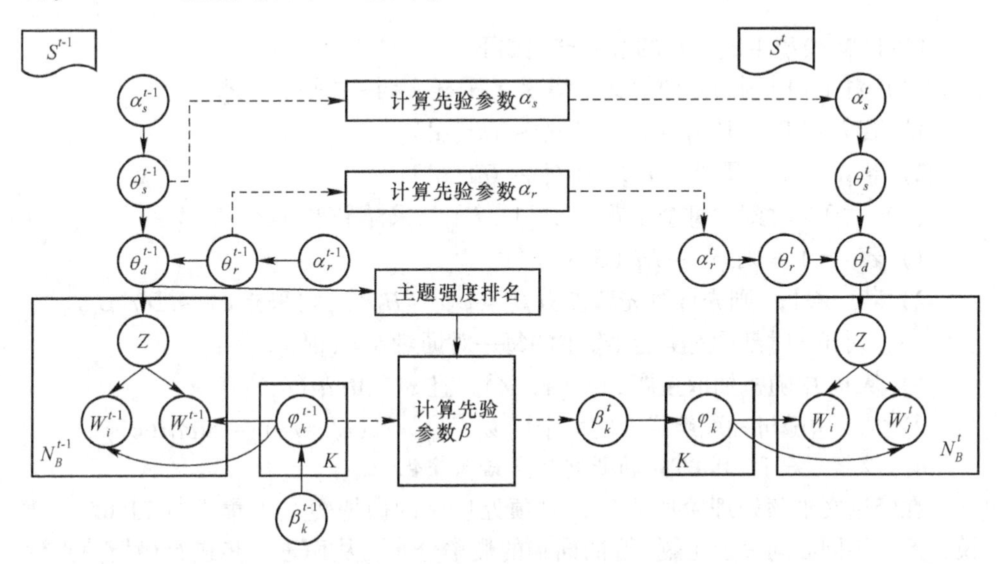

图 4-3 LPoBTM 图模型

图 4-3 中，各符号表示的含义见表 4-1。

表 4-1 符号及其含义

符 号	含 义
S^{t-1}、S^t	$t-1$ 和 t 时刻的微博短文本子集
α_s^{t-1}、α_s^t	$t-1$ 和 t 时刻基于标签内容的文档-主题分布的超参数
α_r^{t-1}、α_r^t	$t-1$ 和 t 时刻基于微博内容的文档-主题分布的超参数
θ_s^{t-1}、θ_s^t	$t-1$ 和 t 时刻基于标签内容的文档-主题分布
θ_r^{t-1}、θ_r^t	$t-1$ 和 t 时刻基于微博内容的文档-主题分布
θ_d^{t-1}、θ_d^t	$t-1$ 和 t 时刻的文档-主题分布
Z	主题标号
w_i^{t-1} 和 w_j^{t-1}	$t-1$ 时刻的词对
w_i^t 和 w_j^t	t 时刻的词对

续表 4-1

符 号	含 义
N_B^{t-1}、N_B^t	$t-1$ 和 t 时刻短文本子集的词对数
β^{t-1}、β^t	$t-1$ 和 t 时刻主题-词分布的超参数
K	主题个数
φ_k^{t-1}、φ_k^t	$t-1$ 和 t 时刻主题-词分布

LPoBTM 模型生成词对的过程描述如下：

(1) 对于 t 时刻的微博短文本集 S^t，采样文档-主题分布 θ_d^t：

1) 若 $\lambda_d = 0$，则 $\theta_d^t = \theta_s^t$，且 $\theta_s^t \sim Dir(\alpha_s^t)$；

2) 若 $\lambda_d = 1$，则 $\theta_d^t = \theta_r^t$，且 $\theta_r^t \sim Dir(\alpha_r^t)$。

(2) 对于 t 时刻的每个主题 $k \in [1, K]$，采样主题-词分布 φ_k^t：

1) 若 $t = 1$，则 $\varphi_k^t \sim Dir(\beta)$；

2) 若 $t \neq 1$，则先计算先验参数 $\beta_k^t = \varphi_k^{t-1} \cdot H_k^{t-1}$，再采样 $\varphi_k^t \sim Dir(\beta_k^t)$。

(3) 对于 t 时刻词对集合 N_B^t 中的每一对词对 $b = (w_i^t, w_j^t)$：

1) 从 θ_d^t 中随机抽取主题 $z \in [1, Z]$，且 $z \sim Multi(\theta_d^t)$；

2) 从 z 中随机抽取组成 b 的两个词 w_i^t、w_j^t，且$(w_i^t, w_j^t) \sim Multi(\varphi_k^t)$。

4.3.2.3 基于 LPoBTM 的微博热点话题演化

在经过文本预处理阶段之后，对预处理后的微博短文本集进行 LPoBTM 建模，产生不同时间片上主题-特征词集的概率分布，从而进一步进行微博热点话题演化分析。话题演化主要包括话题的内容演化和强度演化两个方面，内容演化是指某一话题下特征词集在不同时间片上的变化过程，以此来体现该话题在一段时间内的内容变化情况；强度演化是指某一话题在不同时间片上的强度变化，以此来体现该话题在一段时间内受关注程度的变化情况。

基于 LPoBTM 模型的微博热点话题演化算法流程描述见算法 4-1。

算法 4-1 基于 LPoBTM 模型的微博热点话题演化算法流程

输入：主题数 K、初始超参数 α_s^1、α_r^1 和 β^1、时间片 T、词对集 B^1，…，B^t

输出：每个时间片上的文档-主题、主题-词分布 $\{\theta_{s,k}^t, \theta_{r,k}^t, \varphi_{k,w}^t\}_{t=1}^T$

步骤 1：for t=1 to T do

步骤 2：为 B^t 中的所有词对随机分配初始主题；

步骤 3：for iter=1 to N_{iter} do

步骤 4：for $b_i = (w_{i,1}, w_{i,2}) \in B^t$ do

步骤 5：根据公式（4-5）为每一个词对分配主题

步骤 6：更新 n_k^t、$n_{w_i|k}^t$ 和 $n_{w_j|k}^t$

步骤 7：根据公式（4-1）、式（4-2）和式（4-11）更新下一时间片的超参数 $\{\alpha_s^{t+1}\}_{m=1}^M$、$\{\alpha_r^{t+1}\}_{m=1}^M$ 和$\{\beta^{t+1}\}_{k=1}^K$

续算法 4-1

步骤 8：根据公式（4-6）~式（4-8）计算基于标签、微博内容的文档-主题分布 $\theta_{s,k}$、$\theta_{r,k}$ 和主题-词分布 $\varphi_{k,w}$
步骤 9：针对其中某一主题进行话题的内容演化和强度演化分析

使用 LPoBTM 模型对微博短文本集建模，得到每一时间片上的文档-主题分布以及主题-词分布情况，从而推断各个时间片上所包含的微博热点话题及其特征词集，进而可以进行微博热点话题的演化分析。

4.4 LPoBTM 实验结果及分析

4.4.1 实验数据采集

针对 LPoBTM 模型，在新浪微博数据集上进行热点话题演化的实验仿真，并从模型困惑度和时间效率两个方面与其他话题演化模型进行对比分析。

本节针对新浪微博数据集进行仿真实验，实现微博热点话题在内容和强度上的演化分析。本实验使用八爪鱼软件抓取从 2019 年 3 月 12~17 日新浪平台上，由网络名人、新浪“大 V”以及官方新闻媒体所发布的微博，作为实验的数据集，并以 1 天作为时间粒度，将微博短文本划分到不同的时间片中。经过基于时间片及话题标签的微博短文本预处理，实验一共保留了 8000 条微博，其中的 5000 条作为训练集、3000 条作为测试集。数据集的时间数量分布见表 4-2，实验数据（部分）见表 4-3。

表 4-2 数据集的时间数量分布

时 间	微博数量/条
2019 年 3 月 12 日	1302
2019 年 3 月 13 日	1334
2019 年 3 月 14 日	1426
2019 年 3 月 15 日	1232
2019 年 3 月 16 日	1393
2019 年 3 月 17 日	1313

表 4-3 实验数据（部分）

序号	微博短文本
1	#315 晚会# 医疗垃圾、辣条、骚扰电话、个人信息泄露、所谓的土鸡蛋、挂证、卫生用品问题、家电售后套路、电子烟、银联闪付、714 高炮真是触目惊心

续表 4-3

序号	微博短文本
2	#银联道歉# 315 晚会就“闪付”功能存在“隔空盗刷”的风险对广大消费者进行消费预警，银联就“闪付”存在“隔空盗刷”风险道歉，将进一步优化赔偿机制
3	#成都七中问题食品竟系摆拍# 成都七中实验学校食堂发霉、变质的食材照片或系人为造假，涉嫌犯罪线索移送公安机关
4	#从重！小学教师猥亵女童#小学教师猥亵女童被判三年，检方抗诉后改判五年。你怎么看？家长应该如何预防孩子遭受性侵？

4.4.2 实验环境搭建

本实验是在 Intel（R）Core（TM）i5-5200U CPU@ 2. 20GHz 的 CPU、8G 的内存、Windows 10 教育版的操作系统以及 Ubuntu 15. 10 的虚拟机、处理器基于 X64 的 PC 机上运行的，采集数据集的软件使用八爪鱼 V7. 6. 4 版本，实验使用 python 语言在 Anaconda3-5. 2. 0 的 Spyder 上进行编译。

4.4.3 最优主题数选取

本节仍然利用困惑度来确定最优主题数 K 值，LPoBTM 的初始超参数取经验值，$\alpha_s^1 = 50/K$，$\alpha_r^1 = 50/K$，$\beta^1 = 0.01$。参考数据集实际主题数，且对 K 取不同的区间范围进行多次测试，测试结果表明，当 K 取 [1，10] 范围时，困惑度的变化趋势更为明显。因此，设置 K = 1，2，…，10 进行实验，实验重复进行 10 次，取 10 次实验结果的平均值作为不同 K 值对应的困惑度，实验结果如图 4-4 所示。

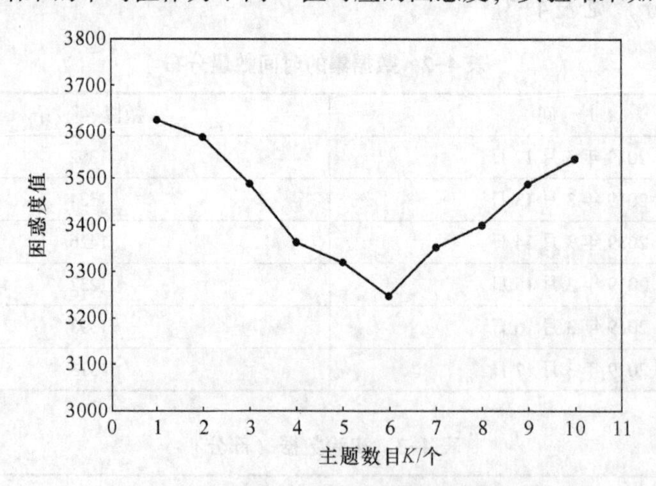

图 4-4 LPoBTM 在不同主题数下的困惑度

由图 4-4 可知，当主题数目 K = 6 时，困惑度值最小；表明此时 LPoBTM 的建模效果最好，故本节选取最优主题数目 $K=6$。

4.4.4 微博热点话题演化测试

微博热点话题演化测试主要从话题强度演化和话题内容演化两个方面展开。

4.4.4.1 微博热点话题强度演化

选取 Topic 1（315 晚会）、Topic 2（李胜利事件）、Topic4（成都七中实验学校食品安全事件）这三个话题，根据公式（4-9）计算主题强度，进行强度演化分析。话题强度演化图如图 4-5 所示。

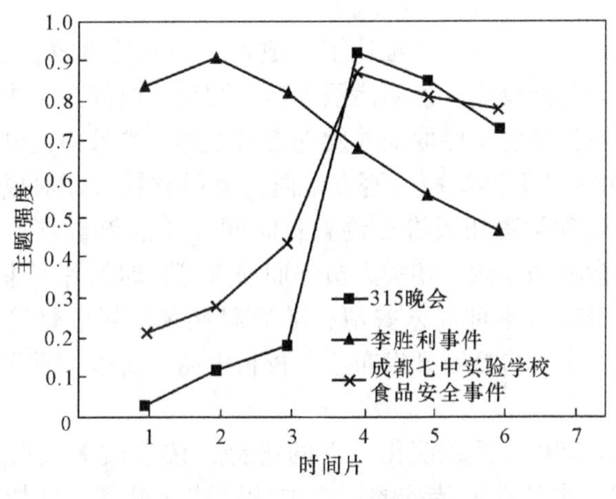

图 4-5 话题强度演化图

从图 4-5 可以发现，“315 晚会”这个话题在 3 月 15 日之前只有很少的主题强度，而在 3 月 15 日当天，主题强度急速增长，并且在之后的两天都保持较高的强度；“李胜利事件”这个话题在 3 月 12 日已经有相当高的主题强度且在之后的时间片内保持缓慢下降的趋势，说明该话题在 3 月 12 日当天或者之前已经达到了事件的高潮，从 13 日开始演化直至逐渐消亡；“成都七中实验学校食品安全事件”这个话题在 3 月 12 日已经有较少的主题强度且随着时间推移较快增长，最终在 3 月 15 日到达顶峰，说明该话题在 3 月 12 日已经开始产生，经过 2 天的演化，在 3 月 15 日达到高潮，然后逐渐消亡。

4.4.4.2 微博热点话题内容演化

选取 Topic4 在每个时间片上的 Top6 个特征词，展示该话题的内容演化情况，见表 4-4。

表 4-4 Topic4 的内容演化情况

时间片 1	时间片 2	时间片 3	时间片 4	时间片 5	时间片 6
成都七中	聚集	公安	食源性	国务院	发布会

续表 4-4

时间片 1	时间片 2	时间片 3	时间片 4	时间片 5	时间片 6
拍照	踩踏	责任人	图片	国务院食品药品监督管理总局	解聘
食堂	警方	调查	溯源	查清	董事会
发霉	教育厅	食品	标准	开库	澄清
胃疼	带离	温江区	停职检查	监管局	假照
家长	核查	安全	检测	核查	粉条

从表 4-4 可以看出，Topic4 描述了“成都七中实验学校食品安全事件”，各时间片上的特征词不断变化，说明话题内容在演化。时间片 1 中展示了成都七中学生胃疼，家长前往食堂拍照取证并发现食材发霉，事件由此开始；时间片 2 和 3 中，家长聚集并发生踩踏事故，警方带离，随后省教育厅对成都教育局进行核查，温江区公安对食堂责任人进行调查；时间片 4 的侧重点包括食材的溯源调查、照片中相关食材的检测、相关人员停职检查等；时间片 5 中，国务院食品药品监督管理总局表态该事件尚未查清，随后温江区市场监督管理局再次核查食材；时间片 6 中，主要包括召开发布会、校长解聘、董事会重组并澄清相关不实信息等。

为了验证 LPoBTM 在话题演化方面的优势，按照微博热点话题演化国内外研究的发展过程，本节选取传统的短文本话题演化模型、增加主题排名优化主题-词分布先验参数的话题演化模型以及增加话题标签的话题演化模型（文献[197] 提出的 LoLDA）进行比较，利用这四种模型对数据集进行建模并分析实验结果。

为展示四种模型的话题演化能力，本节选用“成都七中实验学校食品安全事件”这个话题的词分布进行分析。因为该话题在 6 个时间片内具有较为完整的演化过程，且在时间片 1、6 上的特征词区别较为明显，便于作比较。表 4-5 展示了 Topic4 在时间片 1、6 上的 Top5 个特征词。

表 4-5 四种模型关于 Topic4 在时间片 1 和 6 上的特征词

模　型	时间片 1	时间片 6
oBTM	成都七中/食堂/家长/学生/食材	解聘/校长/重组/澄清/安全
oLDA	成都七中/学生/拍照/食堂/食材	发布会/澄清/假照/安全/卧底
LoLDA	成都七中/小学/呕吐/参观/拍照	校长/解聘/发布会/澄清/假照
LPoBTM	成都七中/拍照/食堂/发霉/胃疼	发布会/解聘/董事会/澄清/假照

表 4-5 中，LPoBTM 建模得到的特征词可以更好地概括和描述主题，在不同的时间片内可以更确切地呈现话题在内容上的演化趋势。这是因为 LPoBTM 在考虑了微博话题标签的同时，改进了先验参数的计算方法，减少了容易导致主题意义不明确的冗余词，因此 LPoBTM 相比其他三种模型能够更准确地描述话题内容的演化情况。

4.4.4.3 模型困惑度测试

利用困惑度（Perplexity）作为 LPoBTM 模型的评价指标，困惑度用来评价模型的泛化能力，其值越小表明建模效果越好。困惑度计算公式如下：

$$Perplexity(W) = \exp\left[-\frac{\sum_{d=1}^{M} \lg P(w_d)}{\sum_{d=1}^{M} N_d}\right] \tag{4-13}$$

式中，W 为文本集；$P(w_d)$ 为第 d 篇文本中词的概率；N_d 为第 d 篇文本中的词数。

为了量化地比较这四种模型在话题演化方面的能力，计算了不同时间片内四种模型的困惑度，结果如图 4-6 所示。

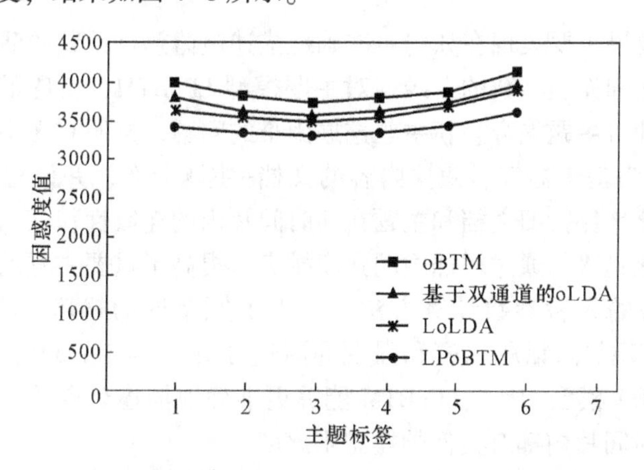

图 4-6 四种模型在不同时间片内对应的困惑度值

由图 4-6 可知，LPoBTM 的模型困惑度在任意时间片上均小于 oBTM、基于双通道的 oLDA 以及 LoLDA 的模型困惑度。由此说明，LPoBTM 模型具有更好的主题泛化能力，可以获得更好的话题演化效果。

4.4.4.4 时间效率测试

相较于其他三种微博热点话题演化模型，尽管 LPoBTM 建模得到的特征词能够更准确地描述话题演化情况，且具有最低的模型困惑度，但不足之处在于 LPoBTM 的运行时间稍长于其他三种模型。为了能够系统、客观地说明 LPoBTM 模型的优劣，本节进行四种微博热点话题演化算法的时间效率测试，将四种模型分别运行 10 次，并计算 10 次实验各模型的平均运行时间，结果见表 4-6。

表 4-6 10 次实验各模型的平均运行时间 (s)

模型	10 次实验平均运行时间
oBTM	1.178
基于双通道的 oLDA	1.987
LoLDA	2.116
LPoBTM	2.854

由表 4-6 可知，传统短文本话题演化模型 oBTM 的运行时间最短，基于双通道的 oLDA 的两种话题演化模型，其运行时间相差不多，而 LPoBTM 的运行时间稍长一些。其主要原因在于：LPoBTM 不仅在判断话题标签以区分语料库时要耗费时间，而且在计算先验参数时需要对前一时间片上的主题强度进行排名，这也是需要耗费一定时间的。因此，在时间效率上，LPoBTM 模型稍显逊色。

4.5 本章小结

本章研究成果主要表现在如何更准确地描述微博热点话题的演化趋势，提出了基于话题标签和先验参数的在线词对主题模型 LPoBTM，实现了微博热点话题的演化分析。针对主题混合、新主题挖掘困难的问题，按照有无话题标签，将文档-主题分布分为基于标签、微博内容的文档-主题分布，并设置了对应的先验参数传递，以此来保持旧文档和主题在新时间片内的连续性；其次，为了更准确地描述主题演化趋势，通过增加主题强度排名，提高了重要主题的遗传度，优化了主题-词分布的先验参数计算方法，减少了冗余词的概率。实验结果表明，LPoBTM 能够实现热点话题内容和强度的演化分析，且与 oBTM、基于双通道的 oLDA 以及 LoLDA 模型相比，LPoBTM 能够更准确地描述热点话题的内容演化情况，并且在各时间片内都有更低的模型困惑度。

本章的相关研究已经取得了阶段性成果，完成了预期的目标。但由于微博的快速发展，其数据具有时代性、新颖性及多样性，且主题模型也会有更好的改进与发展，因此，还有一些问题需要进行改善和研究。今后的研究工作将从以下两个方面进行：

（1）对于微博热点话题发现研究，在后续的工作中，可以充分利用能够体现该话题是热点话题的结构信息，如微博的转发数、评论数以及点赞数等，利用这些结构信息先删除一部分非热点话题文本以达到降维效果。

（2）微博包含的形式多种多样，包括文字、图片、视频等，本章仅从文本层面进行热点话题的发现与演化分析，并未充分利用图片及视频信息，未来工作可以结合图片和视频来研究。

5 面向弹幕短文本流分析的 oBTM 主题模型

弹幕是舆情分析的研究热点之一。弹幕具有高维稀疏性和时序性，属于短文本流。目前，oBTM 是分析短文本流的主流方法之一。本章针对弹幕特征稀疏和传统 oBTM 在弹幕主题演化方面效果欠佳的问题，利用特征扩展、词对过滤、情感极性标注和构建影响函数的方法，对面向弹幕的 oBTM 短文本流主题聚类算法进行深入研究，主要研究内容如下：

（1）分析弹幕聚类研究中的关键技术，包括短文本特征扩展方法框架和 Word2Vec 词向量模型原理。

（2）针对弹幕文本长度短、网络新词多导致的文本特征稀疏问题，提出基于特征扩展和词对过滤 oBTM 的弹幕短文本流聚类算法[207]（Danmaku Short Text Stream Clustering Algorithm Based on Feature Extension and Biterm Filtering oBTM, FEF-oBTM）。首先，对点间互信息和邻接信息熵算法进行权重优化，识别弹幕网络新词；然后，利用 Word2Vec 分别提取网络新词在外部知识和弹幕词集中的关联词，扩展弹幕特征；最后，在 oBTM 建模时，利用 Single-pass 过滤噪声词对，获得弹幕聚类结果。

5.1 研究背景及意义

中国互联网络信息中心（CNNIC）发布的第 47 次《中国互联网络发展状况统计报告》指出，短视频用户规模 8.7 亿个，使用率 88.3%[208]。原创短视频的流行带动了弹幕的发展，弹幕发送量随着短视频用户规模的增长也在与日俱增。弹幕示例如图 5-1 所示，用户可以一边观看视频，一边发送弹幕，这种即时性使得用户在发送弹幕时，没有多余的时间进行深度思考和文字加工，因此，弹幕能够更真实地表达出用户想法和情感，具有较高的研究价值。

目前，弹幕文本分析研究尚不成熟，需要借鉴微博、论坛等社交媒体评论的分析方法。社交媒体评论一般是短文本，通常在 140 字以内，而且文本标签较少，其文本的特征空间高维稀疏。利用分类方法处理此类短文本时，需要耗费大量的人工和时间进行文本标注。利用传统的聚类算法处理此类短文本时，一般会导致时间开销大和聚类失真的问题，所以分类算法和传统的聚类算法已经不再适用于短文本分析。主题模型则成为短文本分析领域的主要算法，利用“主题”

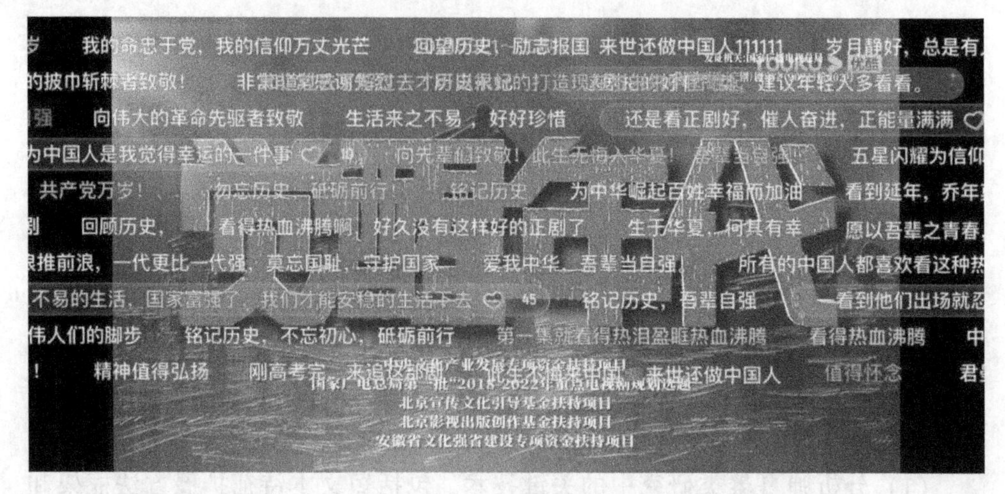

图 5-1 弹幕示例

概念搭桥，将原本的文档-词语分布拆分成文档-主题分布和主题-词语分布，利用超参数对概率分布进行优化调整，摆脱对文本标签的依赖，同时，降低文本特征空间的维度。

每条弹幕一般几个词语到十几个词语不等，词语数量甚至少于文本主题数量，而且口语化严重，含有大量的网络新词、谐音字、符号表情等，这些特点增加了聚类研究的难度。因此，在利用主题模型处理此类短文本时，通常还会利用外部知识或者词向量模型扩展文本特征。除了高维稀疏性，弹幕还具有明显的时序性，这类时序性强的短文本被定义为短文本流。

综上所述，研究重点主要体现在，针对弹幕文本特征高维稀疏的问题，着重研究弹幕短文本流聚类算法，提高聚类效果。

5.2 国内外研究现状

2008 年，弹幕由日本视频分享网站 Acfun 引入中国，和社交媒体评论一样，弹幕也是记录大众言论的重要文本，能够体现大众对社会事件的看法和情感倾向。虽然弹幕评论方式引进已有 10 余年，但是关于弹幕聚类、弹幕主题演化等方面的研究还很有限[209]，弹幕的文本分析研究工作亟待发展。本节从弹幕的研究现状展开阐述。

国内外弹幕文本分析研究的起步较晚，研究文献相对较少，目前，研究内容基本包括弹幕情感分析、分类和聚类。

弹幕情感分析一般分为有监督方法和无监督方法[210]。有监督方法多是用来解决带标签文本的情感分类问题，叶健等[211]提出了基于卷积神经网络的弹幕情感极性分类模型，该模型通过扩充情感词典保留了弹幕情感信息，但是泛化能力较差。曾诚等[212]融合了 ALBERT（A Lite BERT）与卷积递归神经网络（Convolutional Recurrent Neural Network，CRNN）对弹幕情感极性进行分析，通过加强语义关联，提高了特征提取的准确度；Z. Chen 等[213]在双向长短期记忆网络（Bi-directional LSTM，Bi-LSTM）中引入注意力机制对标记位置信息的弹幕进行情感特征提取；刘李姣[214]提出了基于多头注意力的卷积神经网络模型（Multi-head Attention based Convolution Neural Network Model，MH-ACNN），成功获取了弹幕的语义相关性信息；S. Wang 等[215]提出了一种改进 Bi-LSTM 的情感分析模型，该方法利用时间和用户标签的信息保留了弹幕上下文的相关性。

上述五种模型均是有监督方法，通过提取语义特征的方法降低了特征稀疏的程度，进而提高了弹幕情感分类的准确率。但是，这些模型复杂度高，训练耗时长，并且依赖情感词位置的标注或者用户信息等标签的添加。因此，无监督方法的弹幕情感分析研究受到关注。J. Li 和 Y. Li[216]利用经典情感词典和 TF-IDF 构建弹幕专用情感词典，再通过词向量模型得到弹幕特征词，该方法利用词向量模型保留了上下文信息，并且算法简单有效；Z. Li[217]提出了基于情感词典和贝叶斯的弹幕情感分析方法，从七种情感维度为弹幕情绪打分。上述无监督方法均保留了网络新词的情感特征，进而提高了情感分析的准确度。

在文本预处理阶段，弹幕网络新词通常会被删除，导致用户情感信息的丢失，因此上述方法均通过网络新词识别保留文本特征。网络新词识别可以分为规则法和统计法[218]。曾浩等[219]通过建立构词规则提升了新词识别的准确度。赵志滨等[220]利用句法规则和词向量识别的领域新词。但是，此类基于规则的方法过多依赖构词规则、句法规则和字典，导致灵活性差和适用范围有限，一般不适用于口语化的文本。统计法包括词频统计[221]、互信息[222]（Mutual Information，MI）、信息熵[223]（Information Entropy，IE）。李文坤等[224]提出了“散串”的概念，以及内部紧密和外部自由度高则为新词的观点。刘伟童等[225]在上述观点基础上进行了改进，融合了互信息和邻接熵两种统计法，该方法摆脱了对规则和字典的依赖，更适用于弹幕网络新词识别。但是，弹幕文本长度短导致上下文信息不足，降低了邻接熵对成词的影响，因此，需要分别调整两种统计法的权重。

除了弹幕情感分析，弹幕分类和聚类方面的研究工作也逐渐开展。邱宁佳等[226]提出了一种基于卷积神经网络模型的弹幕文本分类法，该方法利用主动学习算法对弹幕文本进行标注，避免了人工标注的时间损耗，但是标注精度低，算法训练耗时长。洪庆等[227]提出了基于动态时间规整的 K-Means 聚类方法，通过自定义网络新词词典得到情感特征值，再利用 K-means 对情感特征值进行聚类，该方法简单有效，但是没有解决弹幕特征稀疏问题，聚类效果仍有待提高。

另外，考虑到弹幕的时间特性，一些学者结合时间信息进行聚类分析。

Q. Bai 等[228]提出了一种联合在线非负矩阵分解模型（Joint Online Nonnegative Matrix Factorization model, JO-NMF），该方法结合相邻时间内文本的内部关系实现了弹幕主题的聚类；G. Lv 等[229]提出了一种时间深度结构化语义模型（Temporal Deep Structured Semantic Model, T-DSSM），该方法结合时间计算弹幕的相关性并且表示为语义向量，再计算向量相似度对弹幕进行聚类，以划分视频片段。实验表明，这些方法的聚类效果相比基线方法有进一步提高。

5.3 融合特征扩展和词对过滤的 oBTM 主题模型

弹幕文本包含大量网络新词，这些词语在分词和去停用词过程中被删除，从而导致文本特征稀疏问题进一步加重。另外，oBTM 双词共现建模方式和特征扩展是解决特征稀疏的有效方法。本节充分考虑弹幕中网络新词占比较大的特点，在利用 oBTM 对弹幕进行建模前，识别网络新词，通过 Word2Vec 词向量模型提取关联词，并且利用这些词语的关联词来扩展文本特征，降低特征稀疏的程度，同时过滤扩展过程中引入的噪声特征，进一步优化聚类效果。为此，提出了面向弹幕短文本流的融合特征扩展和词对过滤的 oBTM 主题模型。将融合特征扩展和词对过滤的 oBTM 主题模型应用到弹幕短文本流分析中，提出基于特征扩展和词对过滤 oBTM 的弹幕短文本流聚类算法 FEF-oBTM。

5.3.1 问题描述

5.3.1.1 网络新词

网络新词具有高度流行和快速变化的特征，也称为未登录词或者未知词。对基于词典的模型，它指的是出现在语料库中但不在字典中的词语[230]。在文本分析领域，语料库一般为文本数据集分词、去停用词之后的集合。另外，jieba 分词词典不仅是一种简单有效的分词工具，而且还能够根据词频搜索最大概率路径和获取最佳词组[231]。因此，本节使用 jieba 对弹幕进行分词。

定义 5-1 假设数据集为弹幕，弹幕经过 jieba 分词进行预处理得到弹幕词集，则网络新词被定义为出现在弹幕词集中，但是不包括在 jieba 分词词典中的词语。

例 5-1 假设提取电视剧《都挺好》的部分弹幕，识别网络新词前后的两次分词结果见表 5-1。

表 5-1 分词效果展示

《都挺好》弹幕（部分）	识别网络新词前的分词结果	识别网络新词后的分词结果
倪大红演技圈粉，为他打 call	倪/大红/演技/圈粉/为/他/打/call	倪大红/演技/圈粉/为/他/打 call

续表 5-1

《都挺好》弹幕（部分）	识别网络新词前的分词结果	识别网络新词后的分词结果
这剧揭开了原生家庭的伤疤	揭开/原生/家庭/伤疤	揭开/原生家庭/伤疤
明玉有这么一群吸血亲戚，让人蓝瘦香菇	明玉/有/这么/一群/吸血/亲戚/让/人/蓝/瘦/香菇	明玉/有/这么/一群/吸血亲戚/让/人/蓝瘦香菇

其中，“倪大红”“打 call”“原生家庭”“吸血亲戚”和“蓝瘦香菇”都属于网络新词，这些词语包括流行语、实体名词（如人名、地名）、社会事件引入的新名词等。

5.3.1.2 短文本特征扩展

社交媒体平台产生的文本有文本长度短、网络新词多、错别字多、语法不规则的特点。在分词处理时，网络新词、错别字会被拆分成无意义的词语或者单字，导致文本特征缺失；此外，在特征表示时，语法不规则导致上下文语义信息的缺失，这两方面的问题加剧了文本特征的稀疏性。因此，特征扩展方法在短文本分析领域被广泛使用。其中，基于内部信息或外部知识的特征扩展方法最为常见[232]，这两种方法的一般框架如图 5-2 所示。

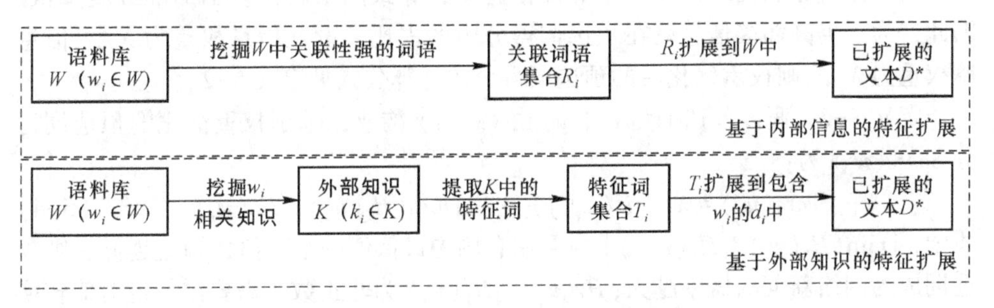

图 5-2 短文本特征扩展方法框架图

图 5-2 展示的是目前常用的两种短文本特征扩展框架，语料库由数据集预处理得到。其中，内部信息指的是通过统计学方法挖掘获得的文本数据集本身的特征，这类统计学方法有上下文向量空间模型、耦合项关系方法和语义信息结合统计学信息方法[233]；外部知识指的是提取文本数据集外部相关文本获得的特征，外部知识获取来源一般有词网（WordNet）、维基百科（Wikipedia）、百度百科（Baidupedia）、知网（HowNet）或者搜索引擎。

5.3.1.3 基于权重优化的网络新词得分

利用网络新词进行特征扩展的前提是有效识别网络新词，点间互信息[234]和邻接信息熵[223]是识别网络新词的有效方法。弹幕文本短，导致上下文信息量小，进一步影响点间互信息或者邻接信息熵判定结果的准确度，因此，提出一种权重优化的点间互信息和邻接信息熵算法，以提高网络新词识别的准确度。

点间互信息反映的是相邻词语的紧密度，点间互信息 PMI 值越大，则说明词语 x 和词语 y 的相关性越大；反之，则相关性较低。互信息计算公式如下：

$$PMI(x,\ y) = \mathrm{lb}\,\frac{P(x,\ y)}{P(x)P(y)} \tag{5-1}$$

式中，$P(x,\ y)$ 为 x 和 y 同时出现的概率；$P(x)$，$P(y)$ 为 x 或 y 单独出现的概率。

另外，邻接信息熵反映了某预选词在前后文中的自由度，若某预选词语左右词语发生变化的次数多，则该预选词的自由度高，说明该预选词是一个新词的概率大。邻接信息熵计算公式如下：

$$H_{\mathrm{L}}(w_i) = -\sum_{\forall a \in A} P(aw_i \mid w_i) \cdot \mathrm{lb}P(aw_i \mid w_i) \tag{5-2}$$

$$H_{\mathrm{R}}(w_i) = -\sum_{\forall \mathrm{b} \in B} P(w_i b \mid w_i) \cdot \mathrm{lb}P(w_i b \mid w_i) \tag{5-3}$$

式中，$A(a \in A)$ 为预选词 w_i 的左侧词语的集合；$B(b \in B)$ 为预选词 w_i 右侧词语的集合；$P(aw_i \mid w_i)$ 为预选词为 w_i 的情况下，预选词 w_i 左侧词语是 a 的概率；$P(w_i b \mid w_i)$ 为预选词为 w_i 的情况下，预选词 w_i 右侧词语是 b 的概率。

弹幕上下文信息较少，预选词的邻接信息熵常常为 0。此时，点间互信息对预选词得分的影响程度往往大于邻接信息熵，导致网络新词识别的准确度降低。因此，为了提高邻接信息熵在预选词得分中的占比，设互信息权重为 λ_1， 信息熵权重为 λ_2， 则权重优化后的预选词得分的计算公式见定义 5-2。

定义 5-2 假设预选词为 w_i，w_i 由 $(x,\ y)$ 构成，基于权重优化的预选词得分 $Score(w_i)$ 为：

$$Score(w_i) = \lambda_1 PMI(x,\ y) + \lambda_2 \left| \min(H_{\mathrm{L}}(w_i),\ H_{\mathrm{R}}(w_i)) \right| \tag{5-4}$$

式中，$\left| \min(H_{\mathrm{L}}(w_i),\ H_{\mathrm{R}}(w_i)) \right|$ 为取左右熵中最低值的绝对值，熵值越低，则预选词成为网络新词的概率越大；$H_{\mathrm{L}}(w_i)$，$H_{\mathrm{R}}(w_i)$ 为非正数，需要添加绝对值转换为正值。λ_1 和 λ_2 的表达式如下：

$$\lambda_1 = \frac{PMI(x,\ y) - \overline{PMI}}{\overline{PMI}} \tag{5-5}$$

$$\lambda_2 = \frac{2 \times \sqrt{(H_{\mathrm{L}}(w_i) - \overline{H}_{\mathrm{L}})^2 + (H_{\mathrm{R}}(w_i) - \overline{H}_{\mathrm{R}})^2}}{\overline{H}_{\mathrm{L}} + \overline{H}_{\mathrm{R}}} \tag{5-6}$$

式中，$\overline{PMI}$ 为所有预选词的平均点间互信息值；$\overline{H}_{\mathrm{L}}$，$\overline{H}_{\mathrm{R}}$ 为所有预选词的平均左信息熵值和平均右信息熵值。

通过 λ_1 和 λ_2 优化 $PMI(x,\ y)$ 和 $\min(H_{\mathrm{L}}(w_i),\ H_{\mathrm{R}}(w_i))$ 对预选词判定的影响程度。若 $\lambda_1 > \lambda_2$， 说明 $PMI(x,\ y)$ 对预选词影响程度比 $\min(H_{\mathrm{L}}(w_i),\ H_{\mathrm{R}}(w_i))$ 大；若 $\lambda_1 < \lambda_2$， 说明 $PMI(x,\ y)$ 对预选词影响程度比 $\min(H_{\mathrm{L}}(w_i),\ H_{\mathrm{R}}(w_i))$ 小。

例 5-2 假设对《都挺好》电视剧的部分弹幕进行网络新词识别，权重优化前后的网络新词发现算法的预选词得分见表 5-2。

表 5-2 预选词得分

预选词	权重优化前预选词得分	权重优化后预选词得分
原生家庭	未识别	20.84
吸血亲戚	16.814	16.91
蓝瘦香菇	18.273	18.27
倪大红	14.851	15.59
打 call	14.479	14.27

表 5-2 说明权重优化后，网络新词（如“原生家庭”）的识别率得到提升，并且部分网络新词（如“倪大红”）的得分得到提高。

5.3.1.4 词对过滤

弹幕包含一些低频词，这些词语本身不具有特殊含义并且对弹幕主题影响很小。另外，弹幕特征扩展时，外部知识引入的部分词语和弹幕主题没有关联，但是因为与弹幕网络新词相关而被引入，在 oBTM 建模时，这类词语组合而成的词对属于噪声词对，在一定程度影响聚类结果的准确性。因此，为了在 oBTM 建模时过滤掉噪声词对，提出基于 Single-pass 的 oBTM 词对过滤方法。该方法利用 Single-pass 对词对进行聚类，删除聚类结果中仅包含单个词对的类簇，保留的词对继续 oBTM 建模。

定义 5-3 oBTM 建模的 t 时刻内，如果噪声词对保存为 $n_{bi}^{(t)}$，聚类前词对为 $b_i^{(t)}$，过滤后的词对表示为 $b_i^{*(t)}$，$b_i^{*(t)}$ 计算公式如下：

$$\{b_i^{*(t)}\} = \{b_i^{(t)}\} - \{n_{bi}^{(t)}\}(b_i^{*(t)} \in B^{(t)}) \tag{5-7}$$

式中，$B^{(t)}$ 为 oBTM 词对集合，词对过滤后的 $B^{(t)}$ 继续参与后续的建模过程，公式推导见文献［235］。

例 5-3 假设已完成对《都挺好》部分弹幕的特征扩展，聚类前词对集合与聚类后词对过滤结果见表 5-3。

表 5-3 词对过滤效果展示

状态	结果
聚类前	{{倪大红，演技}，{倪大红，圈粉}，{倪大红，打 call}，{倪大红，流行语}，{倪大红，喜爱}，{演技，圈粉}，{演技，打 call}，{演技，流行语}，{演技，喜爱}，{圈粉，打 call}，{圈粉，流行语}，{圈粉，喜爱}，{打 call，流行语}，{打 call，喜爱}，{流行语，喜爱}} {{喜爱，倪大红}，{喜爱，演技}，{倪大红，演技}}

续表 5-3

状 态	结 果
词对过滤	{{倪大红，演技}，{倪大红，喜爱}，{演技，喜爱}，{圈粉，喜爱}，{打call，喜爱}} {{喜爱，倪大红}，{喜爱，演技}，{倪大红，演技}}

表 5-3 中，“打 call”为弹幕新词，其在百度百科中的引申义为“网络流行词，泛指对某人的喜爱与应援”，假设“打 call”外部知识引入的特征词为“流行词”和“喜爱”，观察聚类前的词对集合，带有“流行词”的词对被过滤。

5.3.1.5 Word2Vec 词向量模型

词向量模型包括连续词袋模型（Continuous Bag of Words，CBOW）和 Skip-gram 模型两种结构。该模型能够在提取文本特征时保留语义信息，常用于计算词语间的相似度。CBOW 模型是通过上下文来推测某一词语，Skip-gram 模型理论上是通过某一词语来预测其上下文词语，其结构如图 5-3 所示，CBOW 与 Skip-gram 的输入输出层正好相反。

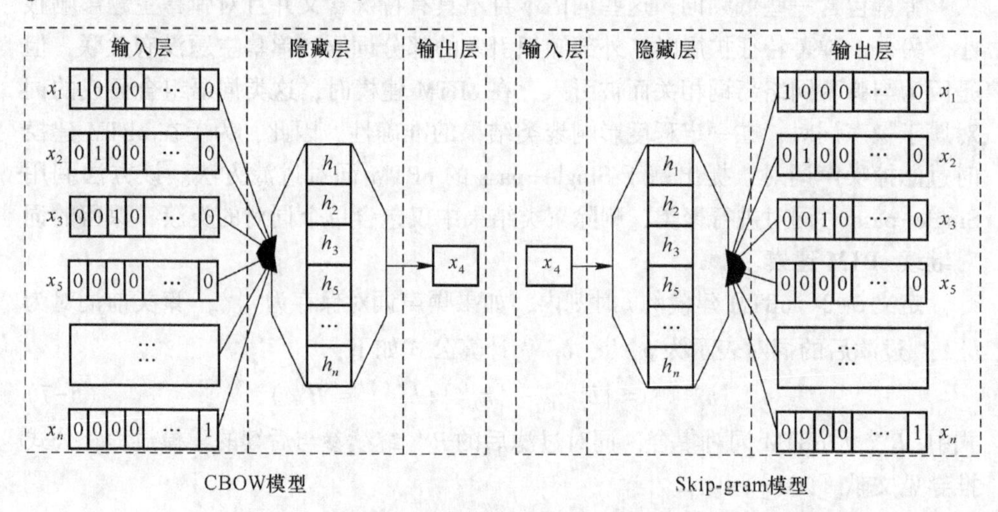

图 5-3 CBOW 模型与 Skip-gram 模型

以图 5-3 中的 CBOW 模型为例阐述 Word2Vec 训练词向量的过程，x_1，x_2，x_3，x_5，…，x_n 是 x_4 上下文中的词语，首先，每个词语都用 one-hot 向量表示，得到的矩阵和权重矩阵 $\boldsymbol{W}$ 相乘，乘积的加权均向量输入隐藏层；然后，输入向量乘以权重矩阵 $\boldsymbol{W}^*$，乘积传递给输出层；最后，观察隐藏层输出的向量和输出层的 x_4 向量，根据比较结果反推 $\boldsymbol{W}^*$，此时，需要梯度下降方法近似得到目标函数。Word2Vec 的梯度下降方法有分层 Softmax（Hierarchical Softmax）和负采样（Nagative Sampling）两种。Skip-gram 模型的训练过程与 CBOW 相反，隐藏层目标函数的优化过程有所不同，详细公式推导过程详见文献［236］。

5.3.2 FEF-oBTM 算法设计

FEF-oBTM 算法主要设计了网络新词识别算法、网络新词特征扩展方法和词对过滤 oBTM，分别对应三个阶段，如图 5-4 所示。

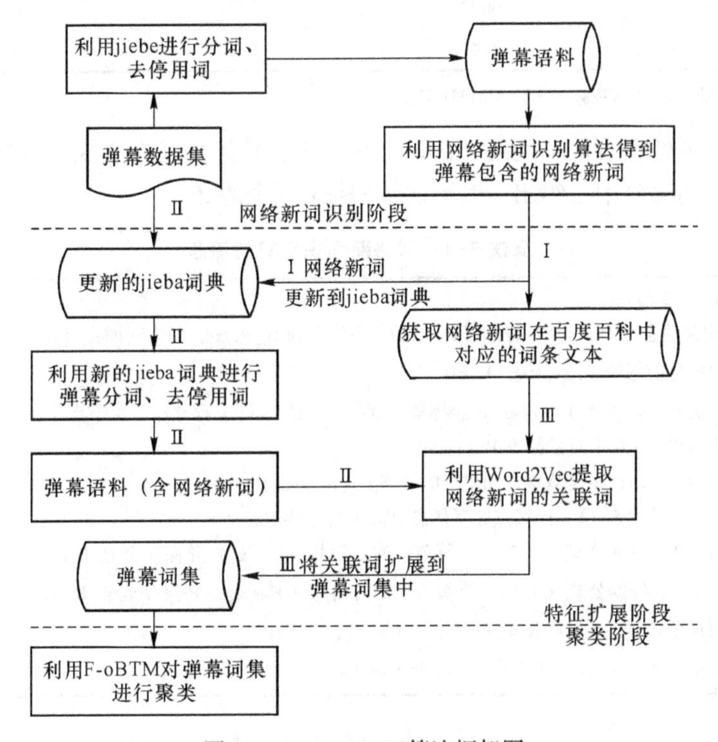

图 5-4 FEF-oBTM 算法框架图

图 5-4 中，FEF-oBTM 算法的三个阶段具体过程描述为网络新词识别阶段、网络新词特征扩展和聚类。

5.3.2.1 网络新词识别阶段

针对弹幕文本长度短导致的上下文信息偏少的问题，提出了基于权重优化的网络新词识别算法。第一步，利用 jieba 分词算法对弹幕数据集进行预处理，得到弹幕语料；第二步，利用网络新词识别算法分析弹幕语料，得到网络新词。

网络新词识别算法在 FEF-oBTM 算法中属于弹幕预处理的过程，一般的文本预处理过程包括数据获取、格式处理、删除非中文字符、分词、去停用词五个阶段。弹幕和评论区发表的短文本不同，弹幕文本长度更短，并且包含大量的网络新词，这些词语中包含部分非中文文本，见表 5-4。然而，这些网络新词能够表达用户观点和情感，因此，弹幕预处理包括弹幕获取、格式处理、jieba 分词、去停用词、网络新词识别、扩充 jieba 分词词典、利用扩充后的 jieba 分词和去停用词，这种预处理过程能够保留网络新词，以对网络新词外部知识进行获取和分析。

表 5-4 弹幕与评论区短文本比较

项　目	文本数/条	平均长度/字符	网络新词占比/%
弹幕	6000	12.37	12.28
评论区文本	3242	45.44	3.26

来源：哔哩哔哩网站视频号 BV1Kt411U7Hz。

在弹幕预处理阶段，网络新词识别是关键，具体公式在 5.3.1 节基于权重优化的网络新词得分中已给出，其算法流程描述见算法 5-1。

算法 5-1 网络新词识别算法流程

输入：弹幕语料 corpus

输出：点间互信息 PMI.txt，左信息熵 H_L.txt，右信息熵 H_R.txt，网络新词 w_i（$i=1, 2\cdots, N$）

步骤 1：初始化前缀树 T，$\lambda_1=0$，$\lambda_2=0$

步骤 2：遍历 corpus 写入 T；//corpus 经弹幕分词得到，语料 x，y 存储在 T 的节点中；

步骤 3：遍历 T，计算节点的频率 P（node）

步骤 4：遍历 T，计算相连节点共同出现的概率 P（bi_node）

步骤 5：根据公式（5-1），计算点间互信息 PMI 并保存为 PMI.txt

步骤 6：遍历 T，根据公式（5-2），计算节点的左信息熵 $H_L(w_i)$ 并保存至 H_L.txt

步骤 7：遍历 T，根据公式（5-3），计算节点的右信息熵 $H_R(w_i)$ 并保存至 H_R.txt

步骤 8：根据公式（5-5）和公式（5-6），计算 λ_1，λ_2 的值

步骤 9：根据公式（5-4），计算节点的得分 $Score(w_i)$

算法 5-1 中，输出结果 w_i 包含所有预选词，但是，存在一些预选词并非网络新词。这部分词语需要人工筛选出来并删除，最终保留下来的预选词即为网络新词。

5.3.2.2 网络新词特征扩展

为了获取网络新词的语义信息和解决弹幕文本特征稀疏问题，设计了基于网络新词的特征扩展方法。首先，在百度百科中提取网络新词对应的词条文本，同时将网络新词更新到 jieba 词典中；然后，利用新的 jieba 分词对弹幕进行预处理，得到弹幕语料（含网络新词）；最后，利用 Word2Vec 在词条文本和弹幕语料中提取网络新词的关联词，并扩展到弹幕词集中。

网络新词的特征需要从外部知识提取。然而，外部知识会引入噪声特征，影响聚类效果。例如，文本讨论的核心是“5G 技术”，然而外部知识还会引入“工信部”“运营商”等特征词，这些词语和“5G 技术”相关，和原文本的主题关联度低，即为噪声特征。另外，弹幕文本长度短，导致内部信息特征提取的准确度低。例如，“这样的事情真让人蓝瘦香菇”“这件事情让人无比振奋”，根据

上下文关系进行特征表示时，“蓝瘦香菇”和“振奋”会被识别为相近词，但不符合实际关系。

本节结合内部信息和外部知识特征扩展方法，提出基于网络新词的特征扩展，框架如图 5-5 所示。

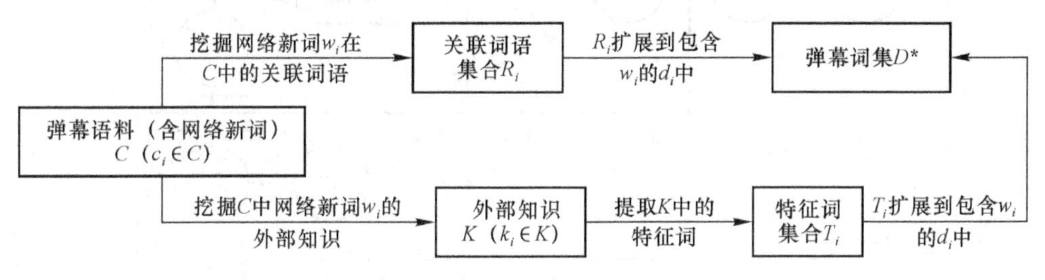

图 5-5 基于网络新词的特征扩展框架图

图 5-5 中，弹幕语料 C 已包含网络新词 w_i。上分支是关于弹幕内部信息的特征扩展，利用 Word2Vec 提取 w_i 在 C 中的关联词语集合 R_i；下分支是关于网络新词外部知识的特征扩展，外部知识为百度百科中网络新词对应的词条文本，利用 Word2Vec 提取 w_i 在相关词条文本中的特征词集合 T_i。最后，将 R_i 和 T_i 扩展到 w_i 相对应的文本 d_i 中，得到弹幕词集 D^*。通过引入内部信息特征，减小外部知识引入的噪声特征在弹幕词集中的比例。特征扩展的代码实现流程描述见算法 5-2。

算法 5-2 特征扩展算法流程

输入：网络新词 $w_i(i = 1, 2, \cdots, N)$；弹幕文本集合 D；百度百科词条集合 entry. txt.
输出：弹幕词集 D^*
步骤 1：w_i 更新到 jieba 分词词典
步骤 2：利用词典更新的 jieba 分词对 D 进行预处理
步骤 3：预处理结果写入 D
步骤 4：利用 Word2Vec 提取 entry. txt 中 w_i 的 Top5 关联词 T_i
步骤 5：利用 Word2Vec 提取 D' 中 w_i 的 Top5 关联词 R_i
步骤 6：R_i 和 T_i 写入弹幕词集中 w_i 对应的位置，得到 D^*

Top5 关联词和网络新词语义相近度高，并且增加 5 个关联词，不会改变弹幕的短文本流属性。因此，上述算法仅取 Top5 关联词 T_i 和 R_i 进行特征扩展。

5.3.2.3 聚类

针对弹幕的时序性特点，利用 oBTM 对弹幕词集进行聚类。

在网络新词特征扩展中，利用网络新词在外部知识和弹幕中的关联词进行特征扩展，在降低特征稀疏性的同时引入了噪声特征。此外，弹幕本身也含有噪声特征，导致 oBTM 聚类效果欠佳。因此，提出了基于词对过滤的 oBTM 主题模型 F-oBTM，进一步提高了聚类精度。F-oBTM 主题模型如图 5-6 所示。

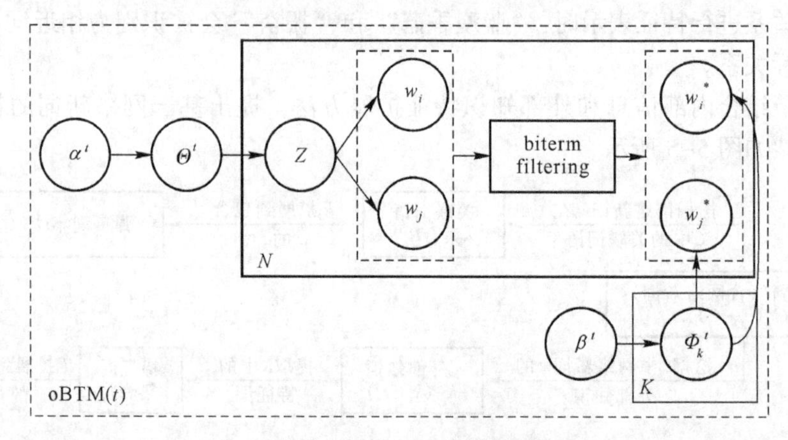

图 5-6 F-oBTM 主题模型

图 5-6 中，展示了 t 时间片内 F-oBTM 的建模过程，(w_i，w_j) 代表公式（5-7）中的词对 $b_i^{(t)}$，（w_i^*，w_j^*）代表公式（5-7）中的词对 $b_i^{*(t)}$。另外，biterm filtering 代表词对过滤。首先，通过 Single-pass 算法[237]对词对 $b_i^{(t)}$ 进行聚类；然后，删除聚类结果中只包含一个词对的类簇；最后，保留的词对 $b_i^{*(t)}$ 进行后续的建模过程。词对过滤过程如图 5-7 所示。

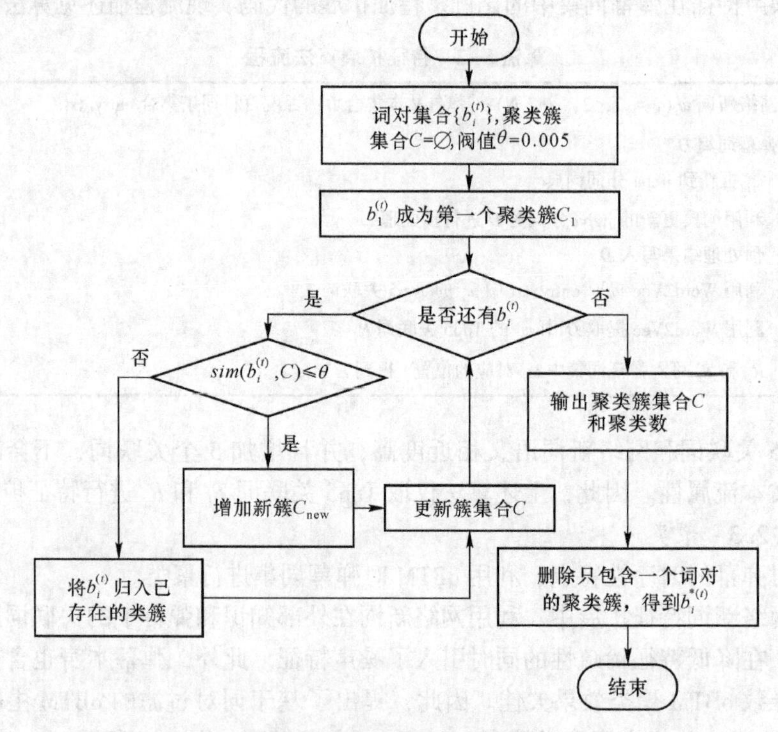

图 5-7 词对过滤算法流程图

图 5-7 中，算法输入为 $b_i^{(t)}$，聚类簇集合 C，阈值 $\theta=0.005$，具体实验中，当 $\theta<0.005$ 时，聚类簇数恒为 3949，因此选择 0.005 作为阈值。首先，将 $b_i^{(t)}$ 转化为向量，$b_1^{(t)}$ 为第一个类簇，然后，判断 $b_i^{(t)}$ 是否输入完毕。若集合中仍有 $b_i^{(t)}$，$b_i^{(t)}$ 依次输入，后续进入的 $b_i^{(t)}$ 向量和 $b_1^{(t)}$ 向量进行余弦距离 sim 计算，若 $sim\leqslant\theta$，则说明 $b_i^{(t)}$ 和 $b_1^{(t)}$ 不属于一类；否则，$b_i^{(t)}$ 和 $b_1^{(t)}$ 属于同类簇，更新聚类结果到 C 中，再判断 $b_i^{(t)}$ 是否输入完毕，依次进行下去，直到 $b_i^{(t)}$ 全部聚类完毕。最后，输出结果 C，删除 C 中只包含一个 $b_i^{(t)}$ 的类簇，得到 $b_i^{*(t)}$ 后继续进行 oBTM 建模。

完全删除聚类结果中单个词对的类簇，会损失文本的语义连贯性，但是弹幕文本长度短，这些低频词对所在的文本不具有代表性。因此，删除低频词对对聚类精度产生的负面影响要小于删除噪声词对对聚类精度的正面影响，总体上起到提升聚类精度的作用。

FEF-oBTM 算法以 oBTM 主题模型为基础，充分考虑了短文本流的数据特点，在文本预处理、文本特征扩展和噪声特征处理三方面对 oBTM 进行改进。

在文本预处理时，提出基于权重优化的网络新词识别算法，保留了弹幕的网络新词。在特征扩展过程中，设计了融合外部知识和内部信息的特征扩展方法，进一步利用外部知识保留了网络新词的特征。在噪声特征处理时，提出了 F-oBTM 模型，过滤了网络新词外部知识引入的噪声特征。这三种算法在前面几个小节已做了详细说明，算法关系如图 5-8 所示。

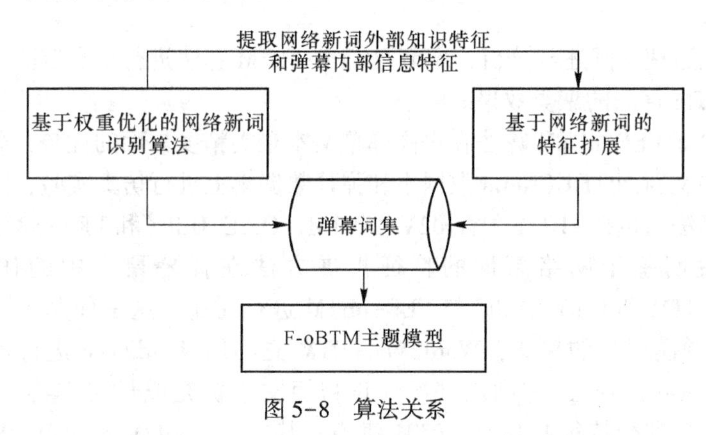

图 5-8 算法关系

图 5-8 中，网络新词识别算法的结果用于两个方面，一方面，用于扩充弹幕词集中；另一方面，用于爬取网络新词的外部知识。根据上述算法关系，整理出 FEF-oBTM 算法流程描述见算法 5-3。

算法 5-3　FEF-oBTM 算法流程

输入：弹幕数据集 D；Single-pass 阈值 $\theta=0.005$；聚类簇集合 $C=\varnothing$；主题数 $K=6$；超参数 $\alpha=50/K$ 和 $\beta=0.005$；迭代次数 $n\_iter=1000$；时间片数 $day=3$；衰减因子 $\lambda=1$

输出：网络新词 $w_i(i=1, 2\cdots, N)$；弹幕词集 D^*；词对集合 $b_i^{*(t)}$；主题特征词 $topic_i^k$；分布 θ^t 和 ϕ^t

步骤 1：D 经过 jieba 分词写入弹幕语料库 corpus

步骤 2：根据算法 5-1 获取 w_i

步骤 3：将 w_i 更新到 corpus 中

步骤 4：获取 w_i 对应的百度百科词条 entry. txt

步骤 5：根据算法 5-2 扩展 corpus，获得弹幕词集 D^*

步骤 6：根据 D^* 得到 $b_i^{(t)}$

步骤 7：利用 Single-pass 对 $b_i^{(t)}$ 进行聚类

步骤 8：删除聚类结果中只包含单个 $b_i^{(t)}$ 的类簇，获得 $b_i^{*(t)}$

步骤 9：对 $b_i^{*(t)}$ 进行 oBTM 建模

算法 5-3 中，弹幕语料库 corpus 指的是弹幕预处理后得到的词语集合，通过将网络新词和其关联词扩展 corpus，得到弹幕词集 D^*。输入中 Single-pass 阈值的设定在本节网络新词特征扩展中已说明，模型参数 $K=6$；$\alpha=50/K$、$\beta=0.005$、$n\_iter=1000$、$day=3$ 和 $\lambda=1$ 均为具体实验中的设定，$K=6$ 由一致性得分 Umass 的评价结果获得。

5.4　FEF-oBTM 实验结果及分析

根据上述理论阐述与分析，本节对 FEF-oBTM 算法进行仿真实验，主要验证了 FEF-oBTM 算法的聚类效果。

为了验证 FEF-oBTM 算法在提高弹幕文本聚类精度方面的优势，分别在清华 NLP 经典中文新闻 THUCNews 数据集和弹幕数据集上进行仿真实验，同时设计了四组对比算法，包括 oBTM、Word2Vec+BTM、OurE. Drift* 和 FEF-oBTM 算法。

为了说明基于网络新词的特征扩展方法在弹幕聚类中的作用，选择 Word2Vec+BTM 和 OurE. Drift* 与 FEF-oBTM 进行对比，这三种算法均为“短文本处理+主题模型”的模式，Word2Vec+BTM 先利用 Word2Vec 进行特征提取再 BTM 建模，OurE. Drift* 先利用外部知识将短文本扩充成长文本再 oBTM 建模，FEF-oBTM 先进行特征扩展再 oBTM 建模。其中，Word2Vec+BTM 算法在文献 [238] 中提出，该算法使用 Word2Vec 训练词语向量，然后使用 BTM 从词语向量中提取特征。OurE. Drift* 算法参考文献 [239]，该算法首先利用外部知识库获取与短文本相关的内容，这些内容为长文本，然后利用 LDA 提取这些长文本的特征并扩充到短文本中，最后通过 oBTM 对扩充后的文本进行主题抽取。

5.4.1 实验数据采集及预处理

选取的数据集分别为经典中文新闻文本数据集 THUCNews 和哔哩哔哩视频的弹幕数据集。弹幕数据集是用户社交所产生的短文本集合，不会因为时间或事件的改变而产生数据特点的变化，任何时间任何视频下的弹幕数据均为长度短、网络新词多的文本。因此，本节选取的弹幕数据集具有一定普适性。THUCNews 数据集是清华 NLP 组提供的，数据量大，包括 14 个领域的新闻文本，每个领域均为 6500 个文本，具有普适性和权威性。

为了保证实验的客观性，THUCNews 数据集需要和弹幕数据集保持相同的文本数，因此，实验随机选取了该数据集中经济、体育、家具、教育、娱乐和科技 6 个领域的新闻，每个领域取 1000 条数据。另外，新闻标题可以看作是一种短文本数据，因此，只保留 6 个领域新闻文本的标题部分，保存为 THUCNews. txt，结果见表 5-5。

表 5-5 THUCNews 文本选取示例

项目	源格式	选取内容
0. txt	摩托罗拉：GPON 在 FTTH 中比 EPON 更有优势 2009 年，在国内光进铜退的火热趋势下……	摩托罗拉：GPON 在 FTTH 中比 EPON 更有优势
1. txt	法国欢迎理科生 商学院学生易就业 在 3 月 24 日的法国文化开放日活动的……	法国欢迎理科生　商学院学生易就业
2. txt	民国时期最美的电影女明星到底是谁 说到中国历史上第一次大众参与的选美……	民国时期最美的电影女明星到底是谁

下面爬取的是哔哩哔哩网站中视频号为 BV1Kt411U7Hz 的弹幕，弹幕日期为 2018 年 11 月 12~14 日。通过工具 Fiddler4 获取弹幕对应的数据包，数据一般存储在 api. bilibili. com/x/v1/dm/list. so? oid = * 格式网页中。弹幕以 XML 格式导出并进行分词处理并存储为 . txt 文件，结果见表 5-6。

表 5-6 弹幕数据集示例

XML 格式	弹幕分词
<d p="2421. 65300，1，25，16777215，1542016731，0，9cabda7e，166307\ \ 99812001792" >一带一路，一条水路一条陆路，看得真远啊</d>	一带　一路　一条　水路　一条　陆路　看得　真远　啊
<d p="44. 27800，1，25，15138834，1561558671，0，d5395ff9，180441560\ \ 49883136" >中国制造业更齐全，正常人都不会觉得中国会更亏</d>	中国　制造业　更　齐全　正常人　都　不会　觉得　中国　会　更　亏

续表 5-6

XML 格式	弹幕分词
<d p = " 962. 72700，1，25，41194，1542016722，0，6aa0dfec，16630799809904640" >在国外即便是大学非理化类学的数学还不及国内的高三水平</d>	在 国外 即便 是 大学 非 理化 类学 的 数学 还 不及 国内 的 高三 水平

弹幕数据集和 THUCNews 数据集的相关信息见表 5-7。

表 5-7 数据集相关信息

数据集（名称）	文本数目/条	文本平均长度/字符	类别数目/个
弹幕	6000	12. 37	无
THUCNews	6000	18. 19	6

表 5-7 中，弹幕类别通过实验测试获得，THUCNews 类别数目已知为 6 类；在文本平均长度方面，THUCNews 数据集大于弹幕数据集。

5. 4. 2 实验环境搭建

所有实验都在个人 PC 上进行，PC 的内存为 8. 0GB，CPU 为 Intel(R) Core(TM) i5 1. 60GHz。Ubuntu 16. 04 虚拟机为测试系统，算法由 Visual Studio Code 1. 39. 2（配置：Python3. 7，C/C++）软件编译。

5. 4. 3 评价指标

Umass 是一致性得分[240]（Coherence score）指标中的一种度量方法，能够对主题模型进行评价。*Umass* 表示特征词对出现在同一主题中的概率，*Umass* 值越大，说明模型质量越好，计算公式如下：

$$Umass\text{ 值} = \sum_{(v_i,\ v_j) \in V} \lg \frac{D(v_i,\ v_j) + 1}{D(v_j)} \tag{5-8}$$

式中，$D(v_i,\ v_j)$ 为包含 v_i，v_j 词语对的文本数量；$D(v_j)$ 为包含 v_j 的文本数量；V 为每个类簇的特征词集合，并且 $v_i \neq v_j$。

F_1 值（F_1-measure）是一种常用且有效的评价指标，结合了精确率和召回率两种度量标准，计算公式如下：

$$F_1\text{ 值} = \frac{2PR}{P + R} \tag{5-9}$$

式中，P 为真实情况下正确样本占样本所在类别中的比例；R 为真实情况下正确样本占理论上样本所在类别中的比例。

纯度[241]是一种常用的聚类评价指标，表示正确聚类的最大样本数占总样本的比例，能够反映出样本聚类结果和原始类别结构的符合度，计算公式如下：

$$Purity(\{T_k\}, \{c_i\}) = \frac{1}{N}\sum_{k}\max_{i}(T_k \cap c_i) \tag{5-10}$$

式中，$\{T_k\}$ 为聚类结果集合；$\{c_i\}$ 为原始类别划分结果集合；N 为被聚类的特征词总数；k 为类簇个数；T_k 为 $\{T_k\}$ 中的第 k 个类簇；c_i 为 $\{c_i\}$ 中的第 i 个原始类簇；$\max_{i}(T_k \cap c_i)$ 为依次统计 T_k 中的特征词在和 $\{c_i\}$ 中出现的总次数的最大值，k 由 Umass 对算法的评价结果获得。

为了客观地评价聚类效果，除了纯度，另外采用 *NMI* 值[242]指标对聚类效果进行评估。*NMI* 值一般用于描述同一类别中词语的相关性，在聚类中能够分析类簇内词语的相关度，计算公式如下：

$$NMI(x, y) = \frac{2}{-\sum P(x)\lg P(x) - \sum P(y)\lg P(y)} \times \sum\sum P(x, y)\lg\frac{P(x, y)}{P(x)P(y)} \tag{5-11}$$

式中，$P(x, y)$ 为同一类别中的词语 x 和词语 y 在滑动窗口中同时出现的联合概率分布；$P(x)$，$P(y)$ 为词语 x 和词语 y 在边缘概率分布范围内出现在滑动窗口中的边缘概率；x，y 为取同一类簇的词语，并且 $x \neq y$。

5.4.4 权重优化效果测试

利用 F_1 值[243]对基于权重优化的网络新词识别算法进行评价。对于该算法，P 值等于真实情况下正确识别的网络新词数量与真实情况下所有被识别的弹幕词语总数的商值，R 值等于真实情况下正确识别的网络新词数量与理论上弹幕包含的网络新词总数的商值。通过改变权重的取值设计了 4 组对比实验，结果见表 5-8。

表 5-8 网络新词识别算法精确率和召回率

组别	权 重	精确率	召回率
(1)	$\lambda_1 = 1$, $\lambda_2 = 0$	0.533	0.8
(2)	$\lambda_1 = 0$, $\lambda_2 = 1$	0.509	0.58
(3)	$\lambda_1 = 0.5$, $\lambda_2 = 0.5$	0.616	0.69
(4)	λ_1 = 公式(3 - 5)，λ_2 = 公式(3 - 6)	0.692	0.9

表 5-8 展示了不同权重下，网络新词识别算法的精确率 P 和召回率 R 结果，其中，第（4）组权重由公式设定，取值不断变化；第（1）组代表了仅利用互信息进行识别的情况；第（2）组代表了仅利用邻接信息熵进行识别的情况；第（3）组代表了权重恒定且相等的情况。计算 P 和 R 的调和平均值得到 F_1 值，结果如图 5-9 所示。

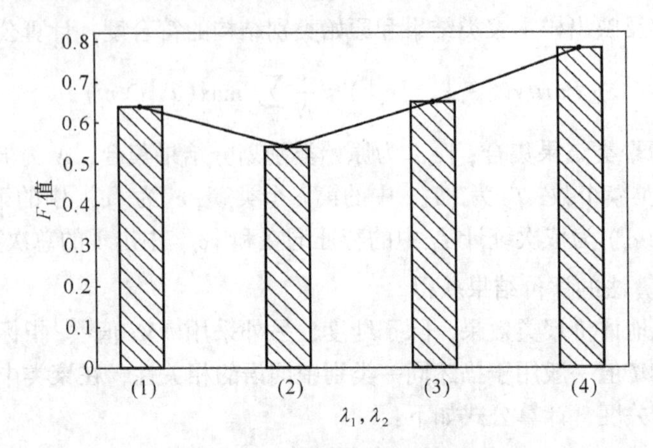

图 5-9 不同权值下的 F_1 值

图 5-9 中，权重优化后的算法 F_1 值最大，说明通过优化点间互信息和邻接信息熵的权重，提高了网络新词识别的效果。根据组(1)和组(2)的结果可知，邻接信息熵算法的 F_1 值要低于点间互信息算法的，原因在于：弹幕文本长度短，上下文信息不足，导致左信息熵或者右信息熵在很多情况下缺失。

5.4.5 最优主题数选取

FEF-oBTM 算法和对比算法均涉及主题模型的参数设置问题，这些参数包括超参数 α、β、时间片的个数 *day*，模型迭代次数 *n_ iter*、主题数 K 和衰减因子 λ。λ 本质上是用于调整超参数的权重，通过 λ 将 $t-1$ 时间片的超参数传递到 t 时间片的建模过程中，从而传递相邻时间片文本间的历史影响。当 $\lambda = 1$ 时，历史影响只是简单叠加，没有衰减作用。

对于弹幕数据集，根据实际时间设置时间片为 $day = 3$，α、β、*iter*、λ 取经验值。实验中，令 K 以 5 为增量取值进行测试，得到 K 取值为 5 或 10 时，FEF-oBTM 算法获得了较好的聚类效果。而实际的弹幕主题数大于 3，因此设置 K 的取值范围为［3，15］；同时，K 以 1 为增量取值进行实验，每组参数进行 10 次实验，计算平均 *Umass* 值，结果如图 5-10 所示。

图 5-10 中，当 $K = 6$ 时，*Umass* 值最大，说明与主题的特征词语关联度高，此时模型效果最好，则 $K = 6$ 为最优主题数。

已知 THUCNews 数据集为 6 个领域的新闻标题集合，则主题数 $K = 6$，参数 *n_ iter*、λ 和 *day* 设置为默认值。弹幕数据集和 THUCNews 数据集的参数取值见表 5-9，实验中，FEF-oBTM 算法均根据表 5-9 中参数进行取值。

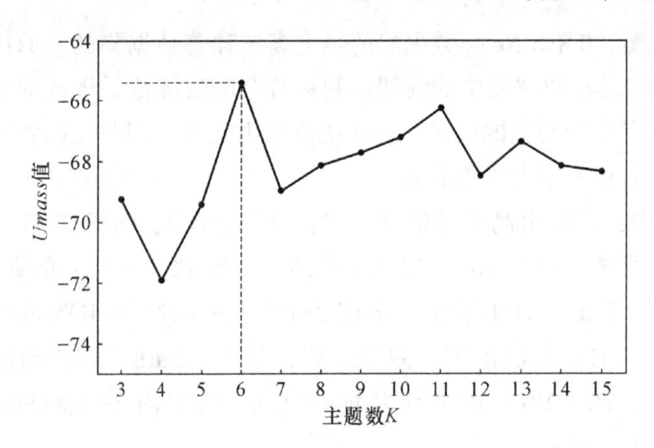

图 5-10 不同主题数下的 *Umass* 值比较

表 5-9 参数取值

数据集	K	α	β	n_iter	λ	day
弹幕数据集	6	50/K	0.005	1000	1	3
THUCNews 数据集	6	50/K	0.005	1000	1	3

5.4.6 聚类效果测试

本小节通过纯度和 *NMI* 值对 FEF-oBTM 算法的聚类效果进行评价。在进行纯度测试时，弹幕数据集的原始类别由人工进行弹幕词集主题标注获得，THUCNews 数据集的原始类别已知，将仿真实验中的聚类结果与原始类别进行比较，得到纯度值。不同数据集下，对四组算法进行分别实验，测试结果的纯度如图 5-11 所示。

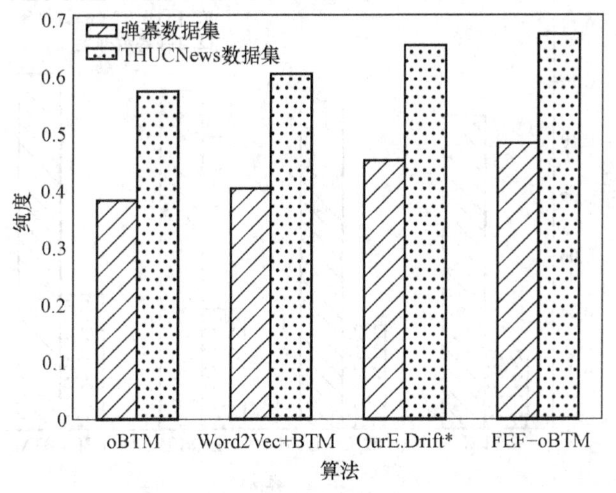

图 5-11 不同算法下的纯度比较

从整体来看，THUCNews 数据集的纯度高于弹幕数据集的。原因在于：相比于弹幕，THUCNews 数据集中的新闻标题更符合语法规范，规范的文本经过特征扩展后，能够有更加明确的语义，进而提高聚类效果，同时说明特征扩展方法在处理语言正式的短文本上更加有效。

图 5-11 中，纯度由高到低依次对应：FEF-oBTM、OurE. Drift*、Word2Vec+BTM 和 oBTM 算法。FEF-oBTM 的纯度最高，说明 FEF-oBTM 的聚类效果最佳。主要原因在于，FEF-oBTM 结合了 OurE. Drift*、Word2Vec+BTM 中的特征扩展方法，使得 FEF-oBTM 算法的聚类效果最好，其中，OurE. Drift* 利用了外部知识进行文本扩充，Word2Vec+BTM 利用 Word2Vec 对文本内部信息特征的进行提取。纯度提升率见表 5-10。

表 5-10 纯度值提升率 (%)

数据集	较 oBTM 提升	较 Word2Vec+BTM 提升	较 OurE. Drift* 提升
弹幕数据集	26. 32	20. 00	6. 67
THUCNews 数据集	17. 54	11. 67	3. 08

由表 5-10 可知，弹幕数据集纯度的提升率要高于 THUCNews 数据集纯度的提升率。其原因在于，弹幕数据集经过特征扩展和噪声词对过滤后，特征更加集中。

另外，从主题内部特征词的关联度角度展开分析，也就是评价聚类结果中类内特征词的紧密度，四种算法在不同数据集的 *NMI* 值结果如图 5-12 所示。

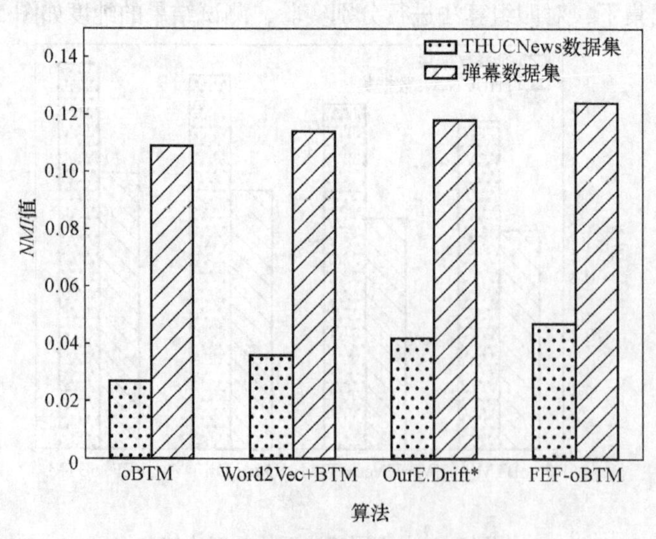

图 5-12 不同算法下的 *NMI* 值比较

从整体观察图 5-12，弹幕数据集的 *NMI* 值高于 THUCNews 数据集，主要原因在于：*NMI* 值测试需要计算词对频率 $P(x, y)$，$P(x, y)$ 等于 (x, y) 共现总次数与词对总数的商。词对统计结果显示，THUCNews 数据集词对文本的大小为 3.04MB，弹幕数据集词对文本的大小为 2.39MB，说明 THUCNews 数据集的词对总量大，则 THUCNews 数据集 $P(x, y)$ 的概率值较小。

图 5-12 显示，*NMI* 值由高到低依次对应 FEF-oBTM、OurE. Drift*、Word2Vec+BTM 和 oBTM 算法。FEF-oBTM 的 *NMI* 值最高，说明该算法主题内部特征词的紧密度高，聚类效果好。

上述实验结果的原因在于，FEF-oBTM 在特征扩展之后，为了减少外部知识引入的特征噪声，进行了词对过滤。因此，过滤后的词语更加集中，从而使 FEF-oBTM 算法主题内部特征词的关联性加强，进一步优化了聚类效果。FEF-oBTM 算法较其他三种算法的 *NMI* 值提升率见表 5-11。

表 5-11 *NMI* 值提升率 (%)

数据集	较 oBTM 提升	较 Word2Vec+BTM 提升	较 OurE. Drift* 提升
弹幕数据集	13.76	8.77	5.08
THUCNews 数据集	70.07	30.56	11.90

表 5-11 中，THUCNews 数据集 *NMI* 值的提升率高于弹幕数据集 *NMI* 值的提升率。其主要原因在于，THUCNews 数据集取自 6 个领域的新闻标题，具有规范的语法和句法，在利用外部知识进行特征扩展后，上下文语义特征更加容易获取，则聚类结果中相邻词语的 *NMI* 值变化率较大。

为了更加全面地评价聚类算法的效率，从执行时间方面对算法进行测评。每个算法分别运行 10 次，得到平均执行时间见表 5-12。

表 5-12 算法平均执行时间 (s)

数据集	oBTM	Word2Vec+BTM	OurE. Drift*	FEF-oBTM
弹幕数据集	11.285	15.720	24.477	17.611
THUCNews 数据集	16.495	19.292	27.883	20.712

表 5-12 中，平均执行时间由多到少依次为 OurE. Drift*、FEF-oBTM、Word2Vec+BTM 和 oBTM，说明 FEF-oBTM 虽然在纯度和 *NMI* 值方面表现理想，但是在算法执行时间方面有所不足。其原因在于，相比较 oBTM 和 Word2Vec+BTM。FEF-oBTM 保留了更多的网络新词特征，造成建模时间变长；OurE. Drift* 利用外部知识扩充短文本为较长文本，建模时间则更加长。而相比于 oBTM，Word2Vec+BTM 在建模前增加了 Word2Vec 特征提取的过程，因此时间消耗增加。总体而言，FEF-oBTM 有效地优化了聚类效果，但是增加了时间上的消耗。

5.5 本章小结

本章重点阐述了 oBTM 主题模型在弹幕聚类方面的研究内容，研究成果主要表现如下：

针对弹幕文本长度短、网络新词多导致特征稀疏的问题，提出了基于特征扩展和词对过滤 oBTM 的弹幕短文本流聚类算法 FEF-oBTM。首先，提出对点间互信息和邻接信息熵算法进行权重优化，提高弹幕网络新词识别的准确度；然后，设计基于网络新词的特征扩展方法，在百度百科中获取网络新词的外部知识，利用 Word2Vec 分别在外部知识和弹幕词集中提取网络新词的关联词，扩展了弹幕的文本特征；最后，提出基于词对过滤的 oBTM 主题模型，利用 Single-pass 对词对进行聚类分析，通过删除聚类结果中只包含单个词语的类簇，来过滤噪声词对。实验结果表明，FEF-oBTM 算法在纯度和 *NMI* 值上优于 oBTM、Word2Vec+BTM 和 OurE. Drift*，该算法利用特征扩展和噪声词对过滤方法优化了弹幕聚类效果。

本章的相关研究已经取得了阶段性成果，完成了预期的目标。但是，弹幕文本研究仍然处于起步阶段，还有一些亟待解决的问题。今后的研究工作将从如下两个方面展开：

(1) 用户打字输入不规范导致弹幕词语中包括很多错别字、谐音字，通过纠正错误的词语，保留弹幕文本语义特征，进一步提高算法对弹幕进行语义分析的能力。因此，如何纠正弹幕中的错误词语是今后弹幕研究的重点。

(2) 用户发送弹幕往往是受到视频内容的影响，弹幕与视频片段或者字幕内容有一定的关联。通过分析视频相关信息，例如视频标题、视频介绍文案、视频截图中的字幕等，获得弹幕语义信息或者特征权重，能够进一步提高算法对弹幕分析的能力。因此，如何结合视频图像分析技术挖掘弹幕文本特征是今后弹幕研究的重点。

6 面向弹幕短文本流演化的 oBTM 主题模型

本章针对传统 oBTM 主题模型不能充分考虑情感极性信息、衰减因子设定单一的问题，提出基于情感极性和影响函数的 oBTM 弹幕短文本流主题演化算法[207]（Emotion Polarity and Influence Function based oBTM Danmaku Topic Evolution, EI-oBTM）。首先，利用改进负采样的 Word2Vec 标注弹幕词语的情感极性，构建情感极性矩阵；然后，构造影响函数，将衰减因子由定值转化为随时间片变化的函数，动态反映前后时间片内文本间的历史影响；最后，利用情感极性矩阵和影响函数改进 oBTM，获得弹幕主题演化结果。

6.1 研究背景及意义

近年来，短视频行业发展迅猛，大众逐渐倾向于在闲暇时刻观看原创短视频，比较流行的平台有抖音、快手、火山视频和哔哩哔哩，随之也兴起了一种新型视频评论方式——弹幕。弹幕是用户在观看短视频时随即发表的言论，表达了用户对短视频内容的观点和情感，是网络舆情研究的重要文本数据。

短文本流的研究重点在于如何结合时间信息进行短文本分析，获得主题演化的过程和趋势，一般包括基于离线时间片和基于连续时间两类方法。其中，在线主题模型是常用方法，有代表性的是在线隐含狄利克雷分布 oLDA 和在线词对主题模型 oBTM，这类在线主题模型通常是对离散时间片内的文本进行主题提取，将上一个时间片得到的超参数作为当前时间片的初始值，通过这种方式将历史影响传递到下一个时间片的建模过程中，从而得到主题演化的结果。

短文本流主题演化算法的研究主要面向评论类的短文本，这些评论的主题和其中隐含的用户情感随着时间变化。利用在线主题模型处理该类文本，能够保留历史评论的影响和展示主题的变化，对预测流行病、突发事件、分析民众倾向等公共治安和网络舆情工作的开展有重大的意义。

综上所述，弹幕主题演化研究意义重大。需要结合时间信息集中研究弹幕短文本流主题演化算法，提升主题内容演化效果，同时融合情感信息，扩展弹幕主题演化在网络舆情方面的应用。

6.2 国内外研究现状

随着网络社交媒体的发展，文本长度越来越短，时序特征越来越明显，这类文本被定义为短文本流。类似 Twitter、微博等平台产生的短文本流隐含大量的用户信息，短文本流主题演化成为研究热门之一。

国外对短文本流的主题演化研究均是基于长文本流的相关研究。早在 1997 年就提出了话题检测与追踪模型 TDT[244]，该模型是文本流主题演化的原型，但是，该模型适用于单一主题的文本。LDA 主题模型能够对多主题文本进行建模，该模型于 2003 年一经提出，就广泛应用于主题发现研究中。但是，LDA 建模没有充分考虑文本时间信息，在主题演化方面的应用并不理想。2006 年，X. Wang 等[245]提出了 TOT（Topic Over Time）模型，D. M. Blei 等[16]提出了动态主题模型 DTM，得到了主题强度的演化结果；2008 年，L. AlSumait 等[18]提出了 oLDA 模型，该模型能够同时获得主题强度和内容的演化结果。这三种模型均融合了时间信息，成为了主题演化研究领域的重要模型，一直广受青睐。而后研究重点开始从融合时间信息转向扩展应用领域，A. Modupe 等[246]为了解决短文本流搜索多样化的问题，提出动态狄利克雷多项混合主题模型（Dynamic Dirichlet Multinomial Mixture Topic Model，D2M3），提升了捕潜在主题的能力；K. Nimala 等[247]提出了鲁棒的用户情感双词主题混合模型（Robust User Sentiment Biterm Topic Mixture Model，RUSBTM），能够准确地捕捉短文本流的情感倾向。上述模型虽然扩展了短文本流主题演化模型的应用，但是语义信息不足的问题没有得到有效解决，J. Kumar 等[248]提出在线语义增强的狄利克雷模型，通过增强语义解决了“术语歧义”的问题。

国内对长文本流主题演化的研究起步较晚，但是在短文本流方面取得了理想的成就。戴长松等[249]针对用户关注重大新闻事件发展方向与热度，提出话题内容向量与流行因子，对整个话题生命周期进行量化，从而有效地从大量相关新闻中挖掘出话题演化细节，帮助用户更好地掌握话题发展情况；余本功等[203]提出一种基于 LDA 的双通道在线主题演化模型，充分考虑了下一个时间片主题受到当前时间片主题的影响值，优化了舆情文本流的主题演化效果。但是，oLDA 更适用于长文本，其改进模型的主题内容演化效果欠佳。X. Cheng 等[235]提出了在线词对主题模型 oBTM 和增量词对主题模型 iBTM，该模型是一种在线短文本流主题建模方法，利用双词共现的建模方式在一定程度上扩展了文本特征，提高了短文本主题提取的准确度。但是，短文本流特征稀疏问题依然严峻，针对此问题，许多学者提出特征扩展方法，该方法一般包括短文本内部信息扩展和外部知识扩展。X. Hu 等[230]提出了基于 oBTM 的短文本流概念漂移检测方法（Short

Text Stream Classification Using Short Text Expansion and Concept Drifting Detection, OurE. Drift)，该方法利用外部知识扩展了短文本内容，再利用 oBTM 构建分类器进行概念漂移检测，提升了分类效果；L. Zhu 等[250]提出基于 LDA 和 iBTM 的中文短文本流主题模型，在增量更新 BTM 的同时，利用 LDA 扩展文档的语义信息；L. Shi 等[251]提出了自耦合的动态主题模型（Dynamic Topic Modeling via A Self-aggregation Method, SADTM），该模型利用基于时间信息的自聚合文本方法和双词共现方法扩展了短文本特征，并且利用 $n-1$ 时间片的主题分布来推断 n 时间片主题分布，优化了主题内容演化效果。

上述 oBTM 模型、iBTM 模型和 DTM 模型均通过扩展短文本特征提高了算法效果，并且均通过基于离散时间片的建模方式优化了主题内容演化的效果，这种建模方式利用历史时间片的分布来优化未来时间片的分布，能够充分地展示多个主题的演化过程。在线主题模型通常假设 $n-1$ 时间片的主题对 n 时间片的主题有历史影响，换言之，历史时间的用户评论会影响未来时间的用户评论。然而，历史影响实际上是随时间不断变化的，但是，模型中代表历史影响的参数一般设置为定值，这种设定导致主题内容演化效果欠佳。

另外，社交媒体的发展也带动了舆情分析等社会任务的发展，舆情分析工作对社交媒体文本分析提出了更高的要求，主要是话题发现与演化和民众倾向性分析。其中，民众倾向分析的主要研究问题是如何在主题模型中融合情感信息。主题情感演化方法一般有两种，先提取情感特征再进行主题建模，或者先对主题建模再提取情感特征。C. Zhu 等[252]通过构建情感 ToT（emotion-Topic over Time, eToT）、混合情感 ToT（mixed emotion-Topic over Time, meToT）和情感动态主题模型（emotion- Dynamic Topic Model, eDTM），分别从不同角度建立新闻话题、情绪和时间之间的联系；黄卫东等[253]提出利用 PLSA（Probabilistic Latent Semantic Analysis）模型进行主题抽取和情感词表的构建，再通过情感字典计算情感值得到情感演化结果；刘玉文等[254]将时间信息嵌入到主题情感模型中来分析主题情感演化过程。在舆情分析中，通过情感的正负极性就可以获取民众倾向，牟兴[255]提出了 BJST（Biterm Joint Sentiment/Topic）模型，先利用融合点间互信息（Pointwise Mutual Information, PMI）和信息检索（Information Retrieval, IR）的 PMI-IR 模型进行词语的情感极性标注，将情感极性标注好的词语导入联合情感/主题模型（Joint Sentiment/Topic, JST），进行双词共现建模，获得了主题极性的演化结果。

综合国内外研究现状认为，弹幕属于短文本流，其文本长度短、网络新词多、不带标签、时序明显，对网络舆情工作具有指导价值，短文本流的主题演化的研究重点在于如何扩展短文本特征和结合时间信息建模。目前，弹幕聚类的研究方法亟待拓展，已有的研究方法忽略了网络新词的特征信息；同时，弹幕文本长度短造成上下文信息不足，这些问题导致弹幕聚类效果不理想。此外，弹幕主题演化研究尚不成熟，需要借鉴一般短文本流主题演化的研究方法，现有的模型没有充分考虑历史影响的变化，从而导致主题内容演化效果欠佳，并且主题极性演化是网络舆情方面的研究重点。

6.3 融合情感极性和影响函数的 oBTM 主题模型

传统的主题演化模型往往将时间片文本间的历史影响设置为定值，但是，实际上历史文本对后续文本的影响往往随着时间而改变，因此，将历史影响设置为定值会导致演化效果欠佳。本节充分考虑历史影响对演化效果的影响，构建影响函数，同时考虑到 oBTM 在弹幕主题极性演化方面的应用，在 oBTM 建模中融入情感极性信息，提出面向弹幕短文本流的融合情感极性和影响函数的 oBTM 主题模型；将融合情感极性和影响函数的 oBTM 主题模型应用于弹幕短文本流中，提出了情感极性和影响函数的 oBTM 弹幕短文本流主题演化算法 EI-oBTM。

6.3.1 问题描述

6.3.1.1 融合 TF-IDF 和一元分布的负采样

为了获得弹幕文本情感极性演化结果，设计了基于 Word2Vec 的情感极性标注方法。Word2Vec 中采用负采样方法，减少梯度更新的工作量。负采样[236]的基本思路：对每个词都进行一次词频统计，将词频映射到长度为 1 的区间上，生成随机数，对随机数所在区间的词语进行采样。经典负采样方法获得高频词的概率大，而需要进行情感极性标注的词语不属于高频词，因此，提出了融合 TF-IDF[256]和一元分布[257]的负采样。

定义 6-1 假设 v_i 是需要情感极性标注的词语，w_j 是已知情感极性的词语，wf 用于记录词频累加和，$tf-idf(v_i)$ 表示 v_i 的词频-逆文档频率，$U(w_j)$ 表示 w_j 的一元分布概率，则融合 TF-IDF 和一元分布的负采样计算公式如下：

$$wf = \frac{tf - idf(v_i) + U(w_j)}{\sum (f - idf(v_i) + U(w_j))}(i \neq j) \tag{6-1}$$

其中，w_j 可通过查找弹幕词集和情感极性词典中共有的词语得到，$U(w_j)$ 的计算见公式（6-2）。TF-IDF 能够有效提取特征词，而非高频词，$tf-idf(v_i)$ 的计算公式见（6-3）。为了保证词频映射到长度为 1 的区间上，$tf-idf(v_i)$ 和 $U(w_j)$ 需要归一化后再累加至 wf。

$$U(w_j) = \frac{f(w_j)^{\frac{3}{4}}}{\sum_{j=0}^{n} f(w)^{\frac{3}{4}}} \tag{6-2}$$

式中，$f(w_j)^{\frac{3}{4}}$ 为 w_j 的词频；$\sum_{j=0}^{n} f(w)^{\frac{3}{4}}$ 为 w 的词频之和；w 为所有词语的词频之和，取 $\frac{3}{4}$ 次幂是经验值。

$$tf-idf(v_i)=\frac{nv_i^d}{nd}\times\left|\ln\frac{nD}{nv_i^D}\right|(d\in D) \tag{6-3}$$

式中，nv_i^d 为文档 d 中 v_i 的数量；nd 为 d 中包含的词语总数；$\frac{nv_i^d}{nd}$ 为 v_i 在 d 中出现的概率；nv_i^D 为文档集合 D 中包含 v_i 的文本总数；nD 为 D 中包含的文档总数；$\ln\left(\frac{nD}{nv_i^D}\right)$ 为 v_i 的逆文档频率。

例 6-1 假设对《都挺好》弹幕进行负采样，弹幕词集如下：

弹幕词集：{{本来，偏心，时候，肯定，照顾，长大，洗白}，{讨厌，人设，孝顺，理由}，{肯定，偏心}}。

上述词语中，未知情感极性的词语“本来”“时候”“洗白”“人设”和“理由”出现次数均为 1，“偏心”和“肯定”出现次数为 2，其余均为已知情感极性词语，且出现次数均为 1。

利用两种负采样方法进行采样概率计算，方法 1 为一元分布负采样，方法 2 为 TF-IDF 负采样，计算结果见表 6-1。

表 6-1 不同负采样方式下的概率计算结果

方式	偏心	肯定	长大	讨厌	孝顺	照顾	本来	时候	洗白	人设	理由
1	0.136	0.136	0.081	0.081	0.081	0.081	0.081	0.081	0.081	0.081	0.081
2	0.062	0.062	0.085	0.085	0.085	0.085	0.085	0.085	0.085	0.085	0.085

表 6-1 中，方法 1 中出现次数多的词语“偏心”“本来”的负采样概率比其他词语高，方法 2 中，概率大小与出现次数不再有正比关系；融合 TF-IDF 和一元分布进行负采样时，未知情感词语 v_i 频率为 $tf-idf(v_i)=0.085$，已知情感词语 w_j 频率为 $U(w_j)=\{0.136, 0.081\}$，归一化后，v_i 的概率为 0.083，w_j 的概率为 0.133 和 0.079（其中出现次数为 2 的 w_j 概率为 0.133，出现次数为 1 的 w_j 概率为 0.079）。与一元分布负采样的结果相比，融合 TF-IDF 和一元分布的负采样结果中，v_i 的概率大于出现次数为 1 的 w_j 概率，因此，说明改进的负采样能够一定程度地提高非高频词 v_i 被采样的概率。

6.3.1.2 影响函数

用户通过弹幕表达观点和情感，视频内容连贯性强，弹幕与视频内容关系紧密，因此，后续发送的弹幕会受到之前弹幕内容不同程度的影响，这就是弹幕的历史影响。在 oBTM 模型中，这种历史影响由衰减因子[235]来传递，见式（6-4）和式（6-5）。

$$\alpha^{t+1} = \alpha^{t} + \lambda n_{k}^{t} \tag{6-4}$$

$$\beta^{t+1} = \beta^{t} + \lambda n_{w|k}^{t} \tag{6-5}$$

其中，衰减因子 λ 为定值。然而，历史影响的程度实际上是不断变化的，前 n 个时间片的主题对当前时间片主题有着不同程度的影响。因此，提出了影响函数，以更准确地传递弹幕文本的历史影响。

定义 6-2　假设 S_t 表示 t 时间片和 $t+1$ 时间片内的弹幕文本的相似度，n_k^t 表示 t 时间片内分配主题 k 的总次数，$n_{w|k}^t$ 表示 t 时间片的词对 w 分配给主题 k 的次数，则影响函数 lam_{α}^{t+1} 和 lam_{β}^{t+1} 的公式如下：

$$lam_{\alpha}^{t+1} = \sum_{t=1}^{n} (S_t \prod_{t=1}^{n} n_k^t) \tag{6-6}$$

$$lam_{\beta}^{t+1} = \sum_{t=1}^{n} (S_t \prod_{t=1}^{n} n_{w|k}^t) \tag{6-7}$$

式中，lam_{α}^{t+1}，lam_{β}^{t+1} 为用来传递 t 时间片中超参数 α 和 β 两个参数指导得到的历史影响；$\sum_{t=1}^{n} (S_t \prod_{t=1}^{n} n_k^t)$，$\sum_{t=1}^{n} (S_t \prod_{t=1}^{n} n_{w|k}^t)$ 为前 n 个时间片历史影响的累加。

改进后的 $t+1$ 时间片的超参数初值见公式（6-8）和公式（6-9）。

$$\alpha^{t+1} = \alpha^{t} + lam_{\alpha}^{t+1} \tag{6-8}$$

$$\beta^{t+1} = \beta^{t} + lam_{\beta}^{t+1} \tag{6-9}$$

例 6-2　假设 $t=1$ 时间片内，α^1 和 β^1 的初始值为 1.5 和 0.05；$t=2$ 时间片内 $n_k^1=8$，$n_{w|k}^1=3$，$t=1$ 和 $t=2$ 时间片内的文本相似度 $S_1=0.2$，则 $\alpha^2 = \alpha^1 + S_1 n_k^1 = 1.5 + 0.2 \times 8 = 3.1$ 和 $\beta^2 = \beta^1 + S_1 n_{w|k}^1 = 0.05 + 0.2 \times 3 = 0.65$；$t=3$ 时间片内，$n_k^2=6$，$n_{w|k}^2=2$，$t=2$ 和 $t=3$ 时间片内的文本相似度 $S_2=0.3$，则 α^3 和 β^3 的计算过程如下：

$$\alpha^3 = \alpha^2 + S_1 n_k^1 + S_2 n_k^1 n_k^2 = 3.1 + 0.2 \times 8 + 0.3 \times 8 \times 6 = 19.1$$

$$\beta^3 = \beta^2 + S_1 n_{w|k}^1 + S_2 n_{w|k}^1 n_{w|k}^2 = 0.65 + 0.2 \times 3 + 0.3 \times 3 \times 2 = 3.05$$

6.3.2 EI-oBTM 算法设计

针对传统 oBTM 主题模型不能充分考虑情感极性信息、衰减因子设定单一的问题，提出了 EI-oBTM 方法。首先，融合 TF-IDF 和一元分布改进 Word2Vec 负采样过程，对弹幕词语进行情感极性标注，得到情感极性特征矩阵；然后，人工删除弹幕重复片段，划分 oBTM 时间片，计算不同片段之间的文本相似度，利用相似度构造影响函数；最后，利用情感极性特征矩阵和影响函数改进 oBTM 得到 EI-oBTM。EI-oBTM 算法框架如图 6-1 所示。

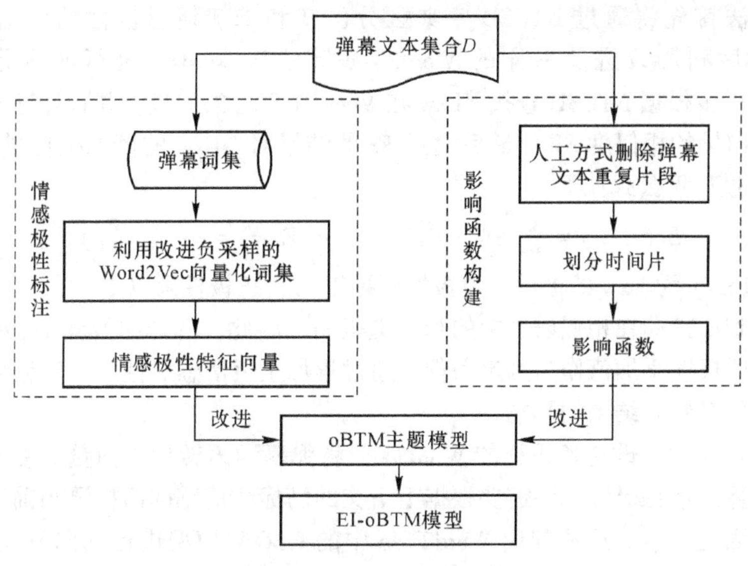

图 6-1 EI-oBTM 算法框架

6.3.2.1 改进负采样的 Word2Vec 弹幕情感极性标注

本算法利用 NTUSD 字典对弹幕词语进行情感极性标注，但是，弹幕偏口语化，并且网络新词过多，弹幕中有很多词语没有收录在 NTUSD 中。因此，仅仅依赖 NTUSD 对弹幕进行情感极性标注，无法实现所有弹幕词语的极性标注，导致标注效果很不理想。弹幕网络新词一般隐含用户的情感或观点，为了保留这些网络词语，提出基于改进负采样的 Word2Vec 情感极性标注算法，其流程如图 6-2 所示。

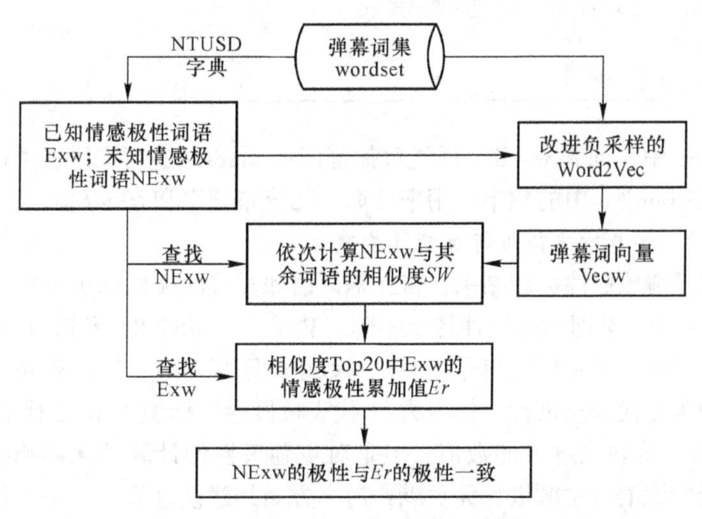

图 6-2 基于改进负采样的 Word2Vec 情感极性标注流程

该算法首先将通过 NTUSD 字典区分已知和未知情感极性的词语 Exw 和 NExw，然后利用改进负采样的 Word2Vec 算法对 wordset 进行向量化，记作 Vecw；进一步根据 NTUSD 查找 NExw 在 Vecw 中对应的向量，并且计算该向量与其余词语向量的相似度 SW；最后通过 Er 的结果对 NExw 的情感极性进行判断，Er 的计算过程见公式如下：

$$Er(\mathrm{Exw}) = \sum SW \cdot P(\mathrm{Exw})(P(\mathrm{Exw}) = \{-1,\ 1\}) \tag{6-10}$$

式中，$P(\mathrm{Exw})$ 为 Exw 的极性，负极性则乘以-1，正极性乘以 1。

考虑到反义词在相似语境中的相似度很高，因此，选择相似度 Top20 中 Exw 对应的情感极性累加值作为判定条件，通过累加正负情感极性，一定程度弱化最高相似度值对判断结果的影响。

在图 6-2 中，改进负采样的 Word2Vec 将弹幕词语转化为向量，便于词语相似度的计算。情感极性标注需要根据上下文的已标注情感词语推测当前词语的情感极性，因此，本节选择利用 Word2Vec 中的 CBOW 模型进行词向量化。其中，融合 TF-IDF 和一元分布的负采样算法流程描述见算法 6-1。

算法 6-1 融合 TF-IDF 和一元分布的负采样算法流程

输入：情感词集合 {Exw}；词表 wordlist；词频 *tf-idf*
输出：负采样词频数组 *wf* [wordlist]
步骤 1：初始化词频数组 *wf*，i=0
步骤 2：*wf*←计算 wordlist [0] 的一元分布频率
步骤 3：if wordlist [i]) in {Exw}
步骤 4：计算 wordlist [i] 的一元分布频率，累加到 *wf*；i++
步骤 5：else
步骤 6：读取 wordlist [i] 的 *tf-idf* 值，累加到 *wf*；i++
步骤 7：end if
步骤 8：输出 *wf* [wordlist]

算法 6-1 中，词表 wordlist 通过对弹幕词集 wordset 进行词语去重得到，统计 wordlist[i]在 wordset 中的频率，用来计算一元分布频率和 *tf-idf* 值。

6.3.2.2 弹幕情感极性特征矩阵构建

根据弹幕情感极性标注结果，将弹幕词语和对应的极性标识分别存放在数组 DW 和矩阵 $\boldsymbol{V}$ 中，$\boldsymbol{V}$ 即情感极性特征矩阵。$\boldsymbol{V}$ 是一个 $n\times2$ 的矩阵，n 指的是弹幕词语的总数，第一列是词语编号，编号与数组的下标对应；第二列是词语的极性标识，标识为 1 代表正极性，标识为-1 代表负极性，标识为 10e3 代表无极性。

虽然 10e3 为较大量级的数值，但是对主题极性的计算并无影响。其中，一方面，无极性词语对主题极性无贡献；另一方面，建模过程中，每个词语都会分配到一个概率分布值，将该值与 $\boldsymbol{V}$ 中对应的标识值相乘，得到主题极性值，该值能够充分体现概率分布值对主题极性的影响程度。每个主题下 Top50 特征词的概率分布值均大于 10e-3，并且对主题极性值影响较大，因此，无极性标识为 10e3 可以使无极性词语的概率分布值大于 1，便于区分词语的极性。

主题模型的输出为主题-词分布结果，每个主题都包含所有弹幕词语的概率分布值，如果基于所有词语进行主题极性值计算，则导致所有主题的极性结果相同。因此，选择 Top50 特征词的主题极性值进行主题极性演化实验。

6.3.2.3 影响函数构建

影响函数需要利用 oBTM 时间片之间的文本相似性来构建。但是，弹幕中存在跟风发文的现象，用户跟风发送弹幕内容几乎无变化并且不具有代表性，这会加剧相似度计算的偏差。因此，需要删除弹幕文本重复的片段，使相邻时间片中的文本内容更连贯。

影响函数构建过程如图 6-3 所示。首先，通过人工删除 D 中的重复片段得到 D^*；然后，依据弹幕数据集中的时间信息，以天为单位将时间片划分为 M 个；进一步地，依次计算相邻时间片内文本间的相似度 S；最后，根据定义 6-2，利用 S 构建影响函数。本算法利用经典 TF-IDF 算法和余弦相似度来向量化文本特征和计算 S，过程如图 6-4 所示。

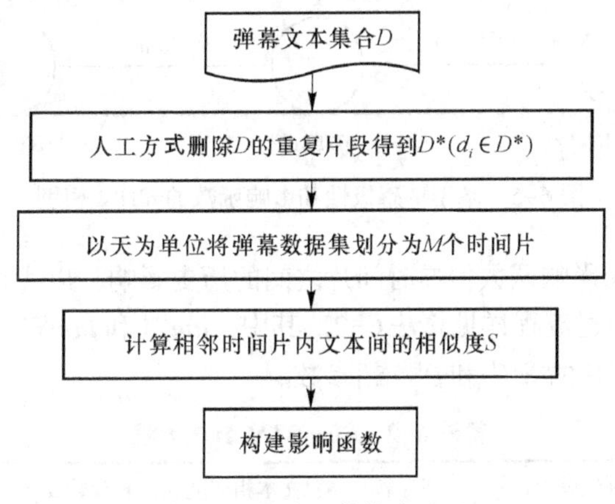

图 6-3 影响函数构建过程

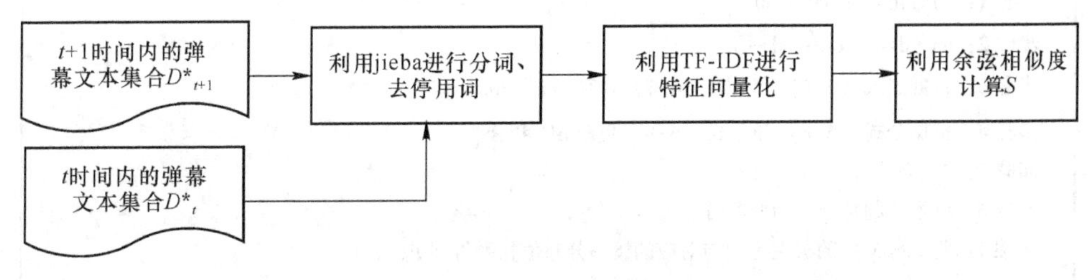

图 6-4 相似度计算过程

6.3.2.4 基于 EI-oBTM 的短文本流主题演化算法

EI-oBTM 在 oBTM 的基础上，融合了情感极性特征矩阵和影响函数，图 6-5 展示了 EI-oBTM 在 $t-1$、t 和 $t+1$ 时间片上的演化过程，相关参数介绍详见 1.3.2 节。

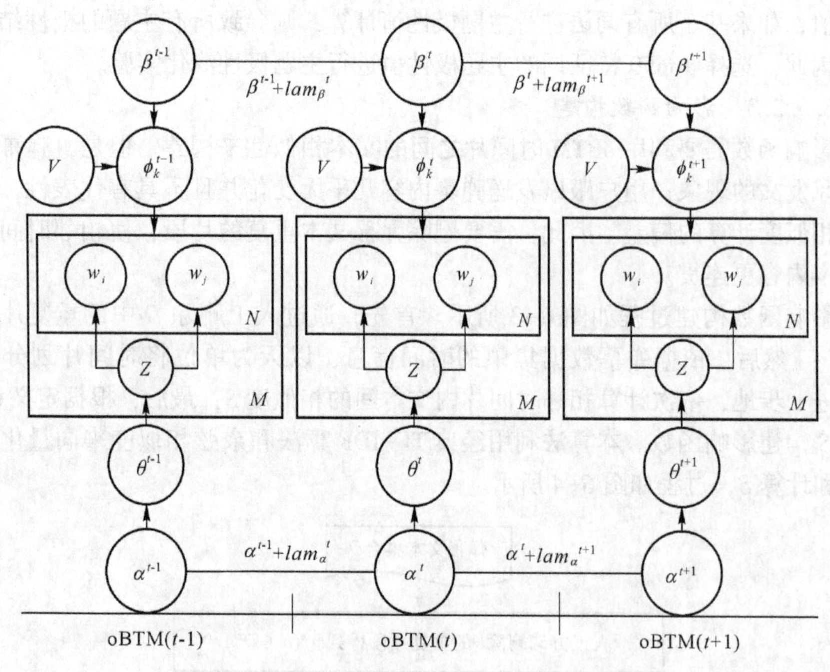

图 6-5 基于情感极性和影响函数的 oBTM 模型

EI-oBTM 利用影响函数传递时间片之间的历史影响，以优化主题内容演化效果。影响函数的构建流程详见算法 6-2。其中，lam_{α}^{t+1} 和 lam_{β}^{t+1} 作为影响函数，用于初始化 $t+1$ 时间片的 α^{t+1} 和 β^{t+1} 超参数。

算法 6-2 EI-oBTM 算法流程

输入：情感极性特征矩阵 Earray；时间片 $day=6$；文本相似度 S_t；超参数 $\alpha^t=50/k$，$\beta^t=0.005$
输出：分布 θ^t 和 ϕ_k^t，主题特征词极性值 $P(ew_i)$
步骤 1：初始化 θ^t 和 ϕ_k^t 分布
步骤 2：for（d=0；d<6；d++）
步骤 3：根据公式（6-6）和公式（6-7）计算 lam_{α}^{t+1} 和 lam_{β}^{t+1}
步骤 4：根据公式（6-8）和公式（6-9）更新 α^{t+1} 和 β^{t+1}
步骤 5：end for
步骤 6：读取主题特征词的概率分布值
步骤 7：将 Earray 中的极性标识与对应的概率分布值相乘得到 $P(ew_i)$
步骤 8：输出分布 θ^t 和 ϕ_k^t，主题特征词极性值 $P(ew_i)$

算法 6-2 中步骤 7 的具体过程：首先根据读取的概率分布值找到对应的主题特征词，然后在弹幕情感极性特征矩阵构建过程中的数组 *DW* 中查找该词对应的下标，最后利用下标与 Earray 的对应关系，获得该词的极性标识。

6.4 EI-oBTM 实验结果及分析

为了客观地评价 EI-oBTM 算法在主题内容演化方面的优化效果，本节设计了 5 组对比算法，包括 DTM、oLDA、oBTM、SADTM 和 EI-oBTM 算法。

上述算法均为基于离散时间片的主题演化模型，其中，DTM、oLDA 和 oBTM 是三种经典模型。为了说明基于双词共现的主题演化模型在短文本流分析方面的优越性，选择 DTM 和 oLDA 作为对比算法，这两种算法均为 LDA 的演化形式，是一种适用于长文本分析的模型。为了说明影响函数对主题内容演化效果的优化作用，选择了 oBTM 和 SADTM 作为对比算法，这两种算法均采用定值作为衰减因子来传递文本的历史影响。

6.4.1 实验数据采集及预处理

采用了 BiliBili 网站（https：//www. bilibili. com/）的视频弹幕数据集进行实验，爬取了 UP 主“观视频”发布的“睡前故事”系列弹幕，详情见表 6-2。

表 6-2 弹幕数据爬取详情

视频编号	视频号	发布时间	弹幕数/条
1	1tZ4y1x7iU	04-18 00:47:12	38999
2	1ZC4y1s7ic	04-19 21:53:20	35999
3	1Jf4y1S7mY	04-21 22:47:13	29999
4	1rT4y1g75z	04-24 20:59:01	20937
5	1u541147vF	04-26 21:40:00	14999

表 6-2 展示了“睡前故事”系列视频中 5 个视频的相关信息，由于视频发布不是连续的，所以这 5 个视频包括 9 天的弹幕数据，主题共 5 个。弹幕数据集中有很多“超短文本”，如“2333”“xswl”等，这些文本只有一个词语或者纯符号。因此，对弹幕数据集进行预处理时，借鉴弹幕短文本流聚类算法的思路，首先利用 jieba 工具对弹幕进行分词和去停用词的处理，为了获得较为准确的分词结果，通过建立自定义词典保留了网络新词；然后，删除只包含单个词语的弹幕；最后将带有时间标签的弹幕分词结果保存为 danmu. txt，结果见表 6-3。

表 6-3 弹幕示例

项　目	弹幕发布日期	评　论
原格式	2020-04-24	这是插播一条阿里的广告么啊
	2020-04-19	比如义务教育阶段全部采用住校制行不行
	2020-04-21	社区医院是看简单病和慢性病的
	2020-04-26	2019 年贪夜蛾入侵国内，玉米减产 5%。今年可能更严重一些
	2020-04-26	传统文化有其长处，不要盲目崇拜西方
	2020-04-18	RNA 蛋白不是有碱基对折叠吗？四年知识交给老师了
预处理	2020-04-24	这是　插播　一条　阿里　广告
	2020-04-19	义务教育　阶段　采用　住校　行不行
	2020-04-21	社区　医院　简单　慢性病
	2020-04-26	贪夜蛾　入侵　国内　玉米　减产
	2020-04-26	传统　文化　长处　盲目崇拜　西方
	2020-04-18	RNA　蛋白　碱基对　折叠　四年　知识　交给　老师

经过上述预处理过程，弹幕数据集的文本数有所减少，将以视频为单位的弹幕整理为以天数为单位的数据集，得到相关描述见表 6-4。

表 6-4 弹幕数据集描述

时间（月-日）	04-18	04-19	04-20	04-21	04-22	04-23	04-24	04-25	04-26
文本数目/条	2047	2281	1972	2284	1836	550	1551	1777	2368

表 6-4 展示了弹幕数据集从 4 月 18～26 日分别对应的文本数目，共计 16666 条。

6.4.2 实验环境搭建

实验利用 Visual Studio Code 1.39.2（配置：Python3.7、C/C++）软件进行编译；计算机 RAM 为 8.0GB，CPU 为 Intel（R）Core（TM）i5－8265U @ 1.60GHz；模型在 Ubuntu 16.04 系统下测试。

6.4.3 评价指标

采用 F_1 值、*PMI* 值[258]、Hellinger 距离[259]（Hellinger Distance）和主题强度四个评价指标对所提出的算法进行评价。首先，定量分析改进负采样后的 Word2Vec 情感极性标注算法的效果，利用 F_1 值指标对改进前后 Word2Vec 算法的标注结果进行对比；然后，采用 coherence 指标对主题模型进行评价，并根据评价结果获得最优主题数 K；最后，通过计算每个时间片内模型结果的 Hellinger

距离指标，分析 EI-oBTM 在主题内容演化方面的效果。

F_1 值是精确率和召回率的调和均值，计算公式如下：

$$F_1\text{值} = \frac{2PR}{P + R} \tag{6-11}$$

式中，P 为正确标注的词语数除以弹幕词语总数；R 为正确标注的词语数除以经过标注的词语总数。

PMI 值（PMI-score）是一致性得分指标中 UCI 度量标准的计算方法，UCI 表示同主题中特征词对的关联性，适用于在线主题模型演化效果的评价。PMI 值表示同主题下特征词语之间的相关性，PMI 值越高，说明主题演化效果越佳。PMI 值的计算公式如下：

$$PMI\text{值} = \frac{2}{N(N-1)} \sum_{1 \leqslant i \leqslant j \leqslant N} \lg \frac{P(w_i,\ w_j) + 1}{P(w_i)P(w_j)} \tag{6-12}$$

式中，$P(w_i,\ w_j)$ 为某滑动窗口中同时出现的词对 $(w_i,\ w_j)$ 的联合概率分布；$P(w_i)$ 为词语 w_i 在边缘概率分布范围内出现在滑动窗口的边缘概率；N 为每个主题下特征词的个数，实验中 $N=10$。

Hellinger 距离用于计算不同向量之间的相似性，这种相似性能够用来量化主题内容演化的过程。Hellinger 距离公式分为连续概率分布和离散概率分布距离公式。在线主题模型分布结果是离散的，因此选择离散概率分布距离公式，计算公式如下：

$$D_H(\boldsymbol{m} \parallel \boldsymbol{n}) = \frac{1}{\sqrt{2}} \sqrt{\sum_{i=1}^{k} (\sqrt{m_i} - \sqrt{n_i})^2} \tag{6-13}$$

式中，m_i、n_i 为不同时间片内主题分布概率的向量，则 $(\sqrt{m_i} - \sqrt{n_i})^2$ 代表两个向量之间的距离。

除了主题内容演化，主题强度演化是主题演化中另一个重要度量。目前，主题强度演化没有统一公认的度量方法，因此，参考文献［260］得到主题强度指标计算公式如下：

$$Topic - Intensity = \frac{\sum_{j=1}^{n} \theta_j}{n} \tag{6-14}$$

式中，$Topic - Intensity$ 为主题强度（仅在本节中标识为 $Topic - Intensity$）；θ_j 为某时间片内 j 主题的主题分布，对 j 在 n 个文档中的主题分布值之和求平均值，可以得到主题强度值。

6.4.4 情感极性标注准确率测试

EI-oBTM 算法改进了 Word2Vec 算法中的负采样过程，实现了对弹幕词语情感极性的有效标注。通过人工方式得到正确的情感标注结果，将此结果作为参照计算 F_1 值，结果如图 6-6 所示。

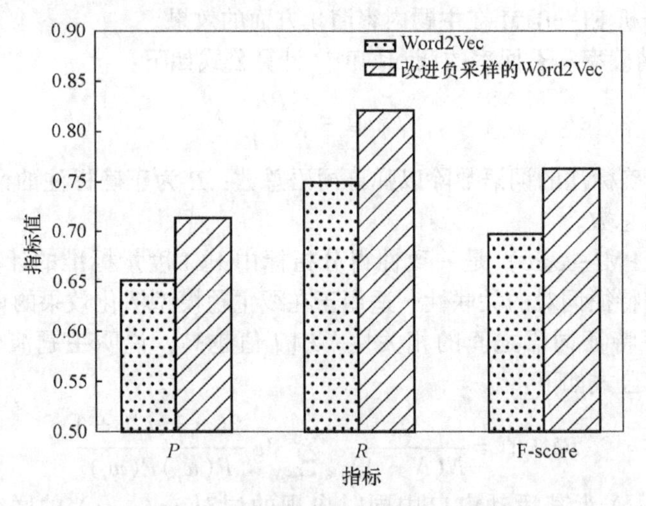

图 6-6 不同算法下 P、R 和 F_1 值对比

改进负采样的 Word2Vec 算法与经典 Word2Vec 算法相比，F_1 值较高，说明改进后的 Word2Vec 情感极性标注算法的准确率较高，具体改进效果见表 6-5。

表 6-5 Word2Vec 负采样改进效果示例

示例词语	经典 Word2Vec	主题情感极性累加值	示例词语	改进负采样的 Word2Vec	主题情感极性累加值
教育	无	0 （无极性）	教育	负担-0. 485658	-0. 485658 （负极性）
新闻	清晰+0. 553307， 熟练+0. 533111	1. 086418 （正极性）	新闻	熟练+0. 762368，生硬-0. 690012， 虚假-0. 643588	-0. 571232 （负极性）
理中客	贬低-0. 714302， 理智+0. 556391， 客观+0. 549232	0. 391321 （正极性）	理中客	贬低-0. 775552，恶人-0. 760259， 有理+0. 602707，感染-0. 596751	-1. 529855 （负极性）
键盘侠	打扰-0. 642074， 克制-0. 566997	-1. 209071 （负极性）	键盘侠	打扰-0. 808952，超出-0. 641751， 谣言-0. 535963，自大-0. 534225	-2. 520891 （负极性）
作揖	瞎扯-0. 622612	-0. 622612 （负极性）	作揖	别扭-0. 730959，奇怪-0. 715800， 瞎扯-0. 705450，作秀-0. 675769	-2. 827978 （负极性）

表 6-5 中以“教育”“新闻”“理中客”“键盘侠”和“作揖”为例子，列举了相似度值 Top20 中的已知情感极性词语，通过累加标有极性的相似度值，获得主题情感极性累加值，该值为示例词语主题极性的判定标准。

“教育”和“新闻”属于常用名词，其作为话题带有一定情感极性。表 6-2

中视频 2 的“鲍毓明案件”引发了用户对教育问题的反思，视频 1 主要讨论了虚假新闻报道问题，因此，“教育”和“新闻”表现为负极性。“理中客”和“键盘侠”属于网络新词，表达了用户对某一类人群的看法，“理中客”和“键盘侠”都含有讽刺意味，因此，这两个词语为负极性。“作揖”属于动词，在视频 5 中和“学校推广作揖礼”的话题相关，该词在弹幕中表现为负极性，说明用户并不赞成作揖礼的推广。

负采样改进后，Word2Vec 对未知情感词语的采样概率得到提高，加强了未知情感词语和已知情感词语的关联度，使得“负担”“生硬”“虚假”等词语出现在相似度值 Top20 中，成功判断出“教育”的主题极性，校正了“新闻”和“理中客”的主题极性，增强了“键盘侠”和“作揖的”主题极性值。

6.4.5 最优主题数选取

EI-oBTM 算法包括参数 α，β，K，day，λ，n_iter。其中，超参数、时间片数、衰减因子初始值和迭代次数分别为经验值 $\alpha = \frac{50}{k}$、$\beta = 0.005$、$\lambda = 1$ 和 $n\_iter = 1000$，衰减因子在 $day = 2$ 开始由影响函数 lam_{α}^{t+1} 和 lam_{β}^{t+1} 代替。

通过控制变量实验获得最优主题数 K。首先，增量为 5 对 K 进行取值，得到 K 取 10 或者 15 时 EI-oBTM 主题内容演化效果较好。另外，由表 6-2 可知 $K \geqslant 5$，因此将 K 的取值范围设定为 [5，16]，增量为 1 对 K 取值进行实验，每组参数进行 10 次实验，计算 PMI 值平均值作为算法的最终评价值，结果如图 6-7 所示。

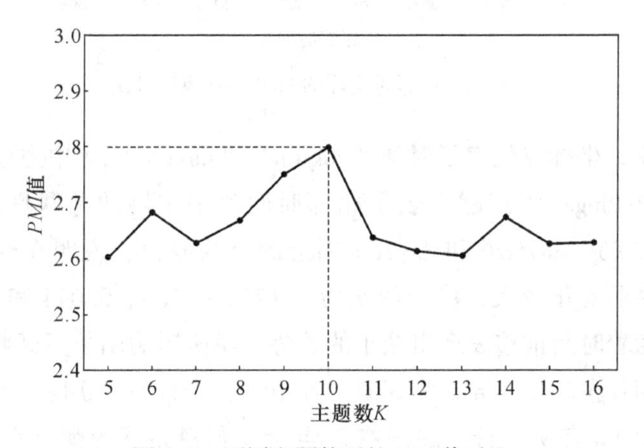

图 6-7 不同主题数下的 *PMI* 值对比

图 6-7 展示了弹幕文本 *PMI* 值指标的结果。*PMI* 值指标显示 EI-oBTM 在 K =10 时模型表现最好，则最优主题数 K = 10。弹幕数据集包含 5 个视频的主

题，但是最佳主题数大于 5，说明用户在讨论视频内容时，往往会谈论其他相关的主题。

6.4.6 主题演化测试

本小节分别对主题内容、强度和极性演化三部分展开分析，其中，通过对主题内容演化的评价展示了 EI-oBTM 算法在优化演化效果方面的能力。

6.4.6.1 主题内容演化

根据 *PMI* 值指标对 EI-oBTM 的评价可知，主题数 K 的最佳取值为 10。因此在 $K=10$ 的情况下进行试验，根据公式（6-14）计算相邻时间片中主题的 Hellinger 距离，结果如图 6-8 所示。

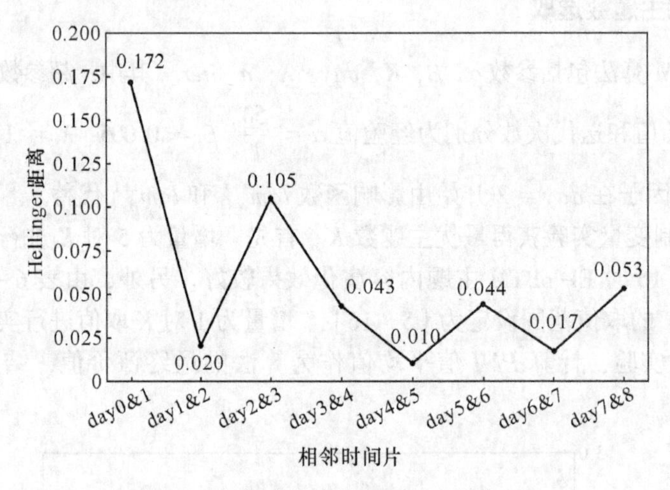

图 6-8 相邻时间片的 Hellinger 距离对比

图 6-8 中，坐标点代表了时间片 day(n) 和 day($n+1$) 中主题之间的 Hellinger 距离，Hellinger 距离越小表示相邻时间片中主题的关联性越强。其中，day0&1、day2&3、day5&6 和 day7&8 对应的点为峰值，说明在这些相邻时间片内，文本主题变化较大，峰值依次为 0.172、0.105、0.044 和 0.053。由此可知，峰值随着时间推移表现出减小的趋势，说明影响函数不断将历史影响累加在当前时间片主题中，导致相邻时间片中主题分布的关联性增加。day7&8 的对应值较 day5&6 有所上升，原因在于当天发布视频下的弹幕在 day8 中占比最大。

为了说明主题内容变化的细节，在表 6-6 中分别展示了 day7 和 day8 内文本主题的变化以及每个主题中 Top10 的特征词。

表 6-6 day7 和 day8 对应的 Top10 主题特征词

主题	day7	day8
1	医疗 市场化 医院 服务业 服务 美国 医生 私有化 市场 国家	文化 儒学 儒家 精华 学习 经典 孩子 科学 国家 工业化
2	医疗 医院 美国 中国 服务业 市场化 医生 私有化 市场 国家	劳动力 就业 机械化 农业 服务业 农村 土地 农民 就业 孩子
3	文在寅 财阀 韩国 公主 离婚 督工 弹幕 胆量 支持 势力	市场化 医疗 医院 服务 服务业 美国 医生 私有化 国家 市场
4	督工 国内 阿里 恰饭 蛋卷 诺基亚 企业 贝尔 华为 生活	财阀 文在寅 公主 离婚 韩国 督工 弹幕 胆量 支持 提出
5	国家 新闻 媒体 困难 正确 美国 中国 病毒 国内 西方	老师 学校 孩子 衢州 作揖 队礼 作揖礼 握手礼 南孔 圣地
6	抚养 社会化 孩子 父母 支持 父母 就业 农村 孩子 农业	中国 媒体 美国 督工 病毒 造谣 国内 新闻 西方 RNA
7	法律 病毒 RNA 论文 舆论 美国 媒体 中国 新闻 真相	抚养 社会化 孩子 父母 支持 教育 工业化 国家 政府 家庭
8	老师 学校 孩子 理想化 抚养 社会管理 价值观 扭曲 教育	孩子 父母 社会 抚养 农村 社会化 就业 农业 劳动力 教育
9	孩子 父母 抚养 社会化 社会 父母 老师 社会 支持 政府	发展 竞争 曲阜 中国 衢州 教育 学校 红领巾 作揖礼 政治
10	督工 提出 孩子 办法 理想化 父母 中国 关系 观点 女孩	督工 诺基亚 贝尔 阿里 恰饭 情况 社会 阿里 生活 蛋卷

表 6-6 中，day7 对应的是 18~25 日内视频的弹幕主题，相比于 day7 中的结果。day8 中的主题 1、2、5 和 9 是新增加的主题，对应的是 26 日发布的视频 5，视频标题为“要求学生行作揖礼，衢州想要争‘儒家圣地’?”，在该期视频中，除了标题内容还提及了“粮食供应和农业生产”问题，对应主题 2 中的“劳动力”“就业”“机械化”“农业”“服务业”特征词，主题 1、5 和 9 围绕视频标题表达了“儒学经典与科学的关系”“作揖礼是否应该在学校实行”和“曲阜和衢州在儒学文化方面的竞争”三个方面的话题，说明用户往往会从不同侧重点对某一主题进行讨论。

为了客观说明 EI-oBTM 的主题内容演化效果，在主题数 $K=10$ 的情况下，分别对 DTM、oLDA、oBTM、SADTM 和 EI-oBTM 进行实验，并且计算 *PMI* 值，实验结果如图 6-9 所示。

图 6-9 中，EI-oBTM 的 *PMI* 值最大，说明前一个时间片中弹幕的历史影响，通过影响函数充分地传递到当前时间片中，从而加强了主题特征词的连贯性。因此，EI-oBTM 的主题内容演化效果最好。

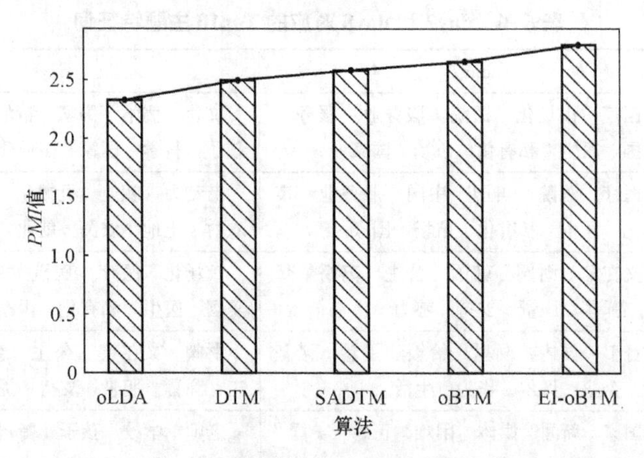

图 6-9 不同算法下的 *PMI* 值对比

另外，图 6-9 也展示了不同算法的主题内容演化效果的差异。其中，oLDA 和 DTM 的 *PMI* 值较小，主要原因是：DTM 和 oLDA 均为基于离散时间的 LDA 改进模型，较适用于长文本，然而弹幕数据集是短文本。SADTM 主题演化效果优于 DTM，原因在于：SADTM 在时间片内进行文本自耦合，扩展了文本长度，并且基于双词共现进行了词频统计，扩展了文本特征，解决了短文本稀疏性导致的主题提取准确度低的问题。由此得出，文本特征稀疏也是影响主题内容演化效果的原因之一。

6.4.6.2 主题强度演化分析

4 月 18~26 日中，视频 1 于 18 日最先发布，该视频中的弹幕随时间增加，持续出现在所有时间片文本中，而后在 19 日、21 日、24 日和 26 日分别发布了不同视频。

另外，每个视频的弹幕中包含多个主题。因此，以视频为单位，计算每个视频弹幕的平均主题强度值，利用该值来量化 EI-oBTM 的主题强度演化过程。实验在主题数 $K = 10$ 的情况下进行，结果如图 6-10 所示。

由图 6-10 可知，视频的主题强度整体呈现下降的趋势，分别在 day0、day1、day3、day6 和 day8 中出现新主题，这些新主题出现的时间对应实际视频的发布日期。视频 2 和视频 3 的主题强度在发布后的第二天有突然增加的显现，主要是因为这两个视频的发布时间在晚上 10 点和 11 点左右，此时用户发送的弹幕数量较少，视频在第二天才会受到大量关注。视频 3 在 day3 至 day7 中的主题强度最高，说明此时间内视频 3 引发了用户的最大关注，在 day6 中，视频 3 的主题强度大于当天发布视频 4 的主题强度，原因在于：该视频的主题强度通过影响函数传递到了后续时间片，导致视频 3 的弹幕主题对 day6 的弹幕主题产生了较大影响。

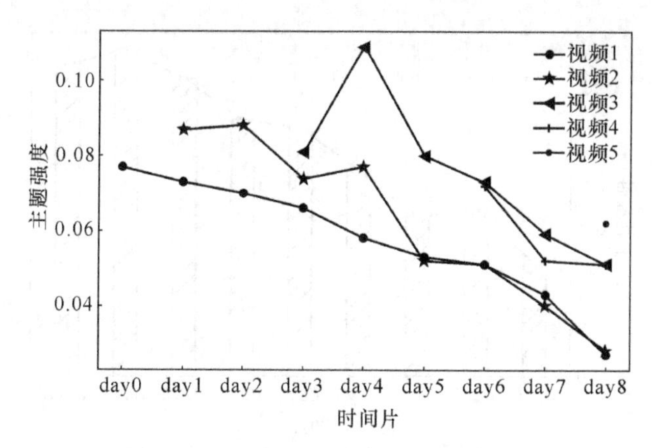

图 6-10 不同时间片下的主题强度对比

为了进一步说明主题强度与主题特征词的对应关系，取 day0 至 day8 中的主题强度第一的 Top10 主题特征词进行展示，结果见表 6-7。

表 6-7 Top10 主题特征词展示

时间片	主题特征词
day0	中国　证明　媒体　美国　病毒　世界　论文　真相　证据　西方
day1	孩子　抚养　社会化　父母　社会　支持　中国　理想化　家庭　剥夺
day2	抚养　孩子　社会化　父母　社会　中国　支持　家庭　未来　理想
day3	医疗　市场化　医院　服务　服务业　美国　医生　成本　市场　国家
day4	医疗　市场化　医院　服务业　服务　医生　私有化　美国　市场　国家
day5	医疗　市场化　医院　服务业　服务　医生　私有化　美国　国家　市场
day6	医疗　市场化　医院　服务业　服务　医生　美国　私有化　市场　国家
day7	医疗　市场化　医院　服务业　服务　美国　医生　私有化　市场　国家
day8	文化　儒学　儒家　精华　学习　经典　孩子　科学　国家　工业化

表 6-7 中，day0 对应视频 1 的话题“新冠病毒科研论文的影响”，day1 对应视频 2 的话题“社会化抚养”；day3 到 day7 中关于“医疗体制改革”的主题强度最高，对应视频 3 的话题讨论；day6 中，视频 4 首次发布，视频 4 的话题为“文在寅大胜和韩国财阀离婚”；day8 对应视频 5 的话题为“衢州推广儒家作揖礼”。

6.4.6.3 主题极性演化分析

将上述情感极性标注结果和影响函数改进到 oBTM 建模过程中，在最优主题数 $K=10$ 的情况下进行实验，计算每个主题下 Top50 特征词的情感极性累加值，得到弹幕主题极性演化结果如图 6-11 所示。

图 6-11 中，day7 中弹幕的主题正极性值最高，在 day2 和 day8 内有所下降，

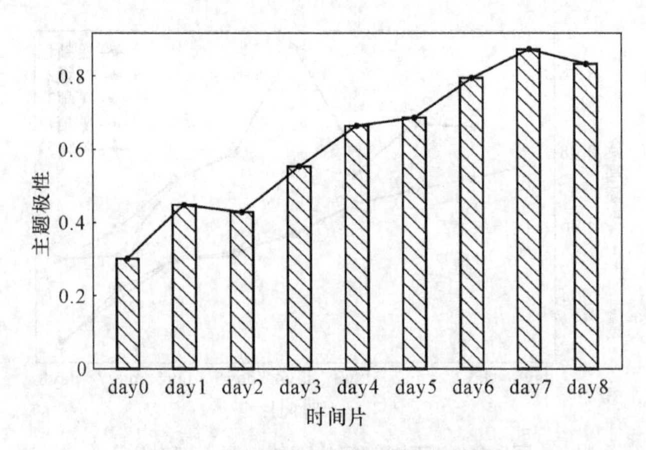

图 6-11 弹幕主题极性演化结果

说明用户感情在这两个时间片内起伏较大，但总体大于 0，由此判断该弹幕文本内容趋于正向。另外，弹幕主题极性整体呈现上升趋势，说明时间片中的主题内容通过影响函数传递的同时，也传递了主题极性信息。

6.5 本章小结

本章提出了情感极性和影响函数的 oBTM 弹幕主题演化方法 EI-oBTM。研究成果主要表现在如下两个方面：

（1）通过基于改进负采样的 Word2Vec 算法，利用融合 TF-IDF 和一元分布的负采样提高了采样未知情感极性词语的概率，提高了情感极性标注的准确性，同时，构建了情感极性矩阵。

（2）利用前后时间片内文本间的相似度，将衰减因子由定值转化为随时间变化的影响函数，提升了 oBTM 主题内容演化的效果。在 oBTM 模型中融入情感极性特征和影响函数，获得了主题极性演化的结果。

实验结果表明，相比 DTM、oLDA、oBTM 和 SADTM 方法，EI-oBTM 在 Hellinger 距离指标上表现较好。该算法优化了主题内容演化的效果，展示了主题强度变化过程，同时扩展了 oBTM 在弹幕主题极性演化方面的应用。

本章的相关研究已经取得了阶段性成果，完成了预期的目标。但是，弹幕文本研究仍然处于起步阶段，仍有亟待解决的问题。今后的研究工作将从如下方面展开：

EI-oBTM 算法能够优化弹幕演化效果，但是尚不能根据历史数据进行主题演化预测。因此，如何利用历史文本对后续弹幕主题进行预测是今后研究工作的重心。

参考文献

[1] 韩肖赟，侯再恩，孙绵．主题模型在短文本上的应用研究［J］．计算机工程与科学，2020，42（1）：144-152.

[2] Chen J，Liu Y，Wang X Z. Research on Application of Probability Topic Model in Microblog Topic Mining［J］. Journal of Information Engineerring University，2017，18（1）：103-110.

[3] Hofmann T. Probabilistic Latent Semantic Analysis［C］//Proceedings of the 15th Conference on Uncetainty in Artificial Intelligence，1999：289-296.

[4] Blei D M，Ng A Y，Jordan M I. Latent Dirichlet Allocation［J］. Journal of Machine Learning Research，2012，3：993-1022.

[5] Chen Y，Zhang H，Liu R. Experimental Explorarions on Short Text Topic Mining Between LDA and NMF Vased Schemes［J］. Knowledge Based Systems，2018，163：1-13.

[6] Yin J，Wang J. Adirichlet Multinomial Mixture Model Vased Approach for Short Text Clustering［C］//Proceedings of the 20th ACMSI GKDDD Internarional Conference on Knowledge Discovery and Data Mining，2014：233-242.

[7] Zheng B，Mclean D C，Lu X. Identifying Biological Concepts From a Protein-related Corpus with a Probabilistic Topic Model［J］. Bmc Bioinformatics，2006，7（1）：58.

[8] Carter C K，Kohn R. On Gibbs Sampling for State Space Models［J］. Biometrika，1994，81（3）：541-553.

[9] Griffiths T L，Steyvers M. Finding Scientific Topics［C］//Proceedings of the National Academy of Sciences，2004，101（1）：5228-5235.

[10] Xing J B，Cui C Y，Sun B Y，et al. Microblog Advertisement Filtering Method Based on Classification Feature Extension of Latent Dirichlet Allocation［J］. Journal of Computer Applications，2016，36（8）：2257-2261.

[11] Jelodar H，Wang Y L，Chi Y，et al. Latent Dirichlet Allocation（LDA）and Topic Modeling：Models，Applications，A Survey［J］. Multimedia Tools & Applications，2019，78（11）：15169-15211.

[12] 何旭．一元混合模型中的相对随机序［D］．石河子：石河子大学，2020.

[13] Nigam K，Mccallum A K，Thrun S，et al. Text Classification from Labeled and Unlabeled Documents Using EM［J］. Machine Learning，2000，39（2-3）：103-134.

[14] Lafferty J D，Blei D M. Correlated Topic Models［C］//Proceedings of the International Conference on Neural Information Processing Systems，Vancouver，Canada，2006：147-154.

[15] Chen J，Zhu J，Wang Z，et al. Scalable Inference for Logistic-normal Topic Models［C］//Proceedings of the International Conference on Neural Information Processing Systems，Lake Tahoe，USA，2013：2445-2453.

[16] Blei D M，Lafferty J D. Dynamic Topic Models［C］//Proceeings of the International Conference on Machine Learning. Pittsburgh，USA，2006：113-120.

[17] 韩亚楠，刘建伟，罗雄麟．概率主题模型综述［J］．计算机学报，2021，44（6）：1095-1139.

[18] Alsumait L, Barbarά D, Domeniconi C. Online LDA: Adaptive Topic Models for Mining Text Streams with Applications to Topic Detection and Tracking [C] //Proceedings of the 8th IEEE Internarional Conference on Data Mining. Pisa, Italy, 2008: 3-12.

[19] Zhou X, Ouyang J, Li X. Two Time-efficient Gibbs Sampling Inference Algorithms for Biterm Topic Model [J]. Applied Intelligence, 2018, 48 (3): 730-754.

[20] Zhu Q, Feng Z, Li X. GraphBTM: Graph Enhanced Autoencoded Variational Inference for Biterm Topic Model [C] //Proceedings of the 2018 conference on empirical methods in natural language processing, 2018: 4663-4672.

[21] 谢璐遥. 面向短文本的主题建模与演化问题研究 [D]. 南京: 南京大学, 2018.

[22] 刘雨诗. BToT: 一个微博主题演化分析模型 [D]. 阜新: 辽宁工程技术大学, 2018.

[23] Ramage D, Hall D, Nallapati R. Labeled LDA: A Supervised Topic Model for credit Attribution in Multi-Labeled Corpora [C] //Proceedings of the 2009 Conference on Empirical Methods in Natural Language Processing, Singapore, 2009: 248-256.

[24] Williamson C L, Zurko M E, Patel-Schneider P F, et al. Topic Sentiment Mixture: Modeling Facets and Opinions in Weblogs [C] //Proceedings of the 16th International Conference on World Wide Web. Banff, Canada, 2007: 171-180.

[25] Lin C, He Y. Joint Sentiment Topic Model for Sentiment Analysis [C] //Proceedings of the 18th ACM Conference on Information and Knowledge Management, Hong Kong, china, 2009: 375-384.

[26] Kingma D P, Welling M. Auto - encoding Variational Bayes [C] //Proceedings of the International Conference on Learning Representations, Banff, Canada, 2014.

[27] Zheng Y, Zhang Y, Larochelle H, et al. A Deep and Auto Regressive Approach for Topic Modeling of Multimodal Data [J]. IEEE Transactions on Pattern Analysis and Machine Intelligence, 2016, 38 (6): 1056-1069.

[28] Lan L J, Liu Y, Feng L W. Automatic Discovery of Design Task Structure Using Deep Belief Nets [J]. Journal of Computing and Information Science in Engineering, 2017, 17 (4): 1-36

[29] Wan L, Zhu L, Fergus R, et al. A Hybrid Neural Network Latent Topic Model [J]. Journal of Machine Learning Research, 2012: 1287-1294.

[30] Cao Z, Li S, Liu Y, et al. A Novel Neural Topic Model and Its Supervised Extension [C] //Proceedings of the National Conference on Artificial Intelligence. Austin, USA, 2015: 2210-2216.

[31] Miwa M, Bansal M. End - to - end Relation Extraction Using LSTM on Sequences and Tree Structures [C] //Proceedings of the Annual Meeting of the Association for Computational Linguistics, Berlin, Germany, 2016: 1105-1116.

[32] Dieng A B, Wang C, Gao J, et al. TopicRNN: A Recurrent Neural Network with Long-range Semantic Dependency [C] //Proceedings of the International Conference on Learning Representations, Toulon, France, 2017.

[33] Kontostathisa A, Pottengerb W M. A Framework for Understanding Latent Semantic Indexing

(LSI) Performance [J]. Information Processing & Management, 2006, 42 (1): 56-73.

[34] Huang Y, Yu K, Schubert M. Hierarchy Regularized Latent Semantic Indexing [C] // Proceedings of the Data Mining, Houston, USA, 2005: 178-185.

[35] Wang Q, Xu J, Li I Iang, et al. Regularized latent semantic indexing [C] //Proceedings of the 34th International ACM SIGIR Conference on Research and Development in Information Retrieval, Beijing, China, 2011: 685-694.

[36] Guo X G, Guo Z G, Ren H. Learning Bayesian Network ParameterS via Minimax Algorithm [J]. International Journal of Approximate Reasoning, 2019, 108 (1): 62-75.

[37] Yan X, Guo J, Lan Y. A Probabilisic Model for Bursty Topic Discovery Inmicroblogs [C] // Proceedings of the 29th AAAI Conference on Artificial Intelligence, Austin, Texas, USA, 2015: 353-359.

[38] Huang J, Peng M, Wang I I. A Probabilistic Method for Emerging Topic Tracking in Microblog Stream [J]. World Wide Web, 2016, 20 (2): 22-33.

[39] Li X, Zhang A, Li C C, et al. Relational Biterm Topic Model: Short-text Topic Modeling using Word Embeddings [J]. Computer Journal, 2019, 62 (3): 359-372.

[40] Gao W, Peng M, Wang H. Incorporating Word Embeddings Intotopic Modeling of Short Text [J]. Knowledge and Information Systems, 2019, 61 (2): 1123-1145.

[41] Sun Y, Loparo K, Kolacinski R. Conversational Structure Aware and Context Sensitive Topic Model for Online Discussions [C] //Proceedings of the 2020 IEEE 14th International Conference on Semantic Computing (ICSC), San Diego, USA, 2020: 85-92.

[42] Oghaz T A, Mutlu E C, Jasser J, et al. Probabilistic Model of Narratives over Topical Trends in Social Media, a Discrete Time Model [C] //Proceedings of the 31st ACM Conference Hypertext and Social Media, Virtual Event, USA, 2020: 281-290.

[43] Trusca M M, Wassenberg D, Frasincar F, et al. A Hybrid Approach for Aspect-based Sentiment Analysis using Deep Contextual Word Embeddings and Hierarchical Attention [C] // Proceedings of the International Conference on Web Engineering, Helsinki, Finland, 2020: 365-380.

[44] Wallaart O, Frasincar F. A Hybrid Approach for Aspect-based Sentiment Analysis using a Lexicalized Domain Ontology and Attentional Neural Models [C] //Proceedings of the Extended Semantic Web Conference, Portoroz, Slovenia, 2019: 363-378.

[45] Gui X Q, Zhang J, Zhang X M. Survey on Temporal Topic Model Methods and Application [J]. Computer Science, 2017, 44 (2): 46-55.

[46] Deng L, Du X, Shen J Z. Web Page Classification Based on Heterogeneous Features and a Combination of Multiple Classifiers [J]. Frontiers of Information Technology & Electronic Engineering, 2020, 21 (7): 995-1004.

[47] Rubin T N, Chambers A, Smyth P, et al. Statistical Topic Models for Multi-label Document Classification [J]. Machine Learning, 2012, 88 (1): 157-208.

[48] Rodrigues F, Lourenco M, Ribeiro B. Learning Supervised Topic Models for Classification and Regression from Crowds [J]. IEEE Transactions on Pattern Analysis and Machine Intelligence

2017, 39 (12): 2409-2422.

[49] Chen E, Lin Y, Xiong H. Exploiting Probabilistic Topic Models to Improve Text Categorization under Class Imbalance [J]. Information Processing&Management, 2011, 47 (2): 202-214.

[50] Pavlinek M, Podgorelec V. Text Classification Method Based on Self-training and LDA Topic Models [J]. Expert Systems With Applications, 2017, 80 (1): 83-93.

[51] Li X, Chi J, Li C, et al. Integrating Topic Modeling with Word Embeddings by Mixtures of VMFs [C] //Proceedings of the International Conference on Computational Linguistics, Osaka, Japan, 2016: 151-160.

[52] Peters M E, Neumann M, Iyyer M. Deep Contextualized Word Representations [C] //Proceedings of the North American Chapter of the As sociation for Computational Linguistics. New Orleans, USA, 2018: 2227-2237.

[53] Balazs J A, Marrese - Taylor E, Matsuo Y. Implicit Emotion Classification With Deep Contextualized Word Representations [C] //Proceedings of the 9th Workshop on Computational Approaches to Subjectivity Sentiment and Social Media Analysis, Brussels, Belgium, 2018: 50-56.

[54] Ilic S, Marrese-Taylor E, Balazs J A, et al. Deep Contextualized Word Representations for Detecting Sarcasm and Iirony [C] //Proceedings of the 9th Workshop on Computational Approaches to Subjectivity, Sentiment and Social Media Analysis, Brussels, Belgium, 2018: 2-7.

[55] Ruan G C, Xia L. Research on Retrieval Result Clustering Based on Topic Model [J]. Intelligence Magazine, 2017, 36 (3): 179-184.

[56] Pourvali M, Orlando S, Omidvarborna H. Topic Models and Fusion Methods: A Union to Improve Text Clustering and Cluster Labeling [J]. International Journal of Interactive Multi-media and Artificial Intelligence, 2019, 5 (4): 28-34.

[57] Sanchez O, Sierra G. Joint Sentiment Topic Model for Objective Text Clustering [J]. Journal of Intelligent and Fuzzy Systems 2019, 36 (4): 3119-3128.

[58] Chen Y P, Wang X, Xia H, et al. Research on Web Service Clustering Method Based on Word Embedding and Topic Model [C] //Proceedings of the International Conference on Natural Computation, Fuzzy Systems and Knowledge Discovery, Kunming, China, 2019: 980-987.

[59] Tang S, Zhang L X, Zhao J F, et al. Exten-Sible Topic Modeling and Analysis Framework for Multisource-data [J]. Journal of Frontiers of Computer Science Technology, 2019, 13 (5): 742-752.

[60] Fang D, Yang H, Gao B, et al. Discovering Research Topics from Library Electronic References Using Latent Dirichlet Allocation [J]. Library HiTech, 2018, 36 (3): 400- 410.

[61] Du H, Chen Y F, Zhang W. Survey for Methods of Parameter Estimation Topic Models [J]. Computer Science, 2017, 44 (S1): 29-32.

[62] He W L, Xie H L, Feng G H. Reviewon Latent Dirichlet Allocaion Models [J]. Journal of Information Resource Management, 2018, 8 (1): 55-64.

[63] Zhong Y, Zhu Q, Zhang L. Scene Classification Based on the Multi-feature Fusion Probabilistic

Topic Model for High Spatial Resolution Remote Sensing Imagery [J]. IEEE Transactions on Geoscience and Remote Sensing, 2015, 53 (11): 1-16.

[64] Wang C W C, Blei D, Li F F. Simultaneous Image Classification and Annotation [C] //Proceedings of the Conference on Computer Vision and Pattern Recognition. Miami, USA, 2009: 1903-1910.

[65] Zhu Q, Zhong Y, Zhang L. Scene Classification Based on the Fully Sparse Semantic Topic Model [J]. IEEE Transactions on Geoscience and Remote Sensing, 2017, 55 (10): 5525-5538.

[66] Tian D, Shi Z. A Two-stage Hybrid Probabilistic Topic Model for Refining Image Annotation [J]. International Journal of Machine Learning &Cybernetics, 2020, 11 (2): 417-431.

[67] Tu N A, Khan K U, Lee Y K. Featured Correspongdence Topic Model for Semantic Search on Social Image Collections [J]. Expert Systems with Applications, 2018, 77 (1): 20-33.

[68] Argyrou A, Giannoulakis S, Tsapatsoulis N. Topic Modelling on Instagram Hashtags: An Alternative Way to Automatic Image Annotation [C] //Proceedings of the 2018 13th International Workshop on Semantic and Social Media Adaptation and Personalization (SMAP), Zaragoza, Spain, 2018: 61-67.

[69] Yang J, Feng X, Laine A F, et al. Characterizing AIzheimer's Disease with Image and Genetic Biomarkers using Supervised Topic Models [J]. IEEE Journal of Biomedical and Health Informatics, 2020, 24 (4): 1180-1187.

[70] Zhou D, Manavoglu E, Li J. Probabilistic Models for Discovering E-Communities [C] //Proceedings of the 15th International Conference on World Wide Web. Edinburgh, UK, 2006: 173-182.

[71] McCallum A, Corrada-Emmanuel A, Wang X. The Author Recipient Topic Model for Topic and Role Discovery in Social Networks: Experiments with enron and Academic Email [J]. Computer Science Department Faculty Publication Series, 2005, 44 (1): 1-17.

[72] Xu S, Shi Q, Qiao X, et al. Author-Topic over Time (AToT): A Dynamic Users' Interest Model [C] //Proceedings of the 4th International Conference on Mobile Ubiquitous and Intelligent Computing, Gwangju, Korea, 2013: 239-245.

[73] Liu Y Z, Du F, Sun J S. iLDA: An Interactive Latent Dirichlet Allocation Model to Improve Topic Quality [J]. Journal of Information Science, 2020, 46 (1): 1-8.

[74] Dai Z Y, Callan J. Context-aware Sentence Passage Term Importance Estimation for First Stage Retrieval [C] //Proceedings of the Association for Computing Machinery, New York, USA, 2020: 1533-1536.

[75] Azarbonyad H, Dehghani M, Kenter T. HiTR. Hierarchical Topic Model Re-estimation for Measuring Topical Diversity of Documents [J]. IEEE Transactions on Knowledge and Data Engineering, 2019, 31 (11): 2124-2137.

[76] GriHiths T L, Steyvers M, Blei D M. Integrating Topics and Syntax [C] //Proceedings of the Neural Information Processing Systems, Vancouver, Canada, 2004: 537-544.

[77] Peng M, Xie Q, Zhang Y, et al. Neural Sparse Topical Coding [C] //Proceedings of the Annual Meeting of the Association for Computational Linguistics, Melbourne, Australia, 2018:

2332-2340.

[78] Hou Y, Liu Y, Che W, et al. Sequence-to-sequence Data Augmentation for Dialogue Language Understanding [C]//Proceedings of the International Conference on Computational Linguistics, Santa Fe, USA, 2018: 1234-1245.

[79] Nallapati R, Zhou B, Santos C N, et al. Abstractive Text Summarization Using Sequence-to-sequence RNNs and Beyond [C] //Proceedings of the Conference on Computational Natural Language Learning, Berlin, Germany, 2016: 280-290.

[80] Srivastava A, Sutton C. Autoencoding Variational Inference for Topic Models [C] //Proceedings of the International Conference on Learning Representations (ICLR), Toulon, France, 2017: 23-28.

[81] Chien J T, Lee C H. Deep Unfolding for Topic Models [J]. IEEE Transactions on Pattern Analysis and Machine Intelligence, 2018, 40 (2): 318-331.

[82] Goodfellow I J, Pouget-Abadie J, Mirza M, et al. Generative Adversarial Networks [J]. Advances in Neural Information Processing Systems, 2014, 3: 2672-2680.

[83] Zhang H, Xu T, Li H, et al. StackGAN: Text to Photo-realistic Image Synthesis with Stacked Generative Adversarial Networks [C]//Proceedings of the IEEE International Conference on Computer Vision, Venice, Italy, 2017: 5908-5916.

[84] Liu L, Lu Y, Yang M, et al. Generative Adversarial Network for Abstractive Text Summarization [C] //Proceedings of the National Conference on Artificial Intelligence, San Francisco, USA, 2017: 8109-8110.

[85] 杨瑞欣．面向微博评论的 LDA 短文本聚类算法研究 [D]. 邯郸：河北工程大学，2020.

[86] 王臻皇，陈思明，袁晓如．面向微博主题的可视分析研究 [J]. 软件学报，2018，29 (4)：223-238.

[87] Liu Z, Liu C, Xia B, et al. Multiple relational topic modeling for noisy short texts [J]. International journal of software engineering and knowledge engineering, 2018, 28 (11-12): 1559-1574.

[88] Wang C H, Han D. Sentiment Analysis of Micro-blog Integrated on Explicit Semantic Analysis Method [J]. Wireless Personal Communications, 2018, 102 (1079): 1-11.

[89] 王鹏，高铖，陈晓美．基于 LDA 模型的文本聚类研究 [J]. 情报科学，2015，33 (1)：63-68.

[90] 彭敏，黄佳佳，朱佳晖，等．基于频繁项集的海量短文本聚类与主题抽取 [J]. 计算机研究与发展，2015，52 (9)：1941-1953.

[91] Qu J, Chen Z, Zheng Y. Research on the text clustering method of science and technology reports based on the topic model [J]. Library & Information Service, 2018, 62 (4): 113-120.

[92] 张明生，邓少灵．基于 MBUT-LDA 主题模型的微博文本挖掘研究 [J]. 电子商务，2019 (7)：70-71.

[93] 饶元，吴连伟，王一鸣，等．基于语义分析的情感计算技术研究进展 [J]. 软件学报，2018 (8)：2397-2426.

[94] 王行甫，王磊，苗付友，等．结合词性、位置和单词情感的内存网络的方面情感分析[J]．小型微型计算机系统，2019，40（2）：145-151.

[95] 陈琪，张莉，蒋竞，等．一种基于支持向量机和主题模型的评论分析方法［J］．软件学报，2019，30（5）：349-362.

[96] Wang H，Tang H，Zhang H C，et al. A Study on the Measurement Methods of Term Discriminative Capacity for Academic Resources［J］. Journal of the China Society for Scientific and Technical Information，2019，38（10）：1078-1091.

[97] Dong R，Liu C，Yang G. TF-IDF Based Loop Closure Detection Algorithm for SLAM［J］. Journal of Southeast University（Natural Science Edition），2019，49（2）：251-258.

[98] 曹玖新，吴江林，石伟，等．新浪微博网信息传播分析与预测［J］．计算机学报，2014（4）：49-60.

[99] 张雪松，贾彩燕．一种基于频繁词集表示的新文本聚类方法［J］．计算机研究与发展，2018，55（1）：102-112.

[100] 肖宝，李璞，曲艺，等．基于语义相关度和频繁项集挖掘的文本分类［J］．钦州学院学报，2017（5）：27-33.

[101] 靳一凡，傅颖勋，马礼．基于频繁项特征扩展的短文本分类方法［J］．计算机科学，2019（s1）：478-481.

[102] Zhang T，Weng K N，Gu X M，et al. Topic Discovery Method of Stock Bar Forum Based on Integration of Frequent Item-set and Latent Semantic Analysis. Journal of Tongji University（Natural Science），2019，47（4）：583-592.

[103] Kamilaris A，Francesc X Prenafeta-Boldú. Deep Learning in Agriculture：A Survey［J］. Computers and Electronics in Agriculture，2018，147（1）：70-90.

[104] 金志刚，胡博宏，张瑞．基于深度学习的多维特征微博情感分析［J］．中南大学学报（自然科学版），2018，49（5）：117-122.

[105] 李勇敢，周学广，孙艳，等．中文微博情感分析研究与实现［J］．软件学报，2017，28（12）：73-95.

[106] 谢铁，郑啸，张雷，等．基于并行化递归神经网络的中文短文本情感分类［J］．计算机应用与软件，2017，34（3）：205-211.

[107] 何炎祥，孙松涛，牛菲菲，等．用于微博情感分析的一种情感语义增强的深度学习模型［J］．计算机学报，2017，40（4）：773-790.

[108] 郝洁，谢珺，苏婧琼，等．基于词加权LDA算法的无监督情感分类［J］．智能系统学报，2016，11（4）：539-545.

[109] 黄发良，于戈，张继连，等．基于社交关系的微博主题情感挖掘［J］．软件学报，2017，28（3）：694-707.

[110] 沈冀，马志强，李图雅，等．面向短文本情感分析的词扩充LDA模型［J］．山东大学学报（工学版），2018，48（3）：124-130.

[111] 孙艳，周学广，付伟．基于主题情感混合模型的无监督文本情感分析［J］．北京大学学报（自然科学版），2013，49（1）：102-108.

[112] Rao Y，Li Q，Mao X，et al. Sentiment Topic Models for Social Emotion Mining［J］.

Information Sciences, 2014, 266: 90-100.

[113] Tago K, Jin Q. Influence Analysis of Emotional Behaviors and User Relationships Based on Twitter Data [J]. Tsinghua Science & Technology, 2018, 23 (1): 104-113.

[114] 熊蜀峰, 姬东鸿. 面向产品评论分析的短文本情感主题模型 [J]. 自动化学报, 2016, 42 (8): 1227-1237.

[115] 刘冰玉, 王翠荣, 王聪, 等. 基于动态主题模型融合多维数据的微博社区发现算法 [J]. 软件学报, 2017, 28 (2): 246-261.

[116] Wan H, Peng Y. Topic Words Extraction of Social Media Based on Semantic Constrained and Time Associated LDA [J]. Journal of Chinese Computer Systems, 2018, 39 (4): 742-747.

[117] 刘亚姝, 王志海, 侯跃然, 等. 一种基于概率主题模型的恶意代码特征提取方法 [J]. 计算机研究与发展, 2019, 56 (11): 2339-2348.

[118] Peng C, Hui M. Efficient Short Texts Keyword Extraction Method Analysis [J]. Computer Engineering & Applications, 2011, 47 (20): 126-128, 154.

[119] Hao M, Xu B, Yin X C, et al. Improve Language Identification Method by Means of N-gram Frequency [J]. Zidonghua Xuebao/(Acta Automatica Sinica), 2018, 44 (3): 453-460.

[120] 蔡永明, 长青. 共词网络 LDA 模型的中文短文本主题分析 [J]. 情报学报, 2018 (3): 305-317.

[121] HE Y. Latent Sentiment Model for Weakly-supervised Crosslingual Sentiment Classification [J]. Advances in Information Retrieval, 2011, 6611: 214-225.

[122] Sahu M, Maringanti H B. A Rational Cognitive Architectural Model of Language Generation [J]. Procedia Computer Science, 2018, 132: 149-156.

[123] Shams M, Baraani-Dastjerdi A. Enriched LDA (ELDA): Combination of latent dirichlet allocation with Word Co-occurrence Analysis for Aspect Extraction [J]. Expert Systems with Applications, 2017, 80: 136-146.

[124] 郭晓慧. 基于 LDA 主题模型的文本语料情感分类改进方法 [J]. 延边大学学报 (自然科学版), 2018, 44 (3): 82-89.

[125] 杨凤芹, 樊娜, 孙红光, 等. 段落及类别分布的特征选择方法 [J]. 小型微型计算机系统, 2018, 39 (1): 17-22.

[126] Ye X M, Mao X M, Xia J C, et al. Improved Approach to TF-IDF Algorithm in Text Classification [J]. Computer Engineering and Applications, 2019, 55 (2): 104-109+161.

[127] 徐博, 林鸿飞, 林原, 等. 一种融合语义资源的生物医学查询理解方法 [J]. 计算机学报, 2019, 42 (10): 2160-2174.

[128] 耿焕同, 蔡庆生, 于琨, 等. 一种基于词共现图的文档主题词自动抽取方法 [J]. 南京大学学报 (自然科学版), 2006 (2): 53-59.

[129] Mu Y, Liu X, Wang L. A Pearson's Correlation Coefficient Based Decision Tree and Its Parallel Implementation [J]. Information Sciences, 2017, 435: 40-58.

[130] 张梦甜. 基于 BTM 主题模型的微博热点话题发现及演化分析研究 [D]. 邯郸: 河北工程大学, 2021.

[131] 吴鹏, 李婷, 仝冲, 等. 基于 OCC 模型和 LSTM 模型的财经微博文本情感分类研究 [J].

情报学报，2020，39（1）：81-89.

[132] Du Y J, Yi Y T, Li X Y, et al. Extracting and Tracking Hot Topics of Micro-blogs Based on Improved Latent Dirichlet Allocation [J]. Engineering Applications of Artificial Intelligence, 2020, 87: 103279.

[133] Zhu G, Pan Z, Wang Q, et al. Building Multi-subtopic Bi-level Network for Micro-blog Hot Topic Based on Feature Co-Occurrence and Semantic Community Division [J]. Journal of Network and Computer Applications, 2020, doi: 10.1016/j.jnca.2020.102815.

[134] Lu Y, Zhou J, Dai H N, et al. Sentiment Analysis of Chinese Microblog Based on Stacked Bidirectional LSTM [C] // International Symposium on Pervasive Systems, Algorithms and Networks. 2018.

[135] Yan X, Guo J, Lan Y, et al. A Biterm Topic Model for Short Texts [C] //Proceedings of the 22nd International Conference on World Wide Web. ACM, 2013: 1445-1456.

[136] 张佩瑶，刘东苏．基于词向量的话题焦点识别方法［J］. 情报科学，2019，37（7）：61-64，71.

[137] 陈凤，蒙祖强．基于 BTM 和加权 K-Means 的微博话题发现［J］. 广西师范大学学报（自然科学版），2019，37（3）：71-78.

[138] Wu D, Zhang M, Shen C, et al. BTM and GloVe Similarity Linear Fusion-Based Short Text Clustering Algorithm for Microblog Hot Topic Discovery [J]. IEEE Access, 2020, 8: 32215-32225.

[139] Pennington J, Socher R, Manning C. Glove: Global Vectors for Word Representation [C] // Proceedings of the 2014 Conference on Empirical Methods in Natural Language Processing (EMNLP). 2014: 1532-1543.

[140] 李慧，王丽婷．基于词项热度的微博热点话题发现研究［J］. 情报科学，2018，36（4）：45-50.

[141] Qiu L, Jia W, Liu H, et al. Microblog Hot Topics Detection Based on VSM and HMBTM Model Fusion [J]. IEEE Access, 2019, 7: 120273-120281.

[142] Le Q, Mikolov T. Distributed Representations of Sentences and Documents [C] // International Conference on Machine Learning. PMLR, 2014: 1188-1196.

[143] 张卫卫，胡亚琦，翟广宇，等．基于 LDA 模型和 Doc2vec 的学术摘要聚类方法［J］. 计算机工程与应用，2020，56（6）：180-185.

[144] 余本功，陈杨楠，杨颖．基于 nBD-SVM 模型的投诉短文本分类［J］. 数据分析与知识发现，2019，3（5）：77-85.

[145] Huaijin P, Jing W, Qiwei S. Improving Text Models with Latent Feature Vector Representations [C] //2019 IEEE 13th International Conference on Semantic Computing (ICSC). IEEE, 2019: 154-157.

[146] 饶毓和，凌志浩．一种结合主题模型与段落向量的短文本聚类方法［J］. 华东理工大学学报（自然科学版），2020，46（3）：419-427.

[147] Yan X, Guo J, Lan Y, et al. A Probabilistic Model for Bursty Topic Discovery in Microblogs [C] //Twenty-ninth Aaai Conference on Artificial Intelligence. 2015.

[148] Li Z, Du J, Cui W, et al. User Interaction Based Bursty Topic Model for Emergency Detection [C] //Proceedings of 2018 Chinese Intelligent Systems Conference. Springer, Singapore, 2019: 11-21.

[149] 黄畅，郭文忠，郭昆．面向微博热点话题发现的改进 BBTM 模型研究 [J]. 计算机科学与探索，2019，13 (7): 1102-1113.

[150] 寇菲菲，杜军平，石岩松，等．面向搜索的微博短文本语义建模方法 [J]. 计算机学报，2020，43 (5): 781-795.

[151] Zheng Y, Meng Z, Xu C. A Short-Text Oriented Clustering Method for Hot Topics Extraction [J]. International Journal of Software Engineering & Knowledge Engineering, 2015, 25 (3): 453-471.

[152] Yan D, Hua E, Hu B. An Improved Single-Pass Algorithm for Chinese Microblog Topic Detection and Tracking [C]. 2016 IEEE International Congress on Big Data (BigData Congress). San Francisco: Margan Kaufmann, 2016: 251-258.

[153] 赵晓平，黄祖源，黄世锋，等．一种结合 TF-IDF 方法和词向量的短文本聚类算法 [J]. 电子设计工程，2020，28 (21): 5-9.

[154] 黄佳佳，李鹏伟，彭敏，等．基于深度学习的主题模型研究 [J]. 计算机学报，2020，43 (5): 827-855.

[155] Sun Y, Ma H, Jia M, et al. An Efficient Microblog Hot Topic Detection Algorithm Based on Two Stage Clustering [J]. Ifip Advances in Information & Communication Technology, 2014, 432: 90-95.

[156] 周楠，杜攀，靳小龙，等．面向舆情事件的子话题标签生成模型 ET-TAG [J]. 计算机学报，2018，41 (7): 1490-1503.

[157] Lu Y, Mei Q, Zhai C X. Investigating task performance of probabilistic topic models: an empirical study of PLSA and LDA [J]. Information Retrieval, 2011, 14 (2): 178-203.

[158] Chen Y, Li W, Guo W, et al. Popular Topic Detection in Chinese Micro-Blog Based on the Modified LDA Model [C] //Web Information System & Application Conference. IEEE, 2016.

[159] Jing B, Lu C, Wang D, et al. Cross-Domain Labeled LDA for Cross-Domain Text Classification [J]. IEEE, 2018, 36 (3): 187-196.

[160] Chen X S, Ma C X, Wang W X, et al. Multi-source Topic Detection Analysis Based on Improved CcLDA Model [J]. Advanced Engineering Sciences, 2018, 50 (2): 141-147.

[161] 陈兴蜀，罗梁，王海舟，等．基于 ICE-LDA 模型的中英文跨语言话题发现研究 [J]. 工程科学与技术，2017，49 (2): 100-106.

[162] Feng J, Fang Y. Research on Hot Topic Discovery Technology of Micro-blog Based on Biterm Topic Model [C] //International Conference on Geo-Informatics in Resource Management and Sustainable Ecosystems. Singapore: Springer. 2016: 234-244.

[163] Li W, Feng Y, Li D, et al. Micro-blog Topic Detection Method Based on BTM Topic Model and K-means Clustering Algorithm [J]. Automatic Control and Computer Sciences, 2016, 50 (4):271-277.

[164] 王少鹏，彭岩，王洁．基于 LDA 的文本聚类在网络舆情分析中的应用研究 [J]. 山东大

学学报（理学版），2014，49（9）：129-134.

[165] 王亚民，胡悦．基于BTM的微博舆情热点发现［J］．情报杂志，2016，35（11）：119-124，140.

[166] Zhu Z, Liang J, Li D, et al. Hot Topic Detection Based on a Refined TF-IDF Algorithm［J］. IEEE Access, 2019, 7（99）：26996-27007.

[167] 曹中华，夏家莉，彭文忠，等．多原型词向量与文本主题联合学习模型［J］．中文信息学报，2020，34（3）：64-71，106.

[168] 郭蓝天，李扬，慕德俊，等．一种基于LDA主题模型的话题发现方法［J］．西北工业大学学报，2016，34（4）：697-701.

[169] Lu T, Hou S, Chen Z, et al. An Intention-Topic Model Based on Verbs Clustering and Short Texts Topic Mining［C］//2015 IEEE International Conference on Computer and Information Technology; Ubiquitous Computing and Communications; Dependable, Autonomic and Secure Computing; Pervasive Intelligence and Computing (CIT/IUCC/DASC/PICOM). IEEE, 2015: 837-842.

[170] Kusner M, Sun Y, Kolkin N, et al. From Word Embeddings to Document Distances［C］. Proceedings of the 32nd International Conference on Machine Learning. New York: ACM, 2015: 957-966.

[171] 徐鑫鑫，刘彦隆，宋明．利用加权词句向量的文本相似度计算方法［J］．小型微型计算机系统，2019，40（10）：2072-2076.

[172] Yan X, Guo J, Lan Y, et al. A Probabilistic Model for Bursty Topic Discovery in Microblogs［C］//Proceedings of the Twenty-ninth Aaai Conference on Artificial Intelligence, 2015.

[173] Tarik B, Marouani M E, Enneya N. Using Earth Mover's Distance and Word Embeddings for Recognizing Textual Entailment in Arabic［J］. Computación y Sistemas, 2020, 24（4）: 1499-1508.

[174] 唐晓波，高和璇．基于关键词词向量特征扩展的健康问句分类研究［J］．数据分析与知识发现，2020，4（7）：66-75.

[175] Abasi A K, Khader A T, Al-Betar M A, et al. A Novel Hybrid Multi-verse Optimizer with K-means for Text Documents Clustering［J］. Neural Computing and Applications, 2020, 32（3）:372-378.

[176] Selvida D, Zarlis M, Situmorang Z. Analysis of the Effect Early Cluster Centre Points on The Combination of K-means Algorithms and Sum of Squared Error on K Centroid［J］. IOP Conference Series: Materials Science and Engineering, 2020, 725（1）: 12089-12096.

[177] 韩东红，张宏亮，朱帅伟，等．面向新浪微博的情感社区检测算法［J］．东北大学学报（自然科学版），2021，42（1）：21-30，36.

[178] 王云云．基于深度学习和BTM模型的短文本挖掘研究［D］．杭州：浙江理工大学，2020.

[179] 何婧，胡杰．融合矩阵分解和XGBoost的个性化推荐算法［J］．重庆大学学报，2021，44（1）：78-87.

[180] Li H, Wenan T, Yong S. Collaborative Recommendation Algorithm Based on Probabilistic

Matrix Factorization in Probabilistic Latent Semantic Analysis [J]. Multimedia Tools and Applications, 2019, 78: 8711-8722.

[181] 纪超杰 . 基于深度学习和修辞关系的文本情感分析 [D]. 南昌: 南昌大学, 2018.

[182] 李万理, 唐婧尧, 薛云, 等 . 基于点互信息的全局词向量模型 [J]. 山东大学学报 (理学版), 2019, 54 (7): 100-105.

[183] 郑亚南, 田大钢 . 基于 GloVe 与 SVM 的文本分类研究 [J]. 软件导刊, 2018, 17 (6): 45-48, 52.

[184] 吉久明, 施陈炜, 李楠, 等 . 基于 GloVe 词向量的"技术——应用"发现研究 [J]. 现代情报, 2019, 39 (4): 13-22.

[185] 李少华, 李卫疆, 余正涛 . 基于 GV-LDA 的微博话题检测研究 [J]. 软件导刊, 2018, 17 (2): 131-135.

[186] 徐露 . 基于 GloVe 的文本聚类研究与改进 [D]. 广州: 华南理工大学, 2019.

[187] Zhu C Y, Du J P, Zhang Q, et al. FDBST: Fast Discovery of Bursty Spatial-Temporal Topic [J]. Chinese Journal of Electronics, 2020, 29 (1): 168-176.

[188] Lu H, Yang J, Zhang Y, et al. Polysemy Needs Attention: Short-Text Topic Discovery with Global and Multi-Sense Information [J]. IEEE Access, 2021, 9: 14918-14932.

[189] Eddamiri S, Benghabrit A, Zemmouri E. RDF Graph Mining for Cluster - based Theme Identification [J]. International Journal of Web Information Systems, 2020, 59 (6): 326-331.

[190] 郭永坤, 章新友, 刘莉萍, 等 . 优化初始聚类中心的 K-means 聚类算法 [J]. 计算机工程与应用, 2020, 56 (15): 172-178.

[191] Baskar G, Gandhi U D. Boosted - DEPICT: an Effective Maize Disease Categorization Framework Using Deep Clustering [J]. Neural Computing and Applications, 2020, 29 (2): 468-473.

[192] Geng X, Zhang Y, Jiao Y, et al. A Novel Hybrid Clustering Algorithm for Topic Detection on Chinese Microblogging [J]. IEEE Transactions on Computational Social Systems, 2019, 6 (2): 289-300.

[193] 王中勤 . 基于维基语义聚类的微博舆情主题演化模型研究 [D]. 武汉: 武汉大学, 2017.

[194] Li H, Wang L. Micro - blog Hot Topic Evolution Research Based on Topic Label [J]. Information Science, 2019, 37 (1): 30-36.

[195] Liu H, Chen Z, Tang J, et al. Mapping the Technology Evolution Path: a Novel Model for Dynamic Topic Detection and Tracking [J]. Scientometrics, 2020, 56 (2): 1-48.

[196] Plechac P, Haider T N. Mapping Topic Evolution Across Poetic Traditions [J]. Computer Science, 2020, 6 (1): 32-38.

[197] Jiang C, Xiaozhong L, Duan R, et al. Analyzing Topic Evolution of Online Product Forum Based on Topic Model [J]. Journal of Systems Engineering, 2019, 34 (5): 598-609.

[198] Han X. Evolution of Research Topics in LIS between 1996 and 2019: An Analysis Based on Latent Dirichlet Allocation Topic Model [J]. Scientometrics, 2020, 125 (2): 262-269.

[199] Alsumait L, Daniel Barbará, Domeniconi C. Online LDA: Adaptive Topic Models for Mining Text Streams with Applications to Topic Detection and Tracking [C] //Eighth IEEE International Conference on Data Mining. IEEE Computer Society, 2008: 3-12.

[200] Yan X, Guo J, Lan Y, et al. A Biterm Topic Model for Short Texts [C] //Proceedings of the 22nd International Conference on World Wide Web. ACM, 2013: 1445-1456.

[201] 裴可锋, 陈永洲, 马静. 基于 OLDA 的可变在线主题演化模型 [J]. 情报科学, 2017 (5): 66-71.

[202] 蒋权, 郑山红, 刘凯, 等. DOLDA 模型设计与主题演化分析 [J]. 计算机工程与设计, 2018, 39 (2): 446-451, 485.

[203] 余本功, 张卫春, 王龙飞. 基于改进的 OLDA 模型话题检测及演化分析 [J]. 情报杂志, 2017, 36 (2): 102-107.

[204] Li H, Wang L. Microblog Hot Topic Evolution Research Based on Topic Label [J]. Information Science, 2019, 37 (1): 30-36.

[205] 徐健, 吴思洋. 网络用户评论的情感分歧度量化算法研究 [J]. 情报学报, 2020, 39 (4): 427-435.

[206] 晏小辉. 短文本话题建模 [D]. 北京: 中国科学院大学, 2014.

[207] 黄竹韵. 面向弹幕的 oBTM 短文本流主题演化算法研究 [D]. 邯郸: 河北工程大学, 2021.

[208] 第45次中国互联网络发展现状统计报告 [EB/OL]. (2020-04-28) [2020-07-21]. http: //www.cac.gov.cn/2020-04/27/c_1589535470378587.htm.

[209] Chen L. How Danmaku Influences Emotional Responses: Exploring the Effects of Co-viewing and Copresence [D]. Singapore: Nanyang Technological University, 2018.

[210] 黄发良, 冯时, 王大玲, 等. 基于多特征融合的微博主题情感挖掘 [J]. 计算机学报, 2017, 40 (4): 872-888.

[211] 叶健, 赵慧. 基于大规模弹幕数据监听和情感分类的舆情分析模型 [J]. 华东师范大学学报 (自然科学版), 2019 (3): 86-100.

[212] 曾诚, 温超东, 孙瑜敏, 等. 基于 ALBERT-CRNN 的弹幕文本情感分析 [J]. 郑州大学学报 (理学版), 2021: 1-8.

[213] Chen Z, Tang Y, Zhang Z, et al. Sentiment-Aware Short Text Classification Based on Convolutional Neural Network and Attention [C] //2019 IEEE 31st International Conference on Tools with Artificial Intelligence (ICTAI). IEEE, 2019: 1172-1179.

[214] 刘李姣. 面向视频弹幕的文本情感分析研究 [D]. 兰州: 兰州交通大学, 2020.

[215] Wang S, Chen Y, Ming H, et al. Improved Danmaku Emotion Analysis and Its Application Based on Bi-LSTM Model [J]. IEEE Access, 2020, 8: 114123-114134.

[216] Li J, Li Y. Constructing Dictionary to Analyze Features Sentiment of a Movie Based on Danmakus [C] //International Conference on Advanced Data Mining and Applications. Springer, Cham, 2019: 474-488.

[217] Li Z, Li R, Jin G. Sentiment Analysis of Danmaku Videos Based on Naïve Bayes and Sentiment Dictionary [J]. IEEE Access, 2020, 8: 75073-75084.

[218] Huang D, Zhang J, Huang K. Automatic Microblog-oriented Unknown Word Recognition with Unsupervised Method [J]. Chinese Journal of Electronics, 2018, 27 (1): 1-8.

[219] 曾浩, 詹恩奇, 郑建彬, 等. 基于扩展规则与统计特征的未登录词识别 [J]. 计算机应用研究, 2019, 36 (9): 2704-2707, 2711.

[220] 赵志滨, 石玉鑫, 李斌阳. 基于句法分析与词向量的领域新词发现方法 [J]. 计算机科学, 2019 (6): 29-34.

[221] Roul R K, Sahoo J K, Arora K. Modified TF-IDF Term Weighting Strategies for Text Categorization [C] //2017 14th IEEE India Council International Conference (INDICON). IEEE, 2017: 1-6.

[222] 刘永芳, 郝晓燕, 刘荣. 中国英语新词语料库构建技术研究 [J]. 计算机工程与应用, 2020, 56 (16): 165-168.

[223] Zhikov V, Takamura H. Okumura M. An Efficient Algorithm for Unsupervised Word Segmentation with Branching Entropy and MDL [J]. Transactions of the Japanese Society for Artificial Intelligence, 2013, 28 (3): 347-360.

[224] 李文坤, 张仰森, 陈若愚. 基于词内部结合度和边界自由度的新词发现 [J]. 计算机应用研究, 2015, 32 (8): 2302-2304.

[225] 刘伟童, 刘培玉, 刘文锋, 等. 基于互信息和邻接熵的新词发现算法 [J]. 计算机应用研究, 2019, 36 (5): 1293-1296.

[226] 邱宁佳, 丛琳, 周思丞, 等. 结合改进主动学习的 SVD-CNN 弹幕文本分类算法 [J]. 计算机应用, 2019, 39 (3): 644-650.

[227] 洪庆, 王思尧, 赵钦佩, 等. 基于弹幕情感分析和聚类算法的视频用户群体分类 [J]. 计算机工程与科学, 2018, 40 (6): 1125-1139.

[228] Bai Q, Hu Q, Fang F, et al. Topic Detection with Danmaku: A time-sync joint NMF Approach [C] //International Conference on Database and Expert Systems Applications. Springer, Cham, 2018: 428-435.

[229] Lv G, Xu T, Chen E, et al. Reading the Videos: Temporal Labeling for Crowdsourced Time-sync Videos Based on Semantic Embedding [C] //Proceedings of the AAAI Conference on Artificial Intelligence. 2016, 30 (1): 3000-3006.

[230] Jia Y, Liu L, Chen H, et al. A Chinese Unknown Word Recognition Method for Micro-blog Short Text Based on Improved FP-growth [J]. Pattern Analysis and Applications, 2019, 23 (2): 1-10.

[231] Chen J, Becken S, Stantic B. Lexicon Based Chinese Language Sentiment Analysis Method [J]. Computer Science and Information Systems, 2019, 16 (2): 639-655.

[232] 段旭磊, 张仰森, 郭正斌. 微博文本聚类中特征扩展策略研究 [J]. 计算机工程与应用, 2017, 53 (13): 90-94, 195.

[233] 马慧芳, 曾宪桃, 李晓红, 等. 改进的频繁词集短文本特征扩展方法 [J]. 计算机工程, 2016, 42 (10): 213-218.

[234] Joshi M, Choi E, Levy O, et al. Pair2vec: Compositional Word-Pair Embeddings for Cross-Sentence Inference [C] //Proceedings of the 2019 Conference of the North American Chapter

of the Association for Computational Linguistics: Human Language Technologies, Volume 1 (Long and Short Papers). NAACL, 2019: 3597-3608.

[235] Cheng X, Yan X, Lan Y, et al. BTM: Topic Modeling over Short Texts [J]. IEEE Transactions on Knowledge & Data Engineering, 2014, 26 (12): 2928-2941.

[236] Mikolov T, Sutskever I, Chen K, et al. Distributed Representations of Words and Phrases and Their Compositionality [J]. Advances in Neural Information Processing Systems, 2013, 26: 3111-3119.

[237] Mittal M, Sharma R K, Singh V P, et al. Modified Single Pass Clustering Algorithm Based on Median as a Threshold Similarity Value [M]. V Bhatnagar. Collaborative Filtering Using Data Mining and Analysis. Commonwealth of Pennsylvania: IGI Global, 2017: 24-48.

[238] Yu K, Zhang Y, Wang X. Topic Model over Short Texts Incorporating Word Embedding [C] //2018 2nd International Conference on Advances in Energy, Environment and Chemical Science (AEECS 2018). Atlantis Press, 2018: 194-200.

[239] Hu X, Wang H, Li P. Online Biterm Topic Model Based Short Text Stream Classification Using Short Text Expansion and Concept Drifting Detection [J]. Pattern Recognition Letters, 2018, 116: 187-194.

[240] David M, Hanna W, Edmund T, et al. Optimizing Semantic Coherence in Topic Models [C] //2011 Conference on Empirical Methods in Natural Language Processing. EMNLP, 2017: 27-31.

[241] Marutho D, Handaka S H, Wijaya E. The Determination of Cluster Number at K-mean Using Elbow Method and Purity Evaluation on Headline News [C] //2018 International Seminar on Application for Technology of Information and Communication. IEEE, 2018: 533-538.

[242] Amelio A, Pizzuti C. Correction for closeness: Adjusting Normalized Mutual Information Measure For Clustering Comparison [J]. Computational Intelligence, 2017, 33 (3): 579-601.

[243] 秦喜文，王芮，于爱军，等. 基于 F-score 的特征选择算法在多分类问题中的应用 [J]. 长春工业大学学报，2021，42 (2): 128-134.

[244] Xu G, Meng Y, Chen Z, et al. Research on Topic Detection and Tracking For Online News Texts [J]. IEEE Access, 2019, 7: 58407-58418.

[245] Wang X, McCallum A. Topic Over Time: A non-Markov Continuous Time Model of Topical Trends [C] //Proceedings of the 12th ACM SIGKDD International Conference on Knowledge Discovery and Data Mining. ACM, 2006: 424-433.

[246] Modupe A, Celik T, Marivate V, et al. Semi - supervised Probabilistics Approach for Normalizing Informal Short Text Messages [C] //2017 Conference on Information Communication Technology and Society (ICTAS). IEEE, 2017: 1-8.

[247] Nimala K, Jebakumar R. A Robust User Sentiment Biterm Topic Mixture Model Based on User Aggregation Strategy to Avoid Data Sparsity for Short Text [J]. Journal of Medical Systems, 2019, 43 (4): 1-13.

[248] Kumar J, Shao J, Uddin S, et al. An Online Semantic-enhanced Dirichlet Model for Short Text

Stream Clustering [C] //Proceedings of the 58th Annual Meeting of the Association for Computational Linguistics. 2020：766-776.

[249] 戴长松, 王永滨, 王琦. 基于在线主题模型的新闻热点演化模型分析 [J]. 软件导刊, 2020, 19 (1)：84-88.

[250] Zhu L, Xu H, Xu Y, et al. A Joint Model of Extended LDA and IBTM over Streaming Chinese Short Texts [J]. Intelligent Data Analysis, 2019, 23 (3)：681-699.

[251] Shi L, Du J, Liang M, et al. Dynamic Topic Modeling via Self-aggregation for Short Text Streams [J]. Peer-to-Peer Networking and Applications, 2018, 12 (5)：1403-1417.

[252] Zhu C, Zhu H, Ge Y, et al. Tracking the Evolution of Social Emotions with Topic Models [J]. Knowledge and Information Systems, 2016, 47 (3)：517-544.

[253] 黄卫东, 陈凌云, 吴美蓉. 网络舆情话题情感演化研究 [J]. 情报杂志, 2014, 33 (1)：102-107.

[254] 刘玉文, 郭强, 吴宣够, 等. 基于 TSSCM 模型的新闻舆情演化识别 [J]. 情报杂志, 2017, 36 (2)：115-121.

[255] 牟兴. 基于中文微博的电影评论情感极性分类及舆论演化分析 [D]. 成都：西华大学, 2017.

[256] 张仰森, 郑佳, 李佳媛. 一种基于语义关系图的词语语义相关度计算模型 [J]. 自动化学报, 2018, 44 (1)：87-98.

[257] Zhang Z, Zweigenbaum P. GNEG：Graph-based Negative Sampling for Word2Vec [C] //Proceedings of the 56th Annual Meeting of the Association for Computational Linguistics (Volume 2：Short Papers). ACL, 2018：566-571.

[258] Fan A, Doshi-Velez F, Miratrix L. Assessing Topic Model Relevance：Evaluation and Informative Priors [J]. Statistical Analysis and Data Mining：The ASA Data Science Journal, 2019, 12 (3)：210-222.

[259] Delamaire A, Juganaru-Mathieu M, Beigbeder M. Correlation Between Textual Similarity and Quality of LDA Topic Model Results [C] //2019 13th International Conference on Research Challenges in Information Science (RCIS). IEEE, 2019：1-6

[260] 朱茂然, 王奕磊, 高松, 等. 基于 LDA 模型的主题演化分析：以情报学文献为例 [J]. 北京工业大学学报, 2018, 44 (7)：1047-1053.